餐旅休閒觀光叢書

餐飲服務
Food and Beverage Service(5th Edition)

Dennis Lillicrap & John Cousins & Robert Smith◎著
陳劍鋒・林宜君◎譯　　沈玉振◎校訂

Food and Beverage Service

Dennis Lillicrap, John Cousins & Robert Smith

Chinese edition copyright © 2002

By Hurng-Chih Book Co.,LTD.

for sales in Worldwide

ISBN 957-0453-46-X

Printed in Taiwan, Republic of China

目　錄

第一章

餐飲服務業

1.1　前言

　　旅館餐飲（Hotel and Catering）或旅館和餐飲服務業（Hotel and Food Service Industry）現在統稱為餐旅服務業（Hospitality Industry）。這個產業通常是以滿足人們所需的食物、飲料及住宿的相關需求來加以定義（但不包括食品、飲品的製造及零售）。

　　顧客對服務人員的需求是餐飲業的核心，而服務人員通常分為餐飲部人員及客房部人員。英國的餐飲業目前僱用了240萬名員工（數據來源：餐飲服務訓練基金會《Hospitality Training Foundation，HTP》），佔總勞動人口的10%。從事餐飲服務業，有很多升遷機會，像餐廳經理、宴會廳經理、領班、葡萄酒專員、外燴主管等等，端看決定投身那一個領域。另外，工作機會也很多，像是旅館、餐廳、酒席承辦、醫院、慈善機構、俱樂部、公司行號、住宅區、運輸業的餐飲及外燴，這完全取決於個人及其最感興趣的餐飲提供型態。此外，具備某一領域的能力時，例如：區經理、空服人員、郵輪頭等艙的服務人員、公共運輸業的從業人員等，還能獲得許多到其他國家考察、增廣見聞的機會，並藉著觀摩其他國家的餐飲服務業，吸取豐富的經驗。

　　餐飲管理人員的責任重大，從菜單的成本分析、食物份量的控制、食材的消耗量、維持顧客與服務人員的關係、防範人力短缺到人員訓練，都是他們的職責。若管理階層與員工之間的互動關係良好，問題相對會減少，顧客也會覺得用餐氣氛愉快。另一方面，餐飲服務人員所扮演的角色顯得相當重要，由於他們同時與顧客及管理階層接觸，所以他們的行為會影響整個組織的運作以及顧客用餐的氣氛。

1.2　餐飲經營的型態

　　餐飲業以不同的面貌每天提供上百萬份的餐點，關於這一點，在英國標準產業分類法（Standard Industrial Classification：SIC）（1992年修訂版）中可見端倪。SIC概括餐飲業，也廣泛地應用於官方分類的數據。圖1.1是1992年SIC中旅館餐飲類的活動摘要。

　　不過，有些餐飲活動並沒有被列在此圖表中。以1992年SIC的第9類「其他服務」為例，以下所述皆歸類於此：

◆ 高等教育機構裡附屬的餐飲服務（活動9310）

◆ 學校裡附設的餐飲服務（活動9320）

◆ 非特定的教育及職業訓練所裡的餐飲服務（活動9330）

◆ 社會福利餐飲（活動9611）

◆ 社區及住宅（活動9611）

圖1.1　英國標準產業分類法，1992年修訂版（摘要）

第六類			
類別	分組	活動	
66			旅館及餐飲
	661		餐廳、小吃店、咖啡廳及其他餐飲場所
		6611	供店內食用之餐飲場所
			a. 領有賣酒執照之餐飲場所（旅館歸類於標題6650，夜總會歸類於標題6630）
			b. 不提供酒精類飲料之餐飲場所
		6612	外賣店
	662	6620	酒店及酒吧
	663	6630	夜總會及領有賣酒執照的俱樂部
			（健身競技及搏奕俱樂部歸類於標題9791）
	664	6640	福利餐飲
			a. 外包廠商（福利社由承包商經營，其員工視同企業主的僱員）
			b. 其他
	665	6650	旅館業
			a. 煙酒專賣店
			b. 無賣酒執照之場所
	667	6670	其他觀光或短期住宿場所
			a. 露營車隊駐紮之地點
			b. 休假用露營場所
			c. 其他非特定的觀光或短期住宿場所（慈善性質的療養院歸類於標題9611，有醫療照顧的康復療養院歸類於標題9510）

（資料來源：CSO─標準產業分類法，1992年修訂版）

1.3 餐飲服務業的類型

從圖1.1的SIC分類法我們看到很多餐飲類型，有些是以提供食物和飲料為主要功能，例如：餐廳及外賣店；但有些類型，食物的供應只是次要功能，例如：慈善機構和公司企業裡的餐飲服務。

SIC分類法依據企業對食物及飲品的營業場所作為類型的區分，但這種分類法並不能同時顯示顧客的需求種類及服務的情況。舉例來說，我們可以在汽車休息站、航空站大廳、車站、零售餐飲、公司行號和慈善機構裡看到自助餐廳，而相同類型的餐飲也可能出現在不同地方。以本書的議題來說，每一餐飲業的範圍是以其所滿足的不同需求來定義，如圖1.2所示。圖1.2還包括每一類型發展的歷史摘要。

對每一種餐飲類型下定義的過程，同時提供餐飲服務業的研究者一個架構，可以做更深入的研讀和體驗。

為了更了解做餐飲類型分析時一些會左右結果的**變數**，下面提出幾個變動因素（圖1.3）：

這些變數是每個餐飲類型裡會變動的因素，它們為特定類型的產出狀況提供一個檢驗基礎，透過這些變數，我們可以更了解餐飲產業的不同類型，甚而做類型間的比較。

在辨識餐飲服務類型的過程中會出現兩個爭議，一是某些類型主要以供應餐飲賺取利潤，而有些類型因為受到補助，以所謂的成本價提供產品給消費者（譬如慈善機構或企業裡的餐飲業）。二是某些餐飲業以服務大眾為主，另外的則有特定消費群。

圖1.2　餐飲服務業的類型

行業別	該類型的目的	歷史摘要
旅館		
及其他旅客住宿	提供食宿	起源於小酒館，因交通運輸發達及商務、休閒觀光景點之增加而興起
餐廳		
包括：傳統的餐廳、專賣店、主題餐廳和異國風味餐廳	提供餐飲，從中等價位到高價位不等，服務也是從中等到高級都有	起源於飯店裡的餐廳（Escoffier／麗池（Ritz）左右了原來非常正式的形式），爾後，飯店裡的大廚另起爐灶，自行創業
大眾餐飲		
包括：咖啡店、披薩店、牛排館等等	以低價或中等價位提供餐飲，通常這一類的餐飲業所提供的服務有限	源起於ABC和Lyon的概念，歷經不同階段，近期受美國餐飲業影響頗深
速食店		
例如：麥當勞、漢堡王	在高度專業的環境裡提供餐飲，標榜高投資、投入大量的勞工、高流動率的顧客	結合大眾餐飲以及外賣的功能，受到美國企業很大的影響：加工過的食物的包裝以及行銷
外賣		
異國風味餐飲、肯德基炸雞、小吃攤、炸魚和薯條、三明治吧、小吃亭	提供快速的餐飲服務	源自「炸魚和薯條」傳統食物的概念。美式餐飲及食物品味的潮流對此一類型的發展影響很大

行業別	該類型的目的	歷史摘要
零售業	提供食物是一項附屬的功能	起源於一些比較高級的零售店，希望在提供產品的服務之外也能供應餐飲
宴會／會議／展覽	提供相當大量的餐飲，通常是以事先預定的方式	原先大多附屬於飯店業，現獨立出來，成為另一種類型
休閒事業餐飲 例如主題樂園、畫廊、戲院、航空站大廳	提供從事休閒活動的消費者餐飲	隨著休閒娛樂業的蓬勃發展，這類餐飲所帶來的收益也相當可觀，對業者吸引力很大
汽車休息站	提供旅客一個結合餐飲、零售以及加油服務的歇息場所，休息站的地點通常是在人煙比較稀少的地方	1960年代，隨著高速公路的誕生而出現。爾後，受到美國以及政府政策的影響也使得它愈來越走向專業化
慈善機構 包括：醫院、學校、大專院校、軍隊、監獄及其他	對社會上有需要的人提供餐飲服務，取決於相關單位的社會責任義務	在1948年由福利法案（Welfare State）規範並大力推動至今
企業裡的餐飲業 可能是由企業自行運	提供員工餐飲	在「吃得好的員工工

行業別	該類型的目的	歷史摘要
作或外包給其他廠商		作效率較高」的概念下發展出此一類型餐飲業。可追溯到第一次及第二次世界大戰時，政府為前線軍人製造軍靴，後來則是工會希望能提供勞工好的工作環境以及專業的餐飲承包商的崛起
有賣酒執照的場所		
酒吧、俱樂部、會員制的俱樂部	在以對酒類需求為主的環境裡提供餐飲服務	起源於小酒館和牛排館，像是1960年代的「Berni」
交通運輸		
包括：鐵路、飛機、船舶	提供旅客餐飲	源起於滿足旅客的需要。早先提供較高等的服務，因應高階旅客的身分地位，後來調整到以滿足大部分旅客為主
外燴		
（「戶外」酒席）	在原本餐廳以外的地方提供餐飲	源起於一些特定的場合對餐飲服務的需求。「外燴」這個字容易讓人產生誤解，事實上，這一類型的餐飲服務並不一定都是在戶外舉行

根據以下市場型態，很容易定義出餐飲類型：

* 一般市場	非強制性：顧客有選擇食物的權利
* 特定市場	強制性　：顧客沒有選擇的權利，像是慈善事業的餐飲服務
	半強制性：顧客可以選擇餐飲機構，譬如可以選擇搭船、飛機或是火車，也可以選擇要在哪些飯店投宿、要做哪一類的休閒活動，但是決定了之後，卻沒有太多的餐飲選擇

在了解每個市場不同屬性的同時，也讓我們更能體會為什麼不同的類型需要不同的經營方式。比方說，在強制性的市場裡，顧客可能得自己清理餐桌，但在非強迫性市場裡，這一套卻是行

圖1.3　分析餐飲類型的變數

歷史背景	對需求／餐飲概念的闡明
顧客需求的原因	科技的進步
影響	主要／次要活動
類型發展的狀況	產出品的型態
類型的大小：場地大小	利潤導向／成本價提供
週轉率	公有／私有
政策：以財務而論	
以行銷而論	
以餐飲內容而論	

不通。

　　若將市場因素列入考量，則所有的餐飲類型如圖1.4所示。

1.4　餐飲營運的變數

　　我們無法從圖1.1看到每一種餐飲類型的經營及管理方式，但我們卻可以在圖1.3做類型變數辨識的時候，同時看到餐飲經營的變數。另外，我們還可以從一些文字資料以及經驗中發掘這些變數，主要分為三大類：

- ◆ 組織性的變數
- ◆ 績效評估
- ◆ 顧客感受

圖1.4　餐飲服務類型簡圖

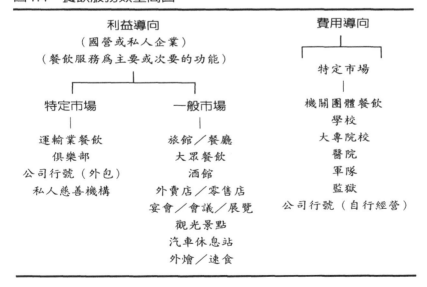

　　這幾個分類基於以下變數，透過不同作業的形象，提供有系統的檢查及各種餐飲作業型態間的相互比較（如圖1.5所示）。

　　第十章（管理）會針對「績效評估」做進一步探討，而顧客的用餐感受在接下來的第1.5節會談到。本書的其他部分則是深入討論組織性的變數。

　　要特別提出來說明的是，提供餐飲服務可能是一個主要且獨立存在的功能，也可能是附屬功能，像是飯店裡的餐飲業。這兩種不同的經營模式都有一些共同的變數，是我們在了解一個產業的過程中必須知道的。如果是小型的餐飲業，經營業者要注意的是企業的管理方式，至於飯店裡的餐飲經理首要考量的，則是一般的餐飲經營變數。

1.5　進餐的感受

　　餐飲業的宗旨是使顧客滿意，換句話說，即是要滿足顧客的需求。顧客的需求可分為以下幾大類：

◆ **生理層面**：譬如有沒有胃口、對特別食物的需求（糖尿病患者或素食者）

◆ **經濟層面**：是否划算、迅速快捷的服務、地點方便的需求

◆ **社會層面**：與佳人一起用餐、與朋友或同事用餐、聚餐

◆ **心理層面**：提高自己的身價、滿足對生活品味的要求、希望有變化、因為廣告和推銷的關係

◆ **便利性**：因為某些原因不能回家（購物、工作），或是要參加什麼活動（看戲、看電影）、想做其他事情、無法在家煮飯（參加婚禮或其他特殊原因）

圖1.5　餐飲服務業的變數

組織性的變數

服務的方式	餐桌擺設
特殊服務的需求	市場的本質
法律的規範	選擇的範圍
收費方式	菜單／飲料單的形式
結帳方式	員工的工作時數
市場行銷／推銷規劃	人員組織
成本控制／收益	員工人數
存貨與貨源短缺的控制	營業時間／服務時段
生產方式	經營的範圍
清潔方式	帶客入座的時間
清洗碗盤方式	座位數
用具的種類	空間

績效評估

翻檯率／顧客流動率	每平方公尺（或呎）／每個座位的營業額
顧客消費額／平均消費額	銷售分析
每一個員工的平均營業額	部門的獲利分析
食物、飲料佔總銷售額的比例	存貨的週轉率
生產力	存貨的持有

顧客經驗

可提供的食物及飲料	服務程度或其他服務
定價範圍／價值感	環境的清潔與衛生
用餐氣氛（包括一家餐廳的佈置、空調、音響、噪音、空間大小和形狀、其他客人的行為舉止、服務人員的態度等等）	

這些都是顧客可能希望被滿足的需求。

了解左右顧客滿意度的真正原因，遠比探究餐飲服務本身的好壞來得重要。舉例來說，如果跟朋友約好出去吃飯，對方卻爽約或態度不好，那麼這一頓飯一定令人不滿意。

無法滿足自我需求的顧客是不容易被取悅的。顧客可能因為服務人員服務不好、受限的用餐環境，或是沒什麼選擇而不高興，這些都是餐飲經營業者的責任，但有時造成顧客不滿意的原因並不是經營者可以控制的，有時候是地點、氣候、其他客人或交通的原因。

顧客可以選擇想吃的食物及餐廳的種類，特定的經營方式會吸引特定顧客並非亙古不變的事實，同一個顧客可能會因不同時間有不同需求而選擇不同性質的餐廳。如果想要有個浪漫的夜晚，或只想在咖啡店吃個便利的簡餐，抑或是要舉辦婚禮，都會影響用餐地點的選擇。同樣地，也會因為想要滿足不同的需求而選擇搭飛機、坐船，或是投宿旅館，即使無法選擇，仍然有渴望得到滿足的需求。一般而言，吃得好的員工工作效率較佳，吃得好的病人痊癒速度也較快。這裡所謂吃得好，並非單指食物的品質，而是用餐時的整體感受，從餐飲經營業者的角度來看，了解顧客的需求不斷在變是很重要的一件事，必須隨時注意可能影響顧客用餐情緒的因素。近年來，有很多探討這些因素的研究，這些原因包括地點、是否接受信用卡、服務人員的態度、其他客人的行為等等。圖1.6是這些因素的摘要介紹。

1.6 餐飲服務的方式

餐飲服務會因為許多不同的因素而產生不同的方式：

圖1.6　影響進餐感受的因素

因素	敘述
食物和飲品	可提供之選擇的多寡、餐飲的種類和多樣性、是否有特殊的產品、產品的品質
服務水準	服務方式、速度、準確性、預約的場地、是否接受信用卡付費、是否有簽帳服務
清潔衛生	設備、用餐地點及服務人員的清潔和衛生
金錢價格的價值	消費者認為產品所值的價錢及他實際上所願意付出的價錢
氣氛	一個整體的概念，由裝潢、燈光、空調、佈置、音響、其他用餐的顧客以及服務人員的態度所組成

◆ 營業場所的類型

◆ 顧客的類型

◆ 用餐的時間

◆ 翻枱率

◆ 菜單的類型

◆ 餐飲的成本

◆ 營業場所的地點

　　服務人員在服務的過程中，或稱做服務的流程，扮演顧客與食物製造區、備餐間、收銀台和其他部門的連結。服務的過程簡介如下圖（圖1.7）：

　　每一個步驟都有很多不同的處理方式，影響選擇的原因可能是上面所列出的七個因素，也可能是顧客用餐的感受。

圖1.7　餐飲服務流程

A　準備食物（包括接受預定）

B　顧客點餐、飲料

C　上菜、上飲料

D　清理餐桌

E　結帳（這個步驟可能與服務的動作同時發生，像是一些外賣的場所；若在餐廳用餐，就可能是在用完餐後）

F　清洗餐具

G　服務結束後的整理工作

　　基本上，消費者走進餐廳、點餐、服務人員上菜（消費者可能在此時或稍後付款）、將餐飲食用完畢，隨後服務人員清理用餐區。

　　從這樣一個消費程序來看，我們可以得出五個基本的服務類型，如圖1.8所示，前四種都是消費者主動進入餐飲供應區，譬如餐廳或外賣店，第五種服務類型是將餐飲送到消費者面前，譬如飯店裡的客房、酒廊或醫院裡的病人面前。

　　圖1.9會將十五種服務方式做更詳細的說明。圖1.8是顧客進餐過程的簡單分類。

　　特定的服務方法，例如服務員，在實際的服務過程中需要擔負很多的任務和責任。事實上，在服務過程中還有其他的任務和責任，而這些可用服務流程來分類（如圖1.7所示）。服務人員的技巧和責任的複雜型從A型到D型遞減，而提供特殊服務的D型我們將於第七章做深入的討論。

圖1.8　餐飲的簡單分類

服務方式	餐飲服務區	點餐／選擇餐點	上菜	用餐／消費	清理用餐區域
A 餐桌服務	顧客進入餐飲服務區並就座	看菜單	服務人員	食物裝盤上菜	服務人員
B 輔助服務	顧客進入餐飲服務區並就座	看菜單、自助餐或服務員用托盤穿梭傳遞食物	服務人員與顧客一起	固定位置及人數	服務人員
C 自助服務	顧客進入餐飲服務區並就座	顧客自行選擇餐盤	顧客自行取用	在餐飲區用餐或外帶	有很多種可能
D 據點服務	顧客進入餐飲服務區	在單一窗口訂購並購買餐飲	顧客自行取用	在餐飲區用餐或外帶	有很多種可能
E 特殊服務	依情況而異	看菜單或事先預定	送到顧客面前	食物送達處	服務人員或顧客自行清理

1.7　餐飲服務業的人員編制

　　圖1.10和圖1.11列有旅館的典型組織架構圖。純粹的餐館或餐廳與飯店裡所附設的餐廳，兩者的組織架構其實是大同小異的，然而不同的機構所應用的專門術語也不同。接下來的部分，我們會討論餐飲業中不同類型的人員配置。在較小型的餐館裡，每個人員所負責的工作內容相對來說會較重。

圖1.9　餐飲服務的方法

服務的類型	內容
A組：餐桌服務	
服務一既定餐席的顧客	
1 服務員　a.銀器／英式	服務員介紹餐點並將食物從銀盤上裝盛至客人面前
b.家庭式	主菜搭配一些蔬菜放在多功能的餐盤裡由顧客自行取用；提供醬料
c.餐盤／美式	直接將食物裝盤好送至客人面前
d.餐具／美式	服務員向每一位顧客介紹各道餐點之後顧客即可用餐
e.俄式	在顧客來之前，即將盛裝好的餐點佈置於餐桌上，顧客來時即可用餐（此項常與旁桌式及餐具式服務產生混淆）
f.旁桌	食物是從餐桌旁的準備檯或是推車上盛裝至顧客的餐盤上；包括切割、烹煮和火燒、準備沙拉和淋醬、魚肉切片
2 吧枱	服務坐在吧枱的顧客（吧枱通常為U型）
B組：輔助服務	
餐桌服務和自助服務的綜合	
3 輔助	a.通常是指「燒烤店」型態的經營方式。部分餐點是準備好給客人的；但是其他部分是由客人自行取用的（也用在早餐服務）
	b.在自助餐廳裡客人可以在展示架或迴轉托盤上自行選用食物和飲料；顧客可在餐桌上用餐，亦可站著食用，或將食物帶至酒廊裡

C組：自助服務

完全由客人自助

4 自助餐館	a.櫃檯	顧客在服務櫃檯前排隊等候，選取所需的食物並將之放入餐盤中（包括「旋轉木馬」——一種可節省空間的旋轉櫃檯）
	b.自由隊伍	與櫃檯（前者）類似的點菜方法，但是在餐點服務區域內有多個據點讓顧客可自由選擇喜愛的食物區；顧客通常會由結帳櫃檯離開
	c.梯隊	多邊型的櫃檯，顧客可以自由排在櫃檯前，藉此節省空間
	d.超級市場	多個服務據點讓顧客可以自由選擇並排隊

（注意：某些「叫菜」的點菜方式也會包含在自助餐館裡）

D組：據點服務

在單一據點服務顧客——內用或外帶

5 外帶	a.顧客在固定據點點菜及取用食物，例如櫃檯、窗口、小吃攤；然後顧客在販賣地點以外的地方食用（某些外帶的營業場所會提供座位）
	b.得來速：另一種外帶的型式，專門供開車的人在一個窗口點餐、付賬、取餐
	c.速食：顧客在櫃檯或窗口點菜，當場付現金或餐券之後即可取餐；現今通常用來形容一種提供有限範圍菜單的餐飲機構，提供快速的服務及外帶的機制
6 自動販賣	一種利用自動販賣機販賣餐飲的形式
7 小亭	因應尖峰時段所設置的攤位，或是在特定地點所設置的小站（有時只讓顧客點餐或取消訂單而已）

8 美食街	多個獨立的櫃檯，顧客可以選擇在櫃檯旁點餐及食用（例如前面所列的吧檯），或是在各個不同的櫃檯點菜並將食物帶至座位區食用，亦可外帶
9 酒吧	領有執照的販賣地點及消費區域

E 組：特定的（特殊情況）

在原本非設計為服務的地點服務顧客

10 餐盤	利用餐盤將餐點送給位在某地點的顧客供他們食用，例如醫院、機上，也用於外燴
11 推車	利用推車將餐點送至離用餐區域較遠的顧客，如辦公室員工、機上或火車上
12 外送	將餐點送至顧客家中或是工作的地點，如外送餐點或披薩外送
13 酒廊	在酒廊提供的餐飲服務
14 客房	在會客室或會議廳所提供的餐飲服務
15 開車	開車的顧客直接在車內取用餐點

（注意：宴會／集會是指一群特定的服務人員在特定時間提供外燴服務。服務的方式有很多，我們前面所提到的宴會／集會「燴煮」功能指的即是提供這項服務的機構，而非特定的服務方式—參考第9章。）

餐飲部門主管

依據機構的大小，餐飲主管的職責如果不是執行已訂定的決策，就是參與餐飲經營策略的制定。機構越大，餐飲主管參與制定策略的機會就越小。一般來說，主管的職責有：

◆ 確保每一營利階段所結算出來的營收都能達到要求的標準
◆ 依據現有的庫存量、目前最新的潮流趨勢，以及顧客的需求來更新並設計新的葡萄酒單

圖1.10　小型飯店組織圖

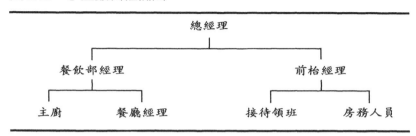

圖1.11　大型飯店組織圖

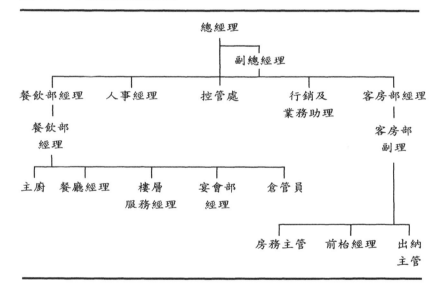

◆ 與廚房溝通，因應食材的多樣性或特殊的場合設計新菜單

◆ 採購所有的物料，包括食物和飲料

◆ 確保食物的品質與價值感

◆ 決定餐點的份量與售價

◆ 部門人員的訓練和升遷，要能維持人員最佳的專業水準

◆ 任用和解雇人員

◆ 定期和部門主管開會，確保每一個部門都能發揮功能，做
有效率的運作，各部門間亦能良好的聯繫及合作。

餐廳經理

餐廳經理需全權負責某一特定區域服務工作的所有組織和行
政內容，這些區域包括休息室、樓層、烤肉區、餐廳，以及一些
私人的宴會廳。餐廳經理要訂定服務的標準，並且要負責所有人
員的訓練，讓他們不論在上工時或下工時都需遵守一定的程序。
他必須訂定一些職務輪班表、休假表、值班及休息時間表，好讓
整個區域能夠更有效率、更順利地運作。

領枱領班

領枱領班負責餐飲預定及維持最新的預定紀錄。他可接受訂
位，並接待顧客，帶領他們至預定的座位入座。

總領班／餐廳主任

負責管理所有的服務人員，查看是否所有的準備工作都能有
效確實地完成。若當區服務員正在忙，他可協助接待服務員領班
並幫客人點餐。領班紀錄所有員工的出缺勤和休假紀錄，當餐廳
經理或接待領班休假時能代他們的班。

分區領班／分區主任

分區領班帶領一組服務人員負責服務某一區（Station）的顧
客，桌數從四桌到八桌不等。分區領班必須要對食物及酒類有相

當豐富的知識，並具備正確的服務觀念，還要能夠教導其他的服務人員。他可在領班的協助之下，完成顧客的點餐並做好每一項服務。

領班

領班必須要在分區領班休假時，維持一切事務正常運作。他的經驗比分區領班來得少，兩者必須同心協力，提供最迅速良好的服務。

領班助理

只有在大陸式餐廳裡方可見這項職位的存在。如同字面上的意思，領班助理比領班小一階，隨時提供必要的協助。

服務員

服務員依照分區領班的指示做事，主要的職責是遞送餐點、提供蔬菜及醬料、分送小餐包或重新擺桌等，並在顧客用餐完畢時收拾清理桌面。有時，在預備開店之前，服務員也需清洗碗盤或作些準備工作。

見習服務員

這些人扮演著「觀摩者」的角色，因為他們才剛剛加入服務的行列，並且以成為服務人員為職志。在服務的過程當中，他們會在旁維持各種用具的完備，若有需要也可幫忙遞送餐點。在預備開店前他們也要負責清理的工作，並幫助正式人員留意推車上的甜點和各式乳酪，甚至幫忙遞送。

切割人員

切割人員負責切割推車，他要在餐桌旁邊將食物完成切片，並將切好的食物平均分配，搭配其他的食材並作裝飾。

樓層服務人員

樓層服務員要負責整個樓層的工作。若營業場所較大，則負責幾個房間或套房；若為一流的營業場所，則樓層服務包括全天候的餐飲提供；若為小型的飯店，則在客房內設有小型的吧枱和咖啡機等等，樓層服務僅提供早茶和早餐。

樓層服務員包括樓層服務員領班和幾個樓層服務員，這些人員負責客房裡的所有餐食和飲料（含酒精及無酒精）服務。因此，完備的餐飲知識及正確的服務方法就顯得十分重要。這裡，我們必須強調房務人員間的協調性及合作性非常重要。通常樓層服務員從食品儲藏室或中央廚房到達需服務的樓層時，可以電梯或加熱推車將所需的食物和飲料送達（參閱第7.2節）。

酒廊服務員

只有在較高級的營業場所才需要用到酒廊服務員的特別服務，規模較小的營業場所裡，酒廊的服務工作通常都是由餐飲服務人員輪流負責。酒廊服務員要負責供應早上的咖啡、下午茶、飯前酒，或是午餐及晚餐時的飲料和飯後的咖啡。另外，也要負責早上時，準備好酒廊裡的一切佈置，並維持酒廊裡一整天的清潔和外觀。

飲務員

　　飲務員的工作是負責供應所有進餐時會飲用的含酒精飲料。飲務員有時也需扮演銷售員的角色，他們必須熟知所有有關所販售的酒類的知識，什麼酒需搭配什麼餐點以及酒的特性及產區。

調酒員

　　調酒員必須具備調酒的花式及技巧，並需對各種酒類或無酒精飲料瞭若指掌，包括飲料的成分及如何將之調成可口的雞尾酒等。

自助餐服務員

　　自助餐服務員負責自助餐枱的陳列架及其外觀、食物的切割及陳列，該員可視為廚房組的一員。

收銀員

　　收銀員是負責餐飲營運的進帳。收銀員必須根據顧客的點菜單開立帳單，若是在自助餐廳裡，則是以顧客選取的餐盤數量和種類來結帳。

櫃枱助理

　　通常在自助餐廳裡，需要櫃枱助理幫忙服務顧客，將食物分配好送到顧客面前，偶爾也需烹煮顧客額外加點的菜餚。

餐桌清潔員

　　餐桌清潔員負責保持餐桌的清潔，其他放置瓷器、玻璃製品

及金屬餐具的特製推車亦保持清潔。

宴會服務員

在一些提供宴會服務的大型旅館，有一組固定的服務人員，包括宴會廳經理、一到兩個宴會廳副理、一到兩個宴會廳領班、一個食物分配員，再加上一個宴會經理秘書，其他為一些臨時性的服務員，再從餐廳部調派過來即可。在一些較小型的營業場所裡，宴會廳經理、副理以及領班在行政方面的職責較少。

所需的服務員

不同的營業場所需要不同種類的餐飲服務員，以下是五種餐飲服務機構的簡單介紹：

中型飯店		企業裡的餐飲業
飯店經理 ⎫	接受顧客	經理
副理　　⎭	的預約	副理
領班		主任
服務員		副主任
酒類服務員		服務員
收銀員		洗滌員
		櫃檯服務員
百貨公司		清潔員
經理		收銀員
副理		
主任		**家庭餐廳**
副主任		餐廳經理／主任

收銀員　　　　　　　　服務員

配送員　　　　　　　　吧枱助理

葡萄酒專員

服務員

自助餐館

經理

主任

副主任

櫃枱服務員

清潔員

收銀員

1.8　餐飲服務員的特質

　　我們在第1.5節提到過，餐飲服務業不僅僅是提供食物這項功能而已，與顧客直接接觸的服務員的態度與服務好壞也是一種販賣的商品，即使有再好的食物、裝潢和餐具，如果沒有訓練有素、乾淨整齊、能提供顧客最大協助的服務員，那麼顧客的滿意度可是會大打折扣。反過來說，一些好的服務員也是吸引顧客的一大因素。以下是餐飲服務員所應具備的特質：

專業以及整潔的外表

　　服務人員的外表以及他所帶給別人的第一印象比隱形的整潔標準和服務品質來得重要，所有從事餐飲服務業的人員都應注意

自己是否確實做到以下所列的要件：

◆ 每天洗澡

◆ 使用除臭劑

◆ 不要擦太濃的古龍水或香水

◆ 要有充足的睡眠、正常的飲食和規律的運動，可保持健康
的身體，亦有足夠的精力應付每天繁重的工作和壓力

◆ 隨時注意雙手的清潔。不要有香煙的污漬，指甲要時常修
剪，保持乾淨

◆ 不要塗指甲油

◆ 男性要將翹鬚修理乾淨

◆ 女性服務人員只能上淡妝

◆ 不要戴長串的耳環，若要帶耳環，最好戴樣式簡單的小耳
環

◆ 制服一定要保持乾淨，並上漿燙好，所有的釦子都要扣上

◆ 頭髮要保持乾淨，梳理整齊。如有留長髮的員工，一定要
綁起來

◆ 鞋子要選擇舒服好穿、素面的設計，並保持乾淨。時髦的
樣式並不重要（像是高跟鞋或有鞋帶的樣式），雙腳的舒
適及安全才是最重要的

◆ 工作之前要先刷牙

◆ 如果身上有切傷或燙傷，可穿著適當的服飾遮蓋

◆ 若染上感冒或任何的流行性疾病要立刻向主管報告

◆ 上完洗手間、抽過煙或處理完垃圾之後，要立刻用熱水和
肥皂清洗雙手

◆ 盡量避免一些壞習慣，像是用手梳頭、嚼口香糖或抓臉

◆ 不要佩戴過多的首飾，遵守公司的規定

對食物和飲料的知識

服務員必須對菜單上所有的餐點和酒單瞭若指掌，方可向顧客做適當的建議。除此之外，他必須知道上菜的正確流程、各種菜餚適用的餐具、每一道菜的盤飾、佐餐的酒、在什麼氣氛下喝什麼酒、用何種杯子。

準時

準時相當重要。若某員工經常遲到，表示他對工作缺乏興趣，另一方面，對管理階級和顧客也是相當不尊重的行為。

對於當地的熟悉

服務人員對餐廳所在的地區、城市應有一定程度的了解，對顧客投其所好，建議各種不同型態的娛樂及如何到達該地等等。

性格

服務人員必須圓滑、有禮、幽默，還要有好脾氣，與顧客說話時態度要和善親切，談吐得宜，在適當的時候面露微笑，這些都能夠幫助管理階層做好銷售工作。

對待顧客的態度

知道如何正確的對待顧客是非常重要的，並不需卑恭屈膝，而是要能預測顧客的需求。客人用餐時要時時注意他的用餐狀況，但不要一直瞪著客人，讓客人覺得不舒服。如果遇到難纏的客人，更要用心（其實並沒有真正難纏的客人，通常只是服務員不知道怎麼處理）。千萬不要跟客人爭執，那只會使情況更糟，

若客人有抱怨，立刻請該區的主管出面解決。

記憶力

此一特質對餐飲服務員尤其重要。記住客人的喜好，喜歡吃什麼，不喜歡吃什麼，喜歡坐哪一個位子，最喜歡喝什麼飲料等等，有助於服務員在工作上順利進行。

誠實

服務人員不論是面對顧客或管理階層，一定要誠實以對。如果服務人員和顧客以及管理階層三方彼此間都能互信互敬，那麼工作氣氛自然會很好，彼此鼓舞，團隊合作，創造更高的工作效率。

忠誠

員工的忠誠度是企業及管理階層的首要考量。

品行

服務員的行為舉止要非常謹慎，不能有片刻失禮，特別是在顧客面前的時候。他必須確實遵守企業的規定，並尊敬資深的服務員。

銷售能力

服務員站在服務的最前線，代表企業的形象。從這一點來講，他也算是業務員，因此，對企業販賣的所有產品及服務都必須非常了解。

危機意識

客滿時，服務人員必須了解營業場所可帶來的利潤，加快服務的進行，以增加週轉率。

滿足顧客滿意度

要滿足顧客的需求，更重要的是要能事先預測顧客的需求所在。如果客人覺得用餐環境很舒適滿意的話，那是因為員工給他溫暖、友善的感覺，同時感受到員工之間團結合作的精神。

抱怨

服務員應該要有和善親切的態度，有禮貌，脾氣好，還要有幽默感。不要跟顧客起爭執，若情況無法解決，應該把上報告上級主管或同區的資深人員，他們的經驗豐富，知道如何使顧客冷靜下來並解決問題。記住，在處理顧客抱怨的時候，所花的時間越多，只會使情況越糟。

第二章

餐飲服務部的區域及設備

2.1　前言

　　對餐飲業者來說，餐廳給顧客的第一印象是非常重要的，有時甚至能決定餐廳經營的成敗。餐廳的擺設及用品所營造出來的氣氛，都是經營成功與否的關鍵。因此，必須仔細挑選擺設及使用器具的外觀、設計及顏色，以加強整體設計或強調餐廳的主題來達到和諧的效果。在選購傢俱、布巾、餐具、小型器具和玻璃器皿之前必須先考慮下列幾項因素：

◆ 顧客類型

◆ 餐廳地點

◆ 用餐區的規劃

◆ 提供的服務類型

◆ 資金多寡

　　購買餐飲設備的原則如下：

◆ 使用範圍

◆ 服務種類

◆ 顧客類型

◆ 設計

◆ 顏色

◆ 使用壽命

◆ 保養難易度

◆ 能否堆疊

◆ 可運用的資金和預算

◆ 替代品是否容易取得

◆ 儲存

◆ 損壞的比率，譬如瓷器

◆ 形狀

◆ 顧客的感受

◆ 交貨時間

我們可以用術語「後場」來稱呼後台許多工作範圍。後場需要有詳細的組織規劃、方便操作、易於監控，而且適合存放一些器具。一個成功的餐飲服務機構需要後場裡所有單位緊密配合，各自發揮最好的效能，就像是一台情況良好的機器。

後場通常界於廚房和用餐區之間，是餐飲業裡的重要單位，亦是扮演連接廚房（或食物準備區）和用餐區（或食物服務區）的重要角色。因此，單位與單位之間必須要有良好的溝通，緊密的配合。

用餐時間是後場最忙碌的時候，因此，各單位主管更要確保所有員工都清楚並迅速確實地執行他們的職責。如果每一個員工都對自己的工作有榮譽感，希望能夠將工作做到最好，就能與其他單位的人員通力合作，提供顧客更好、更有效率的服務。

一般說來，尤其是大型餐飲機構，後場包含五個主要的單位：

◆ 食品儲藏室（Stillroom）

◆ 銀器間或餐具室（Silver or plate room）

◆ 餐具洗滌室（Wash-up）

◆ 生菜保溫區（Hotplate）

◆ 備用布巾存放室（Spare linen store）

這五個單位的組織必須完善，每一個員工的工作分配才會平均。然而，不同的營業場所有不同的需要，組織圖也會隨著變動。

我們先從各個單位一一來討論，再探討餐飲業所需的設備。

2.2　食品儲藏室

食品儲藏室的主要功能是提供餐飲服務所需的食物和飲品的原料，若為飯店裡的餐飲部門，食品儲藏室提供的就是除了廚房、儲肉室和糕餅室之外的食物原料和飲品。

食品儲藏室人員的職責會因餐飲類型和營業場所的大小而不同。

人員

在大型的五星級餐飲機構裡，食品儲藏室主任負責掌管一切，隨著營業場所的大小和職責的互異，他可帶領一些食品儲藏室人員。食品儲藏室主任負責所有食品儲藏室人員的工作紀錄，務必使所有人員都能做好分內之事，確認每天的每一項工作都確實完成。

另外，食品儲藏室主任要向乾貨店訂貨，有效管理發送到各部門的食物原料。在訂貨之前，食品儲藏室主任必須先填寫一式兩聯的原料需求表，第一聯給供應商作為出貨的憑證，第二聯留

存作為食品儲藏室人員日後驗貨的書面依據。原料需求表一定要有食品儲藏室主任的簽名，供應商才能出貨。

由於食品儲藏室必須隨時開放，食品儲藏室人員通常分兩班制，一個禮拜早班，一個禮拜晚班。另外，食品儲藏室人員必須自行清洗倉庫裡所有的設備。

設備

大多數餐飲單位的食品儲藏室大同小異，使用的設備也大致相同。食品儲藏室裡儲存相當大量的食物原料，為了確保正確的庫存，呈現食物最好的狀態，必需使用的設備主要有下面幾項：

◆ 冰箱：儲存牛奶、鮮奶油、牛油、果汁等等。

◆ 冷飲製造機。

◆ 大型雙槽洗碗槽和瀝乾板：清洗碗盤之用；另置一洗碗機，大小符合食品儲藏室的需求，容量足夠容納待清洗的碗盤。

◆ 烤麵包機：準備早餐麵包或烤麵包薄片。

◆ 切麵包機。

◆ 工作台和砧板。

◆ 存放小型餐具的倉庫：可擺放日常用的瓷器、玻璃器皿和銀器。

◆ 碗櫃：存放乾貨，和碗盤墊、紙抹布和餐巾紙之類的東西。

◆ 咖啡研磨機：將咖啡豆依需要磨成不同的粗細大小。

備品

以下是一般基本必備備品：

◆ 各種飲品：包括咖啡、茶、巧克力、草藥茶、濃縮牛肉汁、好立克和阿華田等等。

◆ 各種果汁：柳橙汁、蕃茄汁、鳳梨汁和葡萄柚汁。

◆ 牛奶和鮮奶油。

◆ 糖：方糖、袋裝糖、黑咖啡方糖、淡褐色的粗糖。

◆ 果醬：橘子醬、櫻桃、李子、木梅、草莓、杏子及蜂蜜。現在許多餐飲機構為了控制存貨並避免浪費，採用盒裝或小罐裝果醬提供給用早餐及下午茶的客人，取代以往用盤裝的方式。

◆ 奶油：用機器壓扁，作成螺旋狀，或現成的盒裝。

◆ 切片塗上奶油的黑麵包、白麵包和麥芽麵包。

◆ 餐包、奶油蛋捲和可頌麵包。

◆ 脆烤薄麵包片：切成薄片的麵包。

◆ 早餐麵包：將厚片吐司兩面烤乾，稍微刮掉表層的碎屑，斜切成兩個三角形，放進麵包籃裡。

◆ 穀物棒和低澱粉餐包。

◆ 無甜味的薄脆餅乾、消化餅和水麵餅乾：與乾酪板一起供應給顧客；搭配早餐茶和下午茶則用甜餅乾。

◆ 各種早餐穀類食品：玉米片、Weetabix、碎麥片、脆米、碎穀物和乾果混合而成的早餐食品等。大部分的營業場所採用份量固定的袋裝穀類早餐提供給顧客。

◆ 烤過的英式鬆餅和下午茶點心。

◆ 派類、蛋糕和三明治：大型的餐飲機構會有糕點單位提供這些自製糕餅和蛋糕類的點心，各式的三明治則由食品儲藏室提供。至於規模較小的餐廳，則是採用向其他商店購買現成品的方式，但仍由食品儲藏室負責控管。

食品儲藏室若負責準備三明治，知道一些基本概念是很有用的，像一條吐司通常切成25片，可做成12個三明治；一「四磅重大麵包」有50片，可以做成25個三明治。做好的三明治要用濕布覆蓋著，上桌前再將表面的碎屑刮掉

◆ 粥類和水煮蛋：在小型餐廳裡通常由食品儲藏室提供。

控管

一般來說，領料的方式有兩種：

◆ 若領取的物料數目很大的話，必須要有單位主管簽名的領料單才能發放。通常是指奶油、果醬、糖這一類的東西。

◆ 若領取的物料是定量的茶、咖啡或其他飲料的話，則是只要有服務生簽名的領料單即可。

早餐咖啡和下午茶都是用這種方式控管，糕點類的點心、餅乾、三明治、麵包和牛油只要有服務生的簽名就可發放，但數量則依銷售及回收的方式而定。

2.3　銀器間或餐具室

在大型的餐飲機構裡，將銀器間（silver room）或餐具室（plate room）獨立成一個單位，而小規模的餐廳則是將之併入餐具清洗室。

設備

銀器間裡除了必須備有用餐所需的整套餐具，還要額外多準備幾組，以備不時之需。宴會廳專用的銀具設計和花樣都不同，

必須另外存放。

　　大型的銀器，像是扁平餐盤、小圓托盤、湯鍋和布巾依大小分門別類放在架子上，每個架子上都要標示放置的項目，以方便管理。在疊放銀器的時候，越重的銀器要放在越下層，反之，輕的餐具則放在上層，這種排列方式可以避免意外發生。至於其他較小型的刀叉、碗盤和煙灰缸、調味瓶、奶油碟、特殊器具、桌號牌架和菜單夾，最好是用綠色的檯面。並排放在抽屜裡，可以防止抽屜開關的時候發出噪音，也不會讓銀器搖晃造成刮傷或損害。

人員

　　所有的銀器都必須定期清洗與磨光，銀器間負責人的職責就是要確實執行這項工作。較常使用的銀器清洗的頻率較高，同時要特別注意銀器是否有破損，或需要特別磨光或補鍍銀，此部份則送交製造商處理。

　　銀器間人員的多寡取決於餐飲機構的大小。以一般中小型的餐飲機構來說，銀器間很可能與餐具清洗部門合併在一起，如此一來，負責所有銀器的清洗和保養就是清洗部門或餐飲部門的責任。

銀器清潔方式

　　清洗銀器有很多方法，不同大小和等級的餐飲機構使用的方法也不同。大型餐飲機構可購買銀器拋光機（burnishing machine），全天候使用。至於無法負擔拋光機的小型店家，則採用手洗清潔和磨光的方式。

銀器拋光機

銀器拋光機的外型是一個會旋轉的滾筒，外面有一個安全門的裝置，可以放在大型機器的底端，也可以獨立出來成為可攜帶式的拋光機，外接水管注水進去。拋光機有大有小，內部可以隔成數個不等的區間，以容納特殊尺寸的銀器。有些拋光機可以放置一根可移動式貫穿滾筒的棒子，方便固定茶壺、咖啡壺、奶精罐、糖罐之類的銀器。

為了要讓拋光機運作地更有效率，並達到最佳的效能，最好的方式就是每次最多只放一半的滾珠輪球（ball-bearing），再放入固定份量的洗潔劑，接著，將銀器放入拋光機，蓋緊蓋子，打開水源，注入拋光機運轉所需的足夠水量。若拋光機沒有外接水管，必須先將水倒入拋光機至完全覆蓋滾珠輪球為止，再將蓋子蓋緊，打開開關讓機器開始運轉，滾筒的滾動帶動水與洗潔劑的混合，成為銀器和滾珠輪球之間的潤滑劑，藉此清除器具上的污垢和銀鏽，但不會刮傷銀器。清洗完畢之後，將銀器浸泡在熱水裡，最後用乾淨的布拭乾。

拋光機清洗法是最省力的清洗方式，可使銀器永保如新，光澤更持久。必須注意的是，滾珠輪球須一直浸在水裡，否則很容易生鏽。

Polivit

Polivit是一種有孔的鋁製金屬片，最適合用來清潔琺瑯器及電鍍銀碗。做法是將Polivit與蘇打粉放在碗裡，再將待清潔的銀器放入碗中，讓銀器接觸Polivit，接著倒入適量的滾水，直至完全覆蓋銀器為止，Polivit會和蘇打粉、滾水與銀器產生化學作用，去除鏽物，三至四分鐘之後將銀器取出，放入另一個裝滿滾

水的碗裡，最後將銀器拿出瀝乾，用乾淨的布拭乾。

鍍粉

鍍粉是一種粉紅色的粉狀物，加入一點甲基化酒精混合成糊狀。使用甲基化酒精是因為甲基化酒精揮發的速度較水快，可以縮短整個清潔的過程。不過，如果沒有甲基化酒精，用水也可以，只是速度較慢。先拿一塊乾淨的布將混合物均勻地塗在銀器上，靜待片刻，等到混合物完全乾了之後，再用乾淨的布擦掉。在此建議，拭淨的銀器最後可以放入熱水裡，再用布擦乾，以達到最好的清潔效果。如果銀器上有花紋或雕刻，可以用小牙刷將糊狀混合物塗抹上去，等到乾了以後，再用乾淨的牙刷除去。這個方法非常的費時，而且容易弄髒環境，不過效果卻非常好。

鍍銀劑

一種粉紅色的液體。將鍍銀劑倒入塑膠碗裡，銀器用細線綁好，放到碗裡，讓銀器完全浸泡在液體中，過一會兒拉起銀器，瀝乾，放入溫水清洗，最後用布拭乾。這個方法快且效果好，但銀器和液體之間的化學反應所產生的去污功能卻沒有其他幾種方法來得好。不過，便捷快速使它成為中型餐館最常用的清洗方式。

2.4 餐具清潔室

編制

餐具清潔是餐飲管理中最重要的環節之一，其座落的地點必須方便工作人員能快速又有效率地往來餐飲服務區和廚房。服務

人員將所有使用過的碗盤依尺寸大小整齊地放在餐具架，其他的餐具疊在盤子上，刀子的刀鋒架在叉子的弧狀上，所有的玻璃器皿另外疊放在盤子上，一同送往另一個清洗區。

餐具清潔室應該設置在餐飲服務區旁，服務人員在離開餐飲服務區之後，將所有使用過的餐具放在標示待洗的金屬籃子或容器裡，破損的餐具則放在固定的袋子或碗裡，用過的餐巾紙、襯墊和廚房捲紙放進另外的垃圾袋裡，瓷器則用以下所列的兩種主要清洗法清洗。

清潔方法

手洗法（水槽清洗法）

先將瓷器放入裝有洗潔劑的水槽，洗好之後，將瓷器放到金屬籃，再浸入第二個裝滿溫度高達75°C（179F°）熱水的殺菌槽，兩分鐘後將金屬籃提起，瓷器放在一旁瀝乾。這種高溫殺菌法，瓷器不需用布擦拭就會乾，這樣也比較衛生。乾了之後，將同樣尺寸大小的瓷器疊在一起，放到架上，待下一次使用。

半自動清洗法

許多大型餐飲單位因瓷器的使用量大，備有洗碗機，廠商通常會提供洗碗機的使用說明書，標示洗潔劑種類和使用劑量，這些要確實遵守。清洗方法是先取出瓷器裡的食物殘渣，將瓷器放在洗碗架上，洗碗架進入洗碗機裡開始清洗殺菌的過程。清洗完畢之後取出洗碗架，瓷器放置二到三分鐘瀝乾，最後依序放回餐具櫃裡。與手洗的方式一樣，瓷器不需用布擦乾。由半自動式清洗法衍生出另外兩種清洗方式，分別是自動輸送帶清洗法及飛行輸送帶清洗法。如圖示2.1：

圖2.1 洗滌方式簡表（感謝Croner's Catering提供）

方法	內容
手洗法	用手或用刷子清洗髒碗盤。
半自動清洗法	清潔人員將碗盤放入洗碗機裡進行清洗。
自動輸送帶清洗法	清洗人員將放置碗盤的架子放到輸送帶上，啟動機器，開始清洗步驟。
飛行輸送帶清洗法	將待洗的碗盤架在樁上，送進輸送帶，洗碗機開始自動洗滌。
延遲清洗	清洗人員先收集所有待洗的碗盤，清除殘雜，分類疊放，再送進洗碗機裡大量清洗。

2.5 出菜保溫區

編制

出菜保溫區（hotplate）被視為餐飲服務區和食物準備區的交集，這兩區服務人員之間的積極互動、相互合作是顧客能夠得到更有效率及更快速服務的關鍵。出菜保溫區的人員若失職，勢必影響餐飲服務員的工作情緒，進而無法提供顧客最好的服務。因此，兩者之間互相合作才能使每一道餐點都呈現最好、最吸引人的狀態。另一方面，服務人員寫的點菜單也要力求清楚明瞭，不致使熱食區的人員困擾，發生餐點延誤的情形。

控菜員

控菜員（或大聲招徠顧客者）在餐點供應時間掌管出菜保溫

區的一切，要隨時讓服務人員知道哪些餐點已經供應完畢。所以，他必須站在一個大家都能清楚看到的地方。出菜保溫區必須放置足夠的磁器餐具，包括湯盤、魚盤、肉盤、甜點盤、湯盤、大淺盤、湯杯和小咖啡杯。

銀器通常放在保溫盤上待用，保溫盤用瓦斯或電力加熱，上菜之前所有的瓷器和銀器都要用保溫盤熱過，保持食物的溫度。

在用餐期間，服務人員先將點菜單交給控菜員之後，控菜員檢查字跡是否清楚，確認顧客點的菜是否仍在供應中，再交付廚房準備餐點。很重要的一點是，若顧客點用的是套餐，控菜員要組織廚房各個環節，讓服務員可以立即取餐，避免顧客長時間的等待。等到菜單上的所有的餐點都出完控菜員會將點菜單放進一個管理箱。這個管理箱平常鎖著，只有管理部門的人員有權開啟，取出點菜單的複本、收銀台的複本及帳單第二聯。

出菜保溫區術語

為了讓餐點能在最短時間內送到顧客面前，控菜員的工作還包括從餐點準備到烹煮、裝盤之每一步驟的調度、指揮。為此，控菜員會用到一些術語提醒各個環節的人員：

◆ *Le service va commencer*（服務開始）：告訴廚房開始準備。

◆ *Ça marche trios couverts*（三套餐席）：告訴廚房餐點的數目。

◆ *Poissonnier, faites marcher trios soles Véronique*（三份鰨魚）：準備的餐點項目。

◆ *Poissonnier, envoyez les trios soles Véronique*（送三份鰨魚）：服務人員前來取餐的時候，控菜員催促廚房人員儘

速完成餐點。

◆ *Oui*（是）：大廚回應控菜員的提醒。

◆ *Bien soigné*（特餐）：控菜員告訴廚房有顧客點特餐。

◆ *Dépêchez-vouz*（催菜）：催促加快速度。

◆ *Arrêtez*（中止）：取消點餐。

◆ 以下是需要特殊指明烹調熱度的術語：

　　(1)半生熟的蛋捲（*baveuse*）：蛋捲裡面仍保持柔軟的半生熟狀態。

　　(2)牛排：(a)三分熟（*bleu*）：表面烤成棕色，裡面仍然是生的。

　　　　　　(b)五分熟（*saignant*）：半生熟。

　　　　　　(c)八分熟（*ãpoint*）：比五分熟再熟一點。

　　　　　　(d)全熟（*bien cuit*）：整塊牛排由裡到外都熟透。

　　所有的服務人員都必須熟知這些術語，才能知道熟食區的準備狀況，了解這些法文術語是如何讓整個作業程序更快、更有效率。現今有越來越多的餐飲單位改用英文術語，不論使用哪一種語言，最重要的是所有相關人員都了解單位裡的運作方式。

現場切割服務

　　現場切割菜單種類不多，顧客可以選用價錢較高的連骨肉類或其他肉類。成功的現場切割服務的重點在於精準的預估下面三個項目的數字：

◆ 每一客肉類的平均重量

◆ 顧客欲點用的肉類種類

◆ 特定節日的顧客流量

一般說來，一道主菜包括裝飾的蔬菜在內約重525公克（一磅五盎司），但烹煮時需要重600公克（一磅八盎司）的生肉，多出來的75公克（三盎司）是烹煮或切割的過程中流失或損失的重量。

烹調過後，將帶骨肉類放到溫度介於75°C到80°C（170-180°F）的烤箱中，過高的溫度會讓肉類再一次烹煮。話雖如此，肉類置於如此的溫度也會無可避免地開始慢慢加熱，所以在烹調的時候要注意，不要將肉類烤到全熟。但若烤箱的溫度低於上述，則會有滋生細菌的危險。

待切割的肉類用紅外線燈光照射，讓溫度保持在74°C到82°C（160－180°F）之間，這種紅外線燈架可以伸縮，適用於任何尺寸的肉類，也不會妨礙廚師將切好的肉送出去。

每個地區不同的社會習俗和農業類型會左右餐廳提供的肉類種類。在預估營業額的時候，可以參考以下這些數字：

◆ 上一周的營業額
◆ 上一年同一時間的營業額
◆ 依照當地的實際狀況調整預估值，譬如餐廳位置、居民人數，以及是否有特殊景點，如展覽會和戲院等等。

2.6　備用布巾存放室

另一個餐飲單位裡常見，同樣位於後場的是備用布巾櫃或布巾室。通常由一位餐飲服務區的資深員工負責，平常上鎖以方便控管，布巾室設在餐飲服務區附近，以備不時之需。布巾類要時常保持清潔，清洗的頻率視使用狀況而定，原則上是用一條新的布巾就要更換一條使用過的。

2.7　吧枱

　　吧枱（dispense bar）這個名詞一般是指設在餐飲服務區裡的小酒吧，提供用餐顧客葡萄酒或任何酒精性飲料。但現在許多餐飲單位因為空間規劃和設計的關係，吧枱被獨立出來。也就是說，餐廳有一個獨自對外營業的酒吧提供顧客飲料服務。餐飲單位必須紀錄用餐顧客點用的飲料並管理飲料的進出（第5.6節及第10.3節有更進一步的討論）。顧客點用酒精飲料是由所謂的侍酒員或斟酒員（sommelier or wine butler）服務。有些餐廳則採用一桌一個專屬服務人員負責顧客所有的餐點，包括酒精飲料。

設備

　　為了迅速做好顧客點用的飲料，吧枱應該備齊下列工具，來調製雞尾酒、調酒、倒酒、上酒、作什錦水果杯等等。

主要項目

◆ 雞尾酒調酒杯（*cocktail shaker*）：用來混合所有無法光用攪拌把飲料混合均勻的用具，由三個部分組成。

◆ 波士頓調酒杯（*Boston shaker*）：兩個圓錐狀物體，將其中之一蓋在另一個上面緊密蓋好，材質有不鏽鋼、玻璃、鍍銀等。

◆ 攪拌杯（*mixing glass*）：像是沒有把手的水罐，有瓶口，用來混合除了果汁之外的不含乳脂的原料。

◆ 過濾器（*strainer*）：過濾器有很多種，最常見的是Hawthorn，這種狀似湯匙，邊緣繞一圈彈簧的用具常與雞

尾酒調酒杯和攪拌杯一同使用，濾掉搖過或攪拌好的飲料裡的冰塊。也有攪拌器專用的濾網。

◆ 攪拌匙（*bar spoon*）：攪拌雞尾酒。扁平的匙炳可以用來壓碎冰塊或薄荷糖。

◆ 果汁機（*liquidizer or blender*）：可以做出較濃稠的果汁。

◆ 攪拌器（*drink mixer*）：不需用到果汁機的飲品，特別是含有乳脂或是冰淇淋之類的原料，可以使用攪拌器。如果要加冰塊的話，最好只用敲碎的冰塊。

圖2.2　雞尾酒吧所需用具

1. 波士頓調酒杯
2. 銀製雞尾酒調酒杯
3. 不鏽鋼雞尾酒調酒杯

1. 吧枱置物盒
2. 攪拌杯和攪拌棒
3. 果汁機
4. 開胃點心盤
5. Hawthorn濾網
6. 迷你攪拌器

其他用具

- 各種杯子
- 量杯
- 冰桶和冰架
- 小冰桶和夾子
- 酒籃
- 砧板和刀子
- 酒精濃度測量器
- 杯墊
- 冷卻盤
- 冰箱
- 小型水槽或吧枱洗碗機
- 開罐器
- 軟木塞開瓶器
- 碎冰機
- 冰鑽
- 棉布和漏斗
- 蘇打水瓶

- 水瓶
- 糖果
- 各種苦酒：桃子苦酒、橘子苦酒、安古斯圖拉樹皮苦酒
- 製冰機
- 搾檸檬器
- 吸管
- 攪拌棒
- 雞尾酒棒
- 過濾器和漏斗
- 玻璃水瓶
- 服務圓托盤
- 酒單
- 開酒刀和雪茄刀
- 足夠的擦拭玻璃布巾和餐巾，以及服務布巾

食材

- 橄欖
- 酒釀櫻桃
- 伍斯特醬
- 塔巴斯哥辣醬
- 鹽和胡椒
- 肉桂

- 荳蔻粉
- 丁香
- 安古斯圖拉樹皮苦酒
- 方糖
- 細白砂糖
- 德麥拉拉蔗糖

◆ 蛋   ◆ 柳橙

◆ 鮮奶油   ◆ 檸檬

◆ 薄荷   ◆ 椰乳

◆ 小黃瓜

玻璃器皿

　　要做出一杯受歡迎的雞尾酒，選用設計良好、透明清澈，兼具高雅、耐用和穩定性高，杯口經過特殊處理的玻璃器皿是不二法門。所有的玻璃器具都須隨時保持乾淨，擦亮備用。

吧枱規劃

　　在規劃吧枱或是酒吧的時候，必須審慎考量這些因素：

空間

　　吧枱人員必須要有足夠的空間供工作及活動，從吧枱到置物架和展示架之間至少要留有一公尺的距離。

佈置

　　做平面規劃的時候，需設計足夠的儲藏空間。各種功能的架子和碗櫃擺放的位置，是否能讓吧枱人員便利地取得所需材料或用具以提供更快速便捷的服務，都是考慮的重點。

管線配置和電源

　　安裝冷熱水龍頭供清洗用具；配備足夠電力冷卻杯盤並提供冰箱和製冰機電源。

安全衛生

　　所有吧枱使用的食材必須符合衛生安全的條件。地板要有防

圖2.3　吧枱用具圖示

1. 吸管
2. 吸管器
3. 砧板
4. 開胃菜盤
5. 切片盤

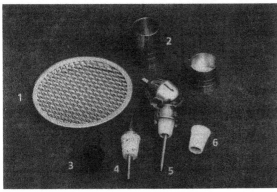

1. 滴漏盤
2. 頂針測量器
3. 4. 為倒酒器
5. Optic
6. 備用optic軟木塞

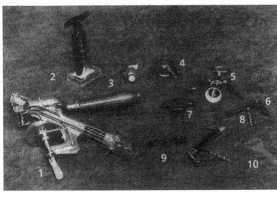

1. 吧檯用軟木塞開
　　瓶器
2. 開瓶器
3. 瓶塞
4. 香檳瓶塞
5. 6. 7. 8. 為開瓶器
9. 雪茄刀
10. 開罐器

滑設計，吧枱本身的材質必須堅硬、容易清理，不能有堅硬的稜角設計。吧枱高度適中，約一米，寬0.6米。

地點

地點的選擇是吧檯能否招攬到大量顧客的重要關鍵。

2.8　自動販賣區

廣義來說，「自動販賣」（automatic vending）就如字面意義所言，是透過以下幾種方式購買商品的一種自動零售業：

- ◆ 錢幣
- ◆ 代幣
- ◆ 鈔票
- ◆ 儲值卡（Moneycard）

這類服務可以分成兩個部分，即提供特定服務的場所以及消耗品，如下所示：

提供特定服務的場所	消耗品
◆ 娛樂室	◆ 冷熱飲料
◆ 加油站	◆ 餐點
◆ 供水站	◆ 點心
◆ 電力公司	◆ 香煙
◆ 擦鞋站	◆ 酒精性飲料
◆ 停車場	
◆ 廁所	
◆ 行李間	

將「自動販賣」放在餐飲服務業的框架裡，指的就是顧客可以用硬幣或代幣購買飲料或食物，冷熱皆有。

目前，經由自動販賣獲利最大的兩種餐飲業類型分別是：企業內餐飲和交通運輸業餐飲。我們可以在軍中福利社、工廠、辦公室、公司行號、火車站、修車廠（包括高速公路）、學校、醫院、休閒場所和旅館等地，看到自動販賣機的蹤影。

優點

可以與傳統的餐飲方式結合，將部分顧客導向自動販賣機，減輕櫃檯收銀員的負擔。尤其是當餐飲服務的結構是以冷熱飲搭配幾樣配飲料的小點心為主的時候，更能突顯自動販賣機的功能。

至於其他的優點還包括：

◆ **24小時營業**：自動販賣機提供24小時的服務。

◆ **低成本**：自動販賣機所需的成本遠低於傳統的餐飲服務業

◆ **提高工作效率**：我們都知道，給員工好的工作環境和硬體設施會提高他們的工作效率。因此，適當設置自動販賣機，提供24小時的服務，對員工來說無疑是一劑強心針。他們再也不必跑個大老遠，也不用花時間排隊，只為了買瓶飲料或買吃的。

◆ **食物成本的控制**：這是自動販賣機最大的優點之一，因為自動販賣機可以嚴格控制食物的份量。

◆ **節省人力**：減少薪資的支出。

◆ **自然的休息時間**：隨著自動販賣機的設置，不再需要訂定制式的休息時間，取而代之的是員工自行選擇休息時間。好處是不會浪費工時，進而提高工作效率。原本制式的休

息方式會讓員工在休息時間將近時，有所期待而放慢工作速度，休息時間結束後，員工通常也會習慣晚幾分鐘回到工作崗位上。

◆ **新鮮的飲料**：用餐的時候，可以配上一瓶自動販賣機裡新鮮的、熱騰騰的、隨手可得的飲料。相較之下，傳統的用餐方式將飲料與餐點同時送上桌，飲料會在用餐的過程中逐漸冷掉。

◆ **多樣化**：現今，自動販賣機所販賣的冷、熱飲料和零食非常多樣化，所有商品需要的儲藏空間遠小於一般零售業所需的龐大空間，這一點就經濟效益來說非常重要，因為現在的空間是「寸土寸金」的。

◆ **熱的餐點**：自動販賣機提供的餐點可以再放進微波爐加熱。點心和餐點被放置在自動販賣機裡的冰箱隔間保存，顧客選好餐點，從機器取出，再放入微波爐裡加熱後食用。

◆ **減少浪費**：如果可以準確預估顧客的需求量，就可以大大地減少浪費。不過，這樣的理想狀況是以在「適當的地方」放置「適當的機器」，用「合理的價錢」購買「所需的食物」為前提。

◆ **容易保養**：營業場所裡任何一位員工都可以加以訓練，為自動販賣機補貨。

缺點

以下列出「自動販賣」的缺點，各營業場所在決定是否要引進自動販賣機之前也要將這些缺點納入考慮：

◆ **服務的速度**：購買自動販賣機的飲料大約需要 10 秒的時

間，但餐廳的服務人員所花的時間更短。再者，大型餐飲還是比較適合傳統的餐飲服務方式。

◆ **品質**：儘管自動販賣機販賣的食品和包裝品質已有大幅度的進步，但顧客對自動販賣的食品仍然有疑慮。

◆ **缺乏人性**：機器很難稱得上有人性。製造廠商已經研究過這個問題，並試著用突出的設計和明亮的色彩來解決。

◆ **電力**：機器仍受限於停電或電流不穩的情況。

◆ **保養問題**：自動販賣機每天都要作保養和清洗。視實際使用性質而定，機器至少要每天保養清理二次。

◆ **人為破壞**：大部分的機器都是非常堅固的，但收入減少和缺乏定期的保養是業者無法永續經營的原因之一。

◆ **故障**：機器一旦故障，可能得花上好幾個小時的時間修理。

機器的種類

機器的種類包括：

◆ **展示型販賣機**：顧客可以看到所販賣的產品，譬如點心類機器。

◆ **杯裝型販賣機**：混合原料現作飲料。

◆ **杯裝飲料系統**：原料已經混合好裝在杯中，只待加水。

◆ **微波食品販賣機**：提供顧客冷熱食物的選擇，並可以附設的微波爐加熱。

餐飲服務

附加的餐飲服務有：

◆ **熱飲**：只需加入混合好的粉狀物。

- **冷飲**：加入糖漿和水（碳酸飲料或非碳酸飲料）。
- **熱食**：直接在機器內加熱食物，亦可以另外將食物置於微波爐內加熱。
- **餐點和點心**：使用冰箱。

　　放置地點的不同、服務的人數和性質、經濟因素和食物種類的多寡，都會影響自動販賣機的機種和數目。業者可以選擇單獨安裝一台機器或一次安裝數台來服務傳統餐飲店，或服務一些無法增加開銷及支出多餘人力的小型餐廳。另外，如果企業體內部空間的需求很大，但空間又狹小，同時考慮到額外的人力支出又太不經濟，可以選擇安裝提供完整服務的自動販賣機。

　　隨著微波爐的演進，與自動販賣結合以後就成了自動販賣的自助餐，除了供應冷、熱餐點之外，還有冷、熱飲料，所有的餐點都按照標準食譜烹煮好，再以冷凍的方式保存。每位顧客都有一小枚代幣，只要投入代幣，機器會自動啟動，將食物送進機器裡的微波爐加熱。

　　業者決定是否購買自動販賣機的因素及一些機器的須知如下所列：

- **消耗量（以每杯計算）**：每人每天可能消費一到兩杯，但如果是免費的話可能就不止。
- **可供選擇的項目**：通常與需求量有關（預期的顧客數量）
- **衛生**：容易清理。
- **快速**：適用於用到加熱或蒸氣功能的系統。
- **補貨**：補貨便利。
- **保養**：與供應商簽訂定期保養合約。
- **硬體設備／接受度**：機器的外型是否符合空間的規劃，與裝潢是否搭配。

◆ 設定位置：以使用者的便利為最大考量，可能在員工工作
　的樓層或服務區是達到最大效能的好地點。

◆ 重量（樓面承載重量）：要能夠方便移動以利清洗及定位

◆ 便利性：電力及管線是否能就近取得。

◆ 經濟價值：機器要用承租、購買或與廠商簽訂合約方式。

◆ 訓練：訓練員工能補貨和清潔、保養機器等簡單工作。

◆ 手則：必須清楚標示機器故障的因應方式，及是否有保固
　期。

自動販賣機的清潔

　　雖然名為「自動」，但自動販賣機可不會自行清潔或自行維
修，這一切都需要人力。因此，企業在決定引進自動販賣機的時
候，必須要與廠商簽訂一份定期維修的合約，以確保機器能夠正
常運行，而不會當機。維修合約的內容視機器的種類和需求的而
異，合約中最不可或缺的一項是定期的清潔和補充商品。即使機
台的需求量不高，只需兩到三天清潔和補貨一次，也需簽訂。員
工要接受清潔自動販賣機和補充貨品的技術訓練。以下是一些簽
訂合約時要列入考量的重要因素：

1. 清潔機器必須選在需求量最低的時段，以避免不必要的損失。

2. 為避免電路意外，清潔機器的時候，盡量使用最少量的水，或
　者乾脆拔掉插頭。

3. 仔細閱讀製造商提供的手冊，選擇指定的合格清潔廠商。

4. 確定溫度控制器正常運作。

5. 隨時保持機器外觀的乾淨與清潔。

6. 所有販賣的項目要能夠一目了然，使用指示清楚易懂。

7. 補貨的時候特別留意食物的製造日期（先進先出）。

8. 清點所有產品的包裝和標籤是否正確。

9. 特別注意賣不好的商品的有效期限，及是否有腐壞的現象。

10. 補充容器和即溶飲料的粉末。

11. 隨時注意機器裡是否有充足的杯盤和紙巾。

注意：採用自動販賣機提供食物和飲料，一定要隨時注意保持衛
　　　生和安全。

2.9　照明與色彩

　　現代餐廳的照明設計朝向多功能化發展，用餐區在午餐時間，打較亮的集中燈光；到了傍晚，則改打較柔和的燈光。多樣化光線系統的另一個好處是可以因應特殊場合做變化，譬如晚上的節目表演。經營者必須找到一種最能吸引顧客的顏色和燈光作主題。一般來說，大部分餐廳的燈光設計主要使用這兩種燈光：日光燈和螢光燈。

　　日光燈（Incandescent lighting）顏色較柔和，但操作上不如同瓦數的螢光燈來的方便。日光燈多用來照亮某一特定物品，譬如餐桌，因其具指示效果。往好的方面來講，它可以讓週遭的環境看起來愉悅且吸引人，但鵝黃色的色調尤其是在調暗之後會讓肉類和蔬菜看起來髒髒的；暖色系的燈泡，譬如粉紅色燈光，則會讓紅色肉類看起來很自然，卻會讓人對沙拉倒胃口。

　　螢光燈（fluorescent lighting）最大的好處是它的成本低，但最為人所詬病的是單調、無生氣的光線。可以用藍白色的固定螢光燈使食物看起來更誘人，不過，藍白光就沒有柔和燈光的那種

羅曼地克的效果。

通常，為了兼顧柔和的氣氛和食物的真實呈現，專家會建議使用70%冷調或是藍白螢光燈搭配30%日光燈的照明設備。這樣的搭配可以同時製造宜人的氣氛，也讓食物能夠最真實的呈現在顧客面前。

用餐區除了一般的裝飾性燈光之外，還需要特殊的照明，讓廚師準備食物、服務人員上菜、顧客點菜及用餐有足夠的光線。特殊照明的用電量可能就佔了總電量的75%，以宴會廳為例，餐桌和整個宴會廳都需要特殊照明。照明的重點在於如何以最節省預算的方式而設計出最能融合整個室內裝潢的燈光。從天花板打下來照在餐桌上的燈光最能討顧客歡心，嵌在天花板上的日光燈是製造這類效果的最佳選擇。需特別注意的是，燈泡的光線不能太亮，造成明暗對比太強烈。擦拭乾淨的餐桌、磨光的銀器、玻璃器皿和瓷器，或是會反光的發亮桌面，會或多或少地反射，造成柔和頭頂的光線。

特殊性照明必須具備幾種基本的功能：

◆ 以低瓦數的日光燈打在天花板和牆壁上的固定光源照出房間的空間感，再配合特殊照明，吸引顧客的目光，譬如在牆上的畫或橡木橫樑上打光。

◆ 照明光必須製造出一種柔和的感覺，同時做出明暗之間的對比。桌面必須抓住大部分的光線，至於天花板上方則保持較暗的色調。

◆ 有時需要在一些特殊區域打燈，譬如自助餐的冷、熱食區或沙拉吧。

用餐區的燈光必須結合室內裝潢和特殊照明。速食店會將燈光打亮，減弱裝潢的感覺，並降低情調打燈的效果，因為較亮的

燈光似乎會潛意識地傳達顧客一種訊息：吃快一點，吃完就走。對於翻枱率高和高流量的餐廳而言，比較建議採用這種照明方式。

顏色和食物之間的特殊的關聯性是在設計燈光的時候不能不考慮到的，最適合的顏色分別是：粉紅色、桃紅色、淡黃色、亮綠色、米色、藍色和青綠色，這幾個顏色最能呈現食物的自然原貌。燈光的顏色應該要能夠輝映餐廳的整體設計主題，主題色很容易會被設計不良的照明系統破壞所有的效果。因此，在進行照明系統設計時，必須先考量兩大因素。

對顧客而言，餐廳的整體裝潢代表質感，也是餐飲價格的指標。速食店的裝潢設計不一定全然適用以高級品味著稱的餐廳。在酒吧，採用明亮的照明，牆壁漆上亮色系的顏色，但用餐區最好使用較暗的燈光，溫暖色調的牆壁，可給人一種較放鬆和歡迎的感覺。此外，顏色也會製造一種乾淨的感覺。

顏色和燈光扮演相當重要的角色，其他如：椅套、餐巾、杯墊之類的餐桌配件也都是一家餐廳能否吸引顧客的關鍵。

2.10　傢俱

傢俱的選擇視餐廳實際的需要而定，不同類型的餐飲方式對用餐區的傢俱佈置及擺設有不同的需求。圖2.4列出主要幾種餐廳佈置法供參考。

用不同的素材、設計和塗料，再加上巧思，可以創造出符合不同場合需求的氣氛和整體樣貌。木頭有許多不同的種類，質地也各異，可以搭配不同情調的裝潢，且木頭質地堅硬，耐磨耐髒，是所有餐飲業，最愛用的餐桌椅素材。除了軍旅餐廳、員工

圖2.4　餐桌椅擺設法（引用自「Croner's Catering」）

類型	內容
隨意（Loose Random）	餐桌椅以隨意的方式擺設
隨意模組（Loose Module）	用隔離物或自然的將餐桌椅擺設區隔成區
雅座（Booth）	座椅固定，通常用高椅背的椅子，營造出一種整體感
高密度（High Density）	固定的桌椅尺寸盡量小，在有限的範圍內擺設最多桌椅為原則
模組（Module）	桌椅一體成型，固定在某一點上
在原處（In Situ）	顧客在非用餐環境裡用餐，像是飛機上和醫院裡
吧枱及酒廊（Bar and Lounge Areas）	非傳統的用餐場所

餐廳和自助餐之外，雖說餐飲用家俱多是木材的天下，但有越來越多的金屬質材受到青睞而被廣泛使用，其中以鋁和鍍鋁鋼或銅最受歡迎。鋁質地輕、耐用，可以漆成不同顏色，容易清洗，價格又合理。所以，業者擷兩種材質之長，做出以金屬為基底，木頭作外層的桌子；或是以質輕的金屬作框架，塑膠材質作椅身和椅背的椅子。

在很多自助餐廳或員工餐廳可以看到佛麥卡塑膠貼面（Formica）或塑膠表面的桌子，這些餐桌的好處是容易清洗、耐磨，而且省去使用檯布的麻煩。這類桌椅有各種不同顏色和設計可供搭配不同的場合使用，如果需要的話，可以使用桌墊替代枱

巾。

塑膠和玻璃纖維是近來另一種最廣泛使用的素材，因爲容易塑造出一體成型且符合人體工學的椅身和椅背，再以金屬作椅腳。這種椅子的好處是耐用、易清洗、質輕、儲藏方便，又有各種不同顏色和設計可以搭配，而且價格不會太昂貴，廣爲酒吧、招待所和員工餐廳使用，但較不適用於五星級的飯店和餐廳。

椅子

餐飲業使用的椅子有非常多樣化的設計，有各種不同的材質和顏色。因爲種類實在太多，我們以高度和寬度作分類。一般說來，椅高和地面相距46公分（18英吋），椅背的最高點離地面1公尺（39英吋），椅深則是從椅子的最前端到椅背爲46公分（18英吋）。

採購椅子的要點已於第2.1節詳述，不過最基本的考量是椅子的大小尺寸、高度、形狀，甚至是因應不同場合的特殊設計提供顧客多重選擇，譬如軟長椅、扶手椅或鋪軟墊的直椅等。皮椅或羊毛椅比PVC塑膠材質好坐舒服。

有一些準則是在規劃餐飲區座位時必須注意的，以自助餐廳爲例：

規劃自助餐廳的空間時，要考慮如何讓顧客在等待取餐時不會被上菜的服務人員打斷，另外，服務人員的服務路線也不可以阻擋顧客離開的路線。若不善加規劃，顧客的翻枱率和服務的速度會大受影響。

至於座位的安排取決於下面幾個因素：

◆ 用餐區的大小和形狀
◆ 使用餐桌椅的設計

◆ 讓服務人員和推車有足夠行走空間的走道設計

◆ 營業場所的類型

　　以下可供參考，寬度2½－4平方公尺（10－12平方呎）的通道，單獨一人行進絕對沒有問題，這個數據是將座位、餐桌大小、通道和從餐桌到收銀台櫃枱便利性種種因素列出，加以考慮所得出的。傢俱最好要美觀、耐磨、耐用和容易清洗；椅子則以便於儲藏為主要考量，因為若用餐區被挪作他用，椅子收藏起來不會佔太多空間，清洗的時候也很方便；餐桌可以使用很多不同的造型，讓整體設計不致太單調，桌面通常用合成樹脂，方便清洗；桌子的四個角需做強化處理，避免推車或托盤在移動的過程中不慎碰撞，造成桌緣破裂缺損。桌子表面的合成樹脂可以漆成不同的顏色，搭配餐廳的整體裝潢。

餐桌

　　餐桌主要有三種造型：圓形、方形和長方形。餐廳可以合併使用三種造型，做出多種變化，也可以根據用餐區的形狀和餐飲類型，只採用一種造型的餐桌。這些餐桌都可以容納二或四個人，如果人多的話，還可以兩張桌子併在一起，甚至加長、延伸，以供應下午茶、晚餐或婚宴等等。將桌子合併或加長，可以發展出許多不同的形狀，達到善加利用空間的效果。很多時候，我們可發現餐桌上面墊一層海綿墊或是綠色的厚羊毛呢，不但防熱還可止滑，避免枱布在擦亮的木頭桌面上滑動。除此之外，它還可以減低瓷器和金屬餐具碰撞到餐桌所產生的噪音。以下是關於餐桌大小的一些基本概念：

方形桌

長寬各76公分（2呎6吋），兩人座位

長寬各一公尺（3呎），四人座位

圓形桌

直徑1公尺（3呎），四人座位

直徑1.52公尺（5呎），八人座位

長方形桌

137公分×76公分（4尺6吋×2呎6吋），四人座位。如果有大
型的派對，可以將多個桌子合併

服務工作枱

　　每個餐廳使用的工作枱種類和設計因以下幾個原因而有所不
同：

- ◆ 餐飲類型和菜單內容
- ◆ 負責一個工作枱的服務人員人數
- ◆ 一個工作枱分配到多少桌數
- ◆ 預估放置器具的數目

　　工作枱最基本的要件是不能太大且須便於攜帶，如有需要，
可以輕易地移動。如果工作枱太大，會佔用太多空間。有些餐廳
用小型的固定工作枱和拖盤架（移動式可摺疊拖盤架）上菜和清
理桌面。工作枱的表面應該用耐熱質材，方便清洗。每一次服務
完畢，工作枱應該完全清空或重新補齊用具。有些餐廳，每個服
務人員有自己的工作枱，每服務完一桌客人，就要重新補充器具

圖2.5　服務工作枱範例

並鎖上工作枱。工作枱裡除了餐具之外，還存放布巾，以及任何服務人員佈置餐桌所需的物品。同樣地，工作枱的材質必須搭配餐廳的整體裝潢。

　　餐具的儲放位置首先取決於工作枱的結構，有幾層架子、幾個抽屜等等。其次，是菜單的內容和供應的餐飲。由此可知，每家餐廳工作枱裡的餐具位置都會依照各自的需求、服務的風格和整體呈現的考量而有些微的不同。不過，一般還是會建議同一家餐飲機構採用同樣的擺放位置，方便服務員快速熟悉餐具的存放位置，知道在哪一層可以找到他需要的餐具，加速服務的速度。工作枱裡存放的餐具項目在第5.4節有很清楚的敘述，從整套的銀器服務到簡單的套餐都適用，也可以視實際狀況調整。

2.11 布巾

這大概是所有餐廳經營項目裡花費最高的一項，所以如何做好控制管理格外重要。大多數的餐廳用「以舊換新」的方式，也就是拿一條用過的布巾換一條新的。

早期，要領一條新的布巾必須填一份複式的申請單，由主管簽名，第一聯交給房務部門或專責布巾的部門，第二聯自行留存。通常，餐飲部會自行備有存貨以備不時之需。

用餐時刻完畢之後，服務人員將髒的布巾收起來送到房務部門換新的。因為送洗的費用實在過高，如果桌巾只是弄髒了一小角，可以用桌套蓋住繼續使用，比起每次送洗要划算。用舊換新的時候，要將用過的布巾十條一捆綁起來。

值得一提的是現在市面上有很多不同顏色、品質各異的免洗布巾、墊布和桌套。還有一種正反兩面皆可用的桌套，原理是將一片薄薄的塑膠布放在中間，這樣髒東西就不會滲透到另一面。雖然費用比較高，但免洗布巾好處還是很多，而且相較之下可以節省高額的送洗費。第2.15節有更多關於免洗桌巾的資料。

布巾要存放在以紙做襯裡的架子上，同樣尺寸的放一疊，有摺的一邊向外，可方便計算和控管。若布巾未放在架上，也要加以覆蓋，避免灰塵堆積。現今餐飲業使用的布巾有許多不同的材質，從最好的愛爾蘭布巾到合成材料，譬如尼龍和人造絲。每一家餐廳的等級、顧客類型、預算、菜單的種類和服務的內容，都是決定使用何種布巾的因素。

枱布

137公分×137公分（54英吋×54英吋）的枱布可以用來覆蓋
76公分（2呎6吋）長寬的正方形桌子或直徑1公尺（3呎）的
圓桌

桌套

1公尺×1公尺（3呎×3呎），適用於套住有一點髒污的枱布

餐巾

麻布材質的餐巾，46-50公分（18-20英吋）

紙餐巾，36-42公分（14-17英吋）

自助餐枱布

2公尺×4公尺（6呎×12呎），如果桌子更長，枱布就再加長

服務巾

保護服務人員不會被食物燙傷，保持制服乾淨

吃茶點用的小枱布

最好的吃茶點用的小枱布是用亞麻布或棉製成

布巾的正確使用方法

亞麻製布巾有特定的用途，千萬不要拿來清潔擦拭，這樣會
造成洗不掉的污損，減低使用價值。

2.12　瓷器

瓷器必須要與餐桌上的其他用具相互搭配，且與餐廳裡的整
體裝潢相互呼應。

現在越來越多人選擇外食，這些外食人口在用餐的時候很喜
歡看到色彩鮮豔、宜人，和自己家裡用的花式差不多的瓷器。一

般的餐廳會用一套同花色的瓷器,不過如果餐廳很大,有好幾個用餐區,經營者從控制管理的角度出發,會傾向買好幾套不同花樣的瓷器作區別。這種做法看起來可能不太實際。不過,現在一些比較具前瞻性的製造商會一次製造十個花樣,提供十年內的破損替換保證,以吸引業者。

一般餐飲業者如果以每天使用的實用性作考量,比較少購買高品質的瓷器,不僅是因為高額的花費,還必須考慮到破損之後的高替換成本。所以,大部分的業者改使用陶器。陶器在過去幾年裡在外觀和耐久性上有很長足的進步,有名家出廠標記的瓷器已不像以往這麼受歡迎,取而代之的是有圖案花紋的瓷器。

購買瓷器的時候,除了前述的幾項要點外,其他的注意事項包括:

◆ 每一件陶器都必須上釉,延長使用的壽命。

◆ 注意瓷器的邊緣是否有作特殊的強化處理,另外要特別注意健康衛生—碎裂的瓷器很可能會隱藏細菌。

◆ 上釉再彩繪圖案,圖案磨損速度很快,顏色也會掉得很快。雖然經過彩繪上釉的瓷器會增加成本,卻能延長瓷器的使用壽命。

◆ 瓷器不能用洗碗機洗。

有些製造廠商會將製造日期、月份和年份印在瓷器的底部,可以更準確的判斷瓷器的壽命。

專用製造餐飲業用陶器廠商會印上品牌名稱表示強度,像是:

◆ Vitreous   ◆ Vitresso

◆ Vitrock   ◆ Ironstone

◆ Vitrex   ◆ Vitrified

其中，Vitrified餐具被公認強度最佳，但這並不表示每一位餐飲經營業者都會選用，因爲除了強度和成本的考量之外，還有很多因素左右餐具的採買。

市面上出現兩種新型態的陶器，Steelite 和Micratex 。 Steelite 是一種玻璃體的瓷器，號稱不易碎，保溫效果佳，而且吸水性低，可以降低細菌滋生感染的危險，上的釉彩可以承受高溫高壓，有數種不同的形狀和圖案，可以多用途使用。 Micratex 則是在磨黏土原料的時候，用特別的技術加強強度，讓成品可以在不增加重量的前提下提高強度。

餐飲用瓷器

餐飲用瓷器分成很多類，以下簡單列出幾項：

骨瓷

骨瓷是一種非常細緻、質地堅硬，而且非常昂貴的瓷器。骨瓷所有的裝飾花紋上面都必須再加一層釉，飯店餐飲業可以特別訂作加強厚度的規格。骨磁的高價位讓大多數的餐飲業者望之怯步，只有少數最高級的飯店和餐廳會使用骨瓷，如此一來，餐點的價格必須要相對提高才能平衡支出。骨磁的設計、圖案和顏色都非常多樣，適用於每一種場合。

飯店用陶器

由英國大量生產製造，是最便宜卻也是最不耐用的用具，一般出現在以價格而非耐久性爲主要考量的餐廳。餐飲業專用的陶器比家庭用的要堅固，卻不一定符合英國標準4034的玻璃化餐飲用具。英國標準4034規格的玻璃化餐具必須要完全無縫，是一種強度的保證，這一類的餐具比骨瓷餐具便宜，有固定的設計樣式

和花樣，用不同的顏色作變化。因為這是唯一一種最接近英國4034標準的餐具，自然比其他材質的餐具貴。不過，如果以價格和耐久性而論，又較其他一般餐具要好上許多。

玻璃化的陶器是最經濟的餐具，可以連續使用24小時，即使是在使用率頻繁的情況下，特別適合需要高度衛生的環境，像是公路餐廳和醫院餐廳。

比起餐飲專用陶器或是前述的玻璃化陶器，家用陶器比較輕，也比較薄。但因為它的壽命短，強度不佳，相較之下受損率又高，所以像是海邊的舢板餐廳之外，不被一般餐飲業採用。

粗陶器

產自英國，將天然陶土用約120°C高溫（284°F）燒製而成，以傳統手工的方式塑型，可以做成各式各樣的形狀，從杯墊到品質極高的上釉作品。這是一種無縫且非常耐熱防震的陶器，因為使用壽命較長，所以價錢也較普通陶器高。

陶瓷

成分與其他瓷器完全不同，瓷器本身半透明，顏色通常是藍色或灰色，極度耐摔不易破。

保存

瓷器必須存放在架子上，每十二個堆成一疊，再多的話容易掉落。存放的高度也要適中，方便放置和移動，太高的話每次存取都會提心吊膽，擔心意外發生。如果可以的話，最好能將瓷器覆蓋以避免灰塵或細菌堆積。

尺寸

　　目前市面上有很多尺寸可供選擇（如圖2.6所示），實際尺寸因製造商和不同設計而異。一般說來，大概有下列幾種：

◆ 邊盤：	直徑15公分（6英吋）
◆ 甜點盤：	直徑18公分（7英吋）
◆ 魚盤：	直徑20公分（8英吋）
◆ 湯盤：	直徑20公分（8英吋）
◆ 大餐盤：	直徑25公分（10英吋）
◆ 燕麥碗／甜點碗：	直徑13公分（5英吋）
◆ 早餐杯和碟：	23-28毫升（8-10液量盎司）
◆ 茶杯和底盤：	18.93毫升（6⅔液量盎司）
◆ 咖啡杯和咖啡底盤（小咖啡杯）：	9.47毫升（3½液量盎司）
◆ 茶壺：	28.4毫升（½品脫）
	56.8毫升（1品脫）
	85.2毫升（1½品脫）
	113.6毫升（2品脫）

其他瓷器還包括：

◆ 半圓形的沙拉盤	◆ 小糖盆
◆ 熱水瓶	◆ 奶油碟
◆ 牛奶瓶	◆ 煙灰缸
◆ 奶油罐	◆ 蛋杯
◆ 咖啡壺	◆ 湯碗／杯
◆ 熱牛奶瓶	◆ 大盤子（橢圓形的盤子）

圖2.6　瓷器的種類（Royal Doulton（UK）Ltd）

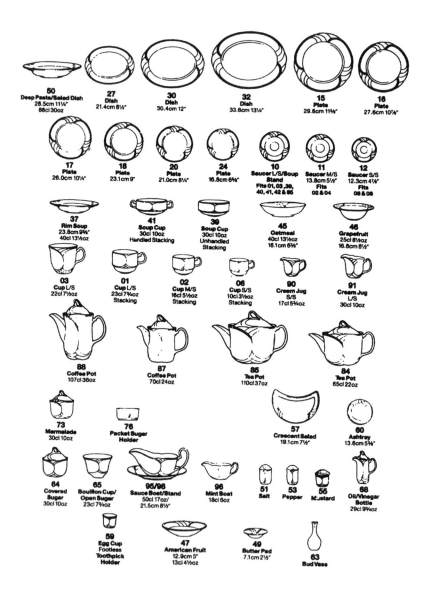

◆ 肉湯杯和湯底盤

2.13　餐具（扁平餐具、刀叉及中凹餐具）

餐具的種類

餐具一詞泛指所有扁平餐具、刀具和中凹餐具。若細分的話，可以分成下面幾類：

◆ **扁平餐具**：通稱所有的湯匙和叉子

◆ **刀具**：餐刀和其他所有的切割用具

◆ **中凹餐具**：銀製，非扁平餐具或刀具，包括茶壺、牛奶罐、糖罐和橢圓形扁平餐盤

製造商生產各種價格互異、不同款式的餐具，以符合餐飲業者不同的需求。製造廠商要做一個新的樣式時，會按正常比例縮小四分之一，做出與業者所需相符的模型，以利托盤服務之用。

大部分的餐飲業者使用鍍銀的餐具或不鏽鋼餐具，之前提過的採購守則在這裡一樣適用。另外，在購買餐具和刀具的時候要特別注意：

◆ 餐廳的菜單和服務類型

◆ 餐廳最大容量和平均顧客量

◆ 尖峰時刻的翻枱率

◆ 清洗餐具的設備和速度

銀器

製造商會說他們製造的銀器有20年、25年和30年的差別，這些數字指的是在一般的使用狀況下銀器的壽命。另外，也會因

所含的純銀量多寡而有差異。購買銀器時常聽到的「A1」一詞，其實並不具任何特殊意義，事實上，沒有所謂的標準含銀量，而每一家製造商對何謂A1也都各有說法。銀盤有三個標準等級－標準盤、三倍盤和四倍盤。

餐飲業者對銀製餐具和不銹鋼餐具的品質是否能符合英國標準5577抱持懷疑的態度。所謂標準的出現是為了終止像是A1和20年銀器這一類標準不固定的詞彙，並確定材質的來源。這一套標準在1978年被引進：

◆ 標準：一般使用
◆ 餐廳用：材質較厚，專供餐廳專業使用，餐具上會標上「R」

銀製餐具最薄的厚度也必須要有20年的壽命，但實際年限視使用情況而定。

銀器餐具上的徽記代表兩件事，兩個記號分別代表銀器的品質和負責檢驗的化驗標準局，兩個字母則是製造商的標記和製造日期。

素面的刀具和餐具比起有圖案的餐具受歡迎，因為它的價錢低廉而且清洗容易。最好是購買一套刀具加上有硬柄的銀製餐具或鍍鎳的不鏽鋼餐具（柄是餐具很重要的因素）。塑膠材質相較之下較便宜，但更能滿足業者的需要。

不鏽鋼柄的「Sanewood」是一種非常好用的餐具，它具有不導熱且不會破裂損壞的材質。

不鏽鋼

不鏽鋼餐具有許多不同等級，高價的餐具會加入鉻合金（金屬不鏽的原因）和鎳（可以讓餐具呈現好的紋路和光澤）。好的

英國製餐具和刀具是由18/8的不鏽鋼所製成，即18%的鉻加上8%的鎳。

　　不同等級拋光的不鏽鋼：

◆ 高度拋光

◆ 低度拋光

◆ 淺灰色的冰銅，不反光的拋光

　　值得一提的是不鏽鋼比起其他材質的餐具要耐磨損，因此也比較衛生，而且不易生鏽、沾染髒東西。

保存

　　刀具和扁平餐具的存放必須特別小心，理想的情況是將所有的餐具分門別類放在抽屜或盒子裡，用厚羊毛布隔開，避免餐具滑動造成刮痕。中凹餐具則放置在架上方便存取和移動的高度並

圖2.7　刀具和扁平餐具範例

由左至右：1.湯匙　2.魚刀　3.魚叉　4.肉刀　5.刀叉　6.邊刀　7.甜點匙 8.甜點叉　9.調羹　10.茶匙　11.咖啡匙

圖2.8　特殊用途的餐具

名稱	用途
1. 蘆筍架	1. 用來放蘆筍
2. 糕餅切刀	2. 甜點車—供應甜點
3. 牡蠣叉	3. 海鮮總匯／牡蠣
4. 糕點叉	4. 下午茶
5. 煮玉米棒架	5. 由底端穿過整隻玉米
6. 龍蝦架	6. 將蝦肉與殼分離
7. 奶油刀	7. 取奶油
8. 醬汁杓	8. 從沙司船上取醬汁
9. 水果刀叉	9. 甜點—表層
10. 胡桃鉗	10. 甜點—水果籃
11. 葡萄剪	11. 剪下一串葡萄
12. 葡萄柚匙	12. 將葡萄柚分成兩半
13. 冰淇淋匙	13. 取用杯子裡的冰淇淋
14. 聖代匙	14. 高腳杯裡冰淇淋甜點
15. 蝸牛鉗	15. 夾住蝸牛殼
16. 蝸牛餐盤	16. 一種有雙耳及六個放蝸牛的凹口的餐盤
17. 蝸牛叉	17. 取出蝸牛肉
18. 乳酪刀	18. 乾酪板
19. 斯提耳頓乾酪匙	19. 享用史地爾乾酪用
20. 古爾孟匙	20. 醬汁匙
21. 果醬匙	21. 用來取用果醬
22. 糖夾	22. 夾方糖用

圖2.9　圖2.8所示之特殊用途的餐具

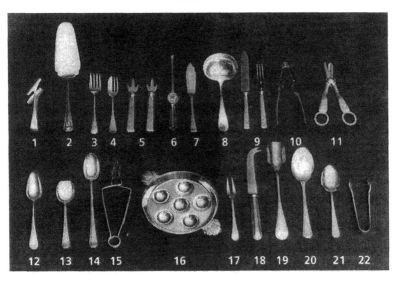

標示清楚。

　　理論上，所有的刀具、扁平餐具和中凹餐具應該存放在上鎖的房間或櫥櫃裡，因為它們是餐廳的重要資產。刀具和扁平餐具可以放在目前營運上因應不同需求的推車或托盤上。

　　現今的餐飲業使用的刀具、扁平餐具和中凹餐具種類多得不勝枚舉，有適用於各項餐點的餐具，像是大家所熟知的刀、叉、湯匙和盤子、蔬菜盤即其蓋子、主菜盤即其蓋子、湯鍋、茶壺、熱水壺、糖罐等每餐可見的用具；還有針對特殊餐點設計的特殊餐具，在圖2.7及2.8有圖示和用途簡介。

2.14 玻璃器皿

玻璃器皿的類型和尺寸

除了金屬餐具之外，玻璃器皿具是餐桌上另一樣常見的用具，也是餐廳整體裝潢的一部份。現在市面上有許多標準樣式供餐飲業者選擇，製造商大多供應業者標準尺寸，一來方便業者下訂單，二來比較容易取得，能更快速的取貨。

只有在一些高級餐廳或飯店會使用特別訂製的有色玻璃或有雕花圖案的玻璃器皿，與一般的餐廳採用素面玻璃不同。萊茵白葡萄酒用的杯子，杯腳是棕色，如同萊茵白葡萄酒瓶一樣；莫色耳葡萄酒杯杯腳則是綠色，與瓶身相同。這兩種酒杯也是少數有樣式變化的酒杯。不過，現今許多餐廳都改用透明杯腳的酒杯來服務萊因白葡萄酒和莫色耳葡萄酒，這麼做不但可以降低成本，

圖2.10　酒吧可見的玻璃杯

由左至右：紅葡萄酒／雪莉酒用「dock「杯、雞尾酒杯、雪莉酒杯，highball杯（高球杯），slim Jim、雞尾酒杯、12盎司矮腳「Worthington」杯、比爾森啤酒杯、1品脫生啤酒「純飲」、1品脫酒窩啤酒杯

圖2.11　各種玻璃杯

由左至右：雪莉酒杯、俱樂部高腳杯、佐餐高腳杯、白葡萄酒杯、德國酒杯／阿爾薩斯酒杯、紅葡萄酒杯、鬱金香（中凹）氣泡（玫瑰紅酒）酒杯、白蘭地杯、利口酒杯

圖2.12　玻璃餐具的尺寸

名稱	尺寸
高腳杯	14.20、18.93、22.92毫升（5、62/3、8液量盎司）
德國／阿爾薩斯	18、23毫升（6、8液量盎司）
中凹	18、23毫升（6、8液量盎司）
香檳淺杯	18、23毫升（6、8液量盎司）
雞尾酒杯	4、7毫升（2、3液量盎司）
雪莉酒、波特酒	5毫升（1.75液量盎司）
高球	23、28毫升（9、10液量盎司）
Worthington	28、34毫升（10、12液量盎司）
淡啤酒杯	28、34毫升（10、12液量盎司）
白蘭地杯	28、34毫升（10、12液量盎司）
利口酒杯	2.5毫升（0.88液量盎司）
平底無腳酒杯	28.40毫升（1/2品脫）
啤酒杯	25、50毫升（1/2、1品脫）

因為無色杯腳的玻璃杯兩種葡萄酒都可以用，省去購買有色酒杯的預算，再者也可以節省存放的空間。鬱金香型香檳杯逐漸取代傳統的碟狀香檳杯，因為它能夠讓香檳的泡沫保存較久。

　　一個好的酒杯沒有多餘的花樣，清澈透明，飲酒的人能看清楚酒的色彩和光澤，一定要有腳杯，可以避免飲酒者的手溫傳到酒杯，影響酒的溫度，進而破壞酒的口感；杯緣要稍微向內傾，保持原有的香氣，杯身的容量也要夠大。

保存

　　玻璃餐具一般都被存放在專用儲藏室，成排地用畫好線的紙排放在架上，杯口倒扣朝下，可防止灰塵堆積。另一種存放的方式是利用專門存放玻璃杯的塑膠外皮金屬架，這種架子在運送玻璃杯的時候也很方便，可減少破損的機率。

　　平口玻璃杯須注意不可一個疊著一個，這樣很容易破損，而且造成員工的意外傷害。

2.15　拋棄式餐具

　　過去20年裡，拋棄式餐具的使用量大幅增加，超過三分之一的拋棄式餐具預計會以倍數持續成長。也就是說，這種「用完就丟「的餐具市場會不斷擴大，一部份的原因與啤酒屋類型的餐飲型態出現及速食業和外帶餐飲業相抗衡有關。

　　顧客對拋棄式餐具的反應是顯而易見的，製造商使用的材料和製造的方法都是造成拋棄式餐具在觸感和質感上不同的主要原因。換句話說，一塊適合用來垂掛卻不能折的塑膠布料，用來作桌布會比拿來作餐巾好得多。塑膠材質的柔軟度也會有很大的差

異，拿口布來說，嘴唇在接觸到塑膠質料口布時的觸感非常重要，也大大地影響顧客的接受度。

　　現今許多餐廳都喜歡使用拋棄式餐具來降低成本，但不能忽略的是拋棄式餐具呈現出來的外觀必須要能吸引顧客，讓顧客能接受。餐飲業者在選用拋棄式餐具的時候必須考慮到的因素有下列幾項：

1. 因應不同狀況的需要：
   ◆ 外燴
   ◆ 自動販賣機
   ◆ 速食

2. 成本的考量：
   ◆ 布巾送洗費用
   ◆ 節省的清洗花費

　　拋棄式餐具（或一般又稱為「免洗餐具」）市場的快速成長歸因於以下幾個原因：

   ◆ 可降低成本
   ◆ 聘僱清洗人員的困難度增高
   ◆ 減低布巾送洗的昂貴花費
   ◆ 改善衛生
   ◆ 可將餐具的破損率降至最低
   ◆ 存放的空間縮小
   ◆ 烹調和冷凍儲存技術的進步，譬如急速冷凍和結冰的技術
   ◆ 運輸業的興起，如火車、船上和飛機上
   ◆ 速食業的快速發展，此與顧客的高接受度有關

拋棄式餐具的類型

目前最常見的拋棄式餐具可以分成以下幾類：

◆ 儲藏和烹飪用的免洗用具

◆ 餐飲服務所用的餐具，譬如盤子、刀叉、杯子

◆ 裝飾用－餐巾、檯布、餐桌套、餐桌墊

◆ 保持乾淨衛生－抹布

◆ 制服－圍裙、廚師帽、手套

◆ 包裝－行銷和美觀的考量

用來取代布巾類餐飲用具的免洗用具有餐巾、桌墊、托盤巾、杯墊等等。以乾淨衛生為考量，傳統的玻璃布容易感染細菌，而免洗抹布可以解決這個問題。另外，所有的餐飲管理者都應隨時謹記於心，經營一家餐廳最重要的一點是視覺上必須吸引人，營造出獨特的氣氛，因此，使用的免洗用具必須能夠融入餐廳的整體裝潢設計。

現在的拋棄式餐具有很多顏色及圖案，還可以寫上具特殊風格的標語或徽記。免洗餐巾不像亞麻材質的餐巾那麼容易滑落。因為有眾多顏色可選擇，業者可用不同顏色與餐點作組合，搭配外在的硬體設備。用完即丟的成套刀叉和湯匙非常方便也很衛生，最適合短時間內翻檯率高的餐飲業，像員工餐廳及交通運輸點的餐廳，可以減少因為清洗速度不夠快而拖慢服務速度的問題。

醫院是最需要避免細菌感染的環境，因此也很適合使用各種拋棄式餐具，可以減少人力需求，降低成本。

拋棄式餐具的製造技術非常的進步，甚至可以做到與瓷器十分神似。他們同樣都是高品質、上漆的表面，也很平滑、堅硬、

潔白；盤子可做到很堅固，不易扭曲變形，塑膠材質的外型耐油膩、防濕氣，甚至耐高熱的油脂和肉汁；橢圓形的午餐盤、點心盤和隔間盤，都非常適合餐飲業者使用。

拋棄式餐具的優點

拋棄式餐具可節省設備和勞力的支出：拋棄式餐具的使用可以省去清洗設備、清洗人員和材料的花費。

- **用具和勞力**：減少清潔餐具所需的用具、人員及材料
- **乾淨衛生**：可提昇環境的乾淨衛生
- **時間**：可加速服務，例如速食業
- **特性**：有很好的保溫效果及隔熱效果
- **市場行銷**：拋棄式餐具可以當作促銷的手法
- **資本**：降低投入的資本
- **運輸**：運送方便
- **花費**：購買拋棄式餐具比購入傳統的清洗工具便宜

拋棄式餐具的缺點

- **接受度**：顧客的接受度可能不高
- **花費**：有些拋棄式餐具的清洗方式可能比傳統的方式還要昂貴
- **儲存**：必須儲存備用的餐具
- **供貨**：高度仰賴且受限於廠商的供貨和交貨時間

第三章

菜單、菜單知識及附屬品

3.1　菜單

菜單的起源

　　菜單是銷售的輔助工具，起初菜單（英文為bill of fare，法文稱做menu）並非出現在餐桌上。那時候的宴會包含兩組主菜，每組各有10到40道不等的菜色。客人來之前，第一組主菜的的所有菜色都已經擺好供客人食用，吃完以後再將所有餐盤撤走，送上下一組主菜的所有菜餚，這個動作稱作—徹盤。

　　相傳在1541年的時候，伯倫瑞克（Brunswick）的亨利公爵（Duke of Henry）在用餐時看著一張長紙條，有人問他那是什麼，他回答說是菜色的節目單，有了這個節目單，他可以預先知道下一道菜色，保留胃口。因此我們可以假設，這可能就是菜單的由來。

　　最初的菜單面積很大，放在桌子的一端讓所有用餐者觀看，隨著時代的演進，菜單不但越來越小，而且可以一次複印好幾份讓每位用餐者都有一份菜單可以參考。

傳統的菜單順序

經過多年的演變，菜單發展出一套標準格式，亦即菜單順序，這個格式除了提供編寫菜單者參考之外，還可以讓用餐的人知道上菜的順序。雖然菜單上實際的菜色數量會因餐廳的規模大小和等級不同而變動，但基本上的順序還是遵照標準格式。

1. 開胃菜 （*Hors-d'oeuvres*）

   傳統上，開胃菜多是各式各樣的沙拉。現在，則增加許多變化，像餡餅、慕斯、水果、熟食和煙燻魚都是開胃菜的素材。

2. 湯 （*Soups*）

   包括熱湯與冷湯。

3. 蛋料理 （*Egg dishes*）

   除了一般最常見的煎蛋捲之外，蛋料理還有很多種變化，只是在目前的菜單上並不普遍。

4. 麵食和米食 （*Pasta and rice*）

   包括所有的麵食和米食，可以通稱為澱粉類食物。

5. 魚 （*Fish*）

   所有魚類的料理，包括冷食、熱食。但煙燻鮭魚或鮮蝦沙拉則被歸類為開胃菜。

6. 前菜 （*Entrée*）

   通常是一道事先準備好，裝飾精緻的小盤料理，附上濃郁的醬汁或肉汁。若下一道菜是主菜的話，這一道就不會用洋芋和蔬菜。但若這是以肉類為主的主菜，就會用洋芋和蔬菜作配菜。典型的前菜是嫩牛肉片、洋芋丸、小牛胰臟、炸肉餅或餡餅。

7. 冰凍果露 （*Sorbet*）

習慣上，果凍果露讓顧客在享用下一道菜之前能先緩和一下味覺神經。做法是將不加糖的果汁冰凍成塊，在食用前倒入一點酒或香檳。有些餐廳會附上俄羅斯雪茄。

8. 肉塊 （*Relevé*）

烤肉或其他帶骨的大肉類。

9. 烤肉 （*Roast*）

習慣上是指野禽或家禽肉類。

10. 蔬菜 （*Vegetables*）

某些蔬菜（如蘆筍和朝鮮薊）可以與主菜分開上桌，這類菜餚現在普遍作為前菜之用。

11. 沙拉 （*Salad*）

上完主菜（或所有菜餚）之後，以小盤裝盛擺飾並淋上沙拉醬的綠色蔬菜。

12. 冷盤 （*Clod Buffet*）

包括許多種類的冷肉和魚，以及沙拉。

13. 甜點 （*Sweets*）

包括熱布丁和冷布丁

14. 乳酪 （*Cheese*）

15. 香酥小餅 （*Savoury*）

簡單的香酥小餅，有塗上威爾斯乾酪或其他果醬的吐司麵包，以及舒弗雷蛋白奶油酥。

16. 水果 （*Furit*）

新鮮水果、核果，或裹糖漿的水果。

17. 飲料 （*Beverages*）

以往只有咖啡一種飲料，現今用餐有更多樣化的選擇，包括

茶、香草茶、巧克力和其他飲料。飲料雖然被列在最後一項，但飲料不應該被當做一道菜。也就是說，如果菜單上有四道菜，指的是四道食物料理，而不包括飲料。

上面列出的菜單順序，通用於飯店及餐飲服務業。有些餐廳會簡化成幾道菜，最簡單的形式如下：

◆ 前菜—第一到第四道菜

◆ 主菜—第五、六道菜，以及第八到第十二道菜

◆ 餐後甜點—第十三到第十六道菜

◆ 飲料

這個順序同樣被廣泛使用在菜單的編寫上，在特殊場合或特殊功能的考慮下，也常使用這個簡略的菜單形式。

雖然在傳統的菜單裡，甜點比乳酪先上桌，不過現在在英國餐廳一般都先上乳酪。這種做法是為了讓顧客可以拿佐主菜的烈酒配著乳酪吃，避免因先吃甜點而將口感破壞。除此之外，上完香酥小餅再上甜點，然後再上香酥小餅，不符合人體味覺享受的邏輯，甚至可能影響整頓飯。這兩種順序你都可以在不同的餐館看到。

注意：這一份傳統的菜單源自古早的歐洲式（主要是法國菜）餐飲，在不同的國家也有不同的結構變化，最常見的是所用的專業術語不同。在美國，主菜被稱作是entree，甜點則叫做dessert。現在，dessert的用法比sweets更常見。

菜單種類

菜單可以分為兩大類，一類是單點菜單（á la carte），一類是套餐菜單（table of the host）。兩者之間最大的差別在於單點菜單是每道菜分開計價，而套餐菜單是一個價錢包含一整套餐點，或

是幾道菜色合併計價（任選兩道或任選四道菜）。套餐菜單裡的每一道菜都會有好幾種菜色可以提供選擇。

另外一種稱作當日特餐（literally card of the day）的菜單則是一套固定的餐點，包含一至數道菜，價錢固定。通常每一家的當日特餐菜單都差不多，有的另附飲料或酒。

套餐菜單

套餐菜單的特色是：

◆ 有固定的菜色數量

◆ 可供選擇的菜色有限

◆ 售價固定

◆ 只在特定的時刻供應

單點菜單

單點菜單的特色是：

◆ 菜色比較多

◆ 每道菜皆是個別定價

◆ 上菜的時間可能會比較久，因為每道菜都是點菜之後才開始烹煮

酒館、咖啡館及小吃店的菜單

酒館、咖啡館及小吃店的菜單可視為單點菜單的縮小版，所有的菜色都列在菜單上，一一標明價錢。消費者可以在這些場所佐酒的小菜，也可以點菜當正餐吃，或是只喝飲料。

影響菜單的因素

現在我們所看到的菜單是由好幾個因素交錯影響之後的結

圖3.1　套餐菜單範例（the Swallow Hotel Birmingham 提供）

D I N N E R

Tuesday 29th July, 1997

Cream of mushroom soup

Warm poached egg on mushroom glazed with hollandaise sauce

Pressed fish terrine with a saffron and garlic mayonnaise

Scottish smoked salmon carved at the table
(£7.50 supplement per person)

Char - grilled salmon on a potato cake

Roasted brill with girolle mushrooms

Pan - fried lemon sole with a avocado and tomato salsa

Loin of lamb with smoked bacon and aubergine caviar

Roasted chicken in a mushroom and herb boullion

Roasted halloumi cheese on a warm potato salad

Each main course is complemented with its own vegetable

Chocolate torte with a vanilla sauce

Fresh strawberries with a mixed summer fruit sorbet

Croustillant of raspberries with it's own coulis

Filter or decaffeinated coffee served with petits fours

£27.00 for three courses
£32.00 for four courses

圖3.2　單點菜單部分範例（the Swallow Hotel Birmingham 提供）

Ravioli of goats cheese and spinach with asparagus
£18.50

Fillet of pork wrapped in parma ham with
roasted peppers, sun-dried tomatoes and
a parmesan macaroni
£ 21.50

Calves liver on a confit of red onions and
marsala sauce
£21.50

Rib of beef topped with a sweet shallot and
Rosemary butter
£22.00

Rack of lamb with a herb crust and a
bouquetiere of vegetables
£22.50

Loin of venison with broad beans, girolles
and foie gras
£23.00

Crown of Barbary duck with a blueberry sauce
£42.00 for 2

All main courses are complemented
with their own vegetables

*Those who smoke are kindly requested to show
consideration towards other diners.*

Chef de Cuisine   Restaurant Manager
Jonathan Harrison   Vito Scaduto

All prices are inclusive of VAT
5/97

圖3.3　酒館式菜單範例（the Copthorne Hotel Birmingham提供）

APPETISERS

PAN-FRIED BLACK PUDDING,
with roasted apple & mustard jus, topped
with a poached egg £4.95

FRESHLY MADE SOUP OF THE DAY £2.95

SALMON GRAVADLAX
accompanied by a lemon & dill fromage frais £6.50

DUCK PARFAIT AND KUMQUAT COMPOTE
laid on rocket leaves with toasted brioche
£6.95

A MEDITERRANEAN KEBAB OF SCAMPI,
CAPSICUMS & PINEAPPLE
set on a bed of wild rice with a red wine
& thyme sauce £7.50

SEASONAL MELON & BLACK CHERRIES
with a coconut & mint syrup (v) £4.95

DEEP FRIED GOATS CHEESE
laid on a bed of French leaves with a honey
vinaigrette (v) £5.95

'LES ESCARGOTS'
traditionally served snails in garlic & parsley butter
£5.95

A WARM TOMATO, BASIL & ONION TARTLET
served on marinated & roasted peppers (v)
£3.95

THAI BEEF SALAD
on a bed of noodles flavoured with a
lemon grass marinade £6.95

MAIN COURSES

FRESH RED SNAPPER FILLET,
pan-fried & set on bean sprouts & ginger with a
mild yellow bean sauce £9.95

CHAR-GRILLED RUMP OF LAMB,
raised on haricot vert beans & fondant potatoes in a
cream of wild mushrooms & rosemary sauce
£12.95

SALMON & PRAWN FISHCAKES,
served on a tomato & cucumber salsa £8.50

VIETNAMESE CHICKEN CURRY
with braised wild rice & fresh lime £9.95

BRAISED KNUCKLE OF PORK
placed on garlic roasted vegetables & an orange
Cognac sauce £9.95

HALF A ROAST DUCK
with turned vegetables in a black cherry &
Kirsh sauce £14.95

ROAST CRIPSY COD
set on a bed of creamed leeks with a port wine sauce
£9.95

TART OF HOLOUMI CHEESE & AUBERGINE
set on a pesto & olive oil dressing (v) £9.50

8oz SIRLOIN STEAK : £14.95
10OZ RIB EYE STEAK : £16.25

Chargrilled to your liking with tomato, mushrooms and
a choice of fries or jacket potato.
For an extra £1.00 why not try a Diane
or Pepper Sauce

DESSERTS

APRICOT CRUMBLE
with homemade custard £3.50

BANANA BREAD & BUTTER PUDDING
£6.50

PROFITEROLES FILLED WITH PASTRY CREAM
with a warm chocolate sauce £6.50

EXOTIC FRESH FRUIT SALAD
& a scoop of vanilla ice cream £3.95

A SELECTION OF ENGLISH & CONTINENTAL CHEESES
with savoury biscuits £6.90

BLACKCURRANT MOUSSE
on a vanilla sponge base with a mango sauce
£3.95

WINE LIST

WHITE WINES	6cl	50cl	75cl
1 FRANCE, CUVEE MARACHAL	1.95	6.75	8.25
2 GERMANY - NIERSTEINER GUTES DOMTAL	2.20	7.60	11.25
3 ITALY - CHARDONNAY DELLE TRE VENETIE			12.25
4 FRANCE - MUSCADET DE SEVRILLE	2.50	8.25	12.95
5 AUSTRALIA PROSPECT HILL SEMILLON / CHARDONNAY	3.65	9.25	13.75
6 FRANCE - BOURGOGNE ALIGOTE			21.25

果。菜單的內容以標準格式作基準，不斷地受到食物的走向和流行影響。除此之外，顧客的需求也是一大變因，顧客的需求會受下列幾個因素左右：

◆ 健康與飲食之間的關係

◆ 特殊的飲食

◆ 文化及宗教因素

◆ 素食主義

因此，餐飲業也越來越注重提供顧客多重選擇，像低脂牛奶、脫脂或半脂牛奶，還有添加在飲料裡的無脂鮮奶油；調味料部分則有代糖，在冰淇淋裡加上冰凍果露、不飽和脂肪，並用非動物性油脂取代奶油。這樣的潮流也反映在烹調的食材和方法上，發展出低脂料理，口味清淡但一樣美味可口的餐點，大量運用動物蛋白質的替代品，譬如豆腐，來提供素食者更多的選擇。

飲食與健康的關係

要吃得健康，最重要的是要注重飲食的均衡，而非不吃某些有害健康的食物。有越來越多的顧客在用餐的時候希望能有更多的選擇，以達到飲食均衡的目的。顧客也希望能夠多了解食物烹煮的方法和使用的材料，是否爲低脂、低鹽的料理。一般認爲，均衡的飲食包括每日食用三分之一的麵包、穀類和洋芋，三分之一的蔬菜水果，以及均衡地食用乳類製品，像是低脂鮮奶、低脂肉類、魚類，還有少量的高油脂及糖類食物。此外，特殊的生理疾病需要特別的飲食，像是過敏體質對某些食物要忌口。所以，顧客必須知道食物烹煮過程中所添加的食材，才不會誤食不該吃的東西，輕則造成身體不適，重則可以致命。

特殊的飲食

顧客因醫療上的考量而對飲食有特殊要求（像是過敏性體質的人，應避免吃某些會產生過敏反應的食物），他們清楚自己能吃什麼，不能吃什麼，此時最重要的是服務人員應將每一道料理的成分、處理方式清楚地向顧客做說明和解釋，讓顧客作選擇。記住，千萬不要用猜測的。特殊的飲食包括：

過敏

會導致過敏的食物目前已知有小麥、燕麥、大麥所含的麩質；花生及相關製品；芝麻和其他一些堅果類，譬如腰果、胡桃果、巴西果和核果；牛奶、魚貝類和蛋也會造成過敏。

糖尿病

身體無法控制血液裡葡萄糖的一種病症。患者應食用下面所列出的低卡路里食品，並避免食用高糖分的食物。

低卡路里料理

不飽和脂肪酸極少量的肉類是這一類特殊飲食的重點。其他還包括水煮或烘烤的瘦肉、魚類、水果、蔬菜、低脂牛奶、乳酪和優格。

低鈉／低鹽

降低鹽分與鈉的攝取。食用低鹽／低鈉的食物或在料理的過程中，使用少量的鹽或根本不放鹽。

文化及宗教因素

不同的宗教對食物和食材有不同的要求，由有甚者，食物烹煮的方式、步驟和使用的器材都有特殊的規定。以下僅列出幾種：

印度教

印度教徒不吃牛肉，連豬肉都很少吃。有些信徒是所有的肉類都不吃，包括魚類和蛋，都是不可食用的範圍。可以吃乳酪、牛奶和蔬菜。

猶太教

只食用依猶太人規矩烹調的「潔淨的食物」。所有的豬肉或肉製品、貝類或動物型油脂和膠質皆被視為不潔的食物，未依猶太人方式宰殺的肉類皆不可食用。針對食物烹調及處理的方式也有很嚴格的規定，同時食用肉類及乳製品也是禁止的。

回教（伊斯蘭教）

不吃非「伊斯蘭教律法的合法食物」（halal）的肉類、動物的內臟及動物性油脂。（halal的意思是指依回教律屠宰的食物。）

錫客教

不吃牛肉或豬肉。有些錫客教徒甚至是素食主義者，有些教徒則吃魚、羊肉、乳酪和蛋。錫客教徒不吃回教定義裡的合法食物。

天主教徒

對飲食的限制不多，通常只有規定在聖灰星期三和耶穌受難日這兩天不能吃肉。有些教徒還遵守著舊有的定律，每逢週五不食用任何的肉類，改以魚或乳製品代替。

素食者

素食者可能是因為文化、宗教、道德或生理上的因素選擇吃素，因此，餐飲服務人員應儘可能將菜單寫得詳盡清楚。素食者大致上有以下幾種類型：

半素（Vegetarians：semi）

不吃紅肉或只吃家禽，或所有的肉類都不吃。可以吃魚和乳製食品及一些乳製品。

奶蛋素（Vegetarians：lacto-ovo）

所有的肉類、魚和家禽都不吃，只食用牛奶、奶製品和蛋。

奶素（Vegetarians：lacto）

不吃肉類、魚、家禽和蛋，可以喝牛奶和食用乳製品。

全素（Vegans）

不可食用任何動物相關製品，只可以吃蔬菜、蔬菜油、穀類、堅果、水果和種子。

果食主義者（frutarians）

最嚴苛的一種素食主義，除了不可食用任何與動物相關的製品外，豆類和穀類也在禁食之列。可以食用未加工或乾燥的水果、堅果、蜂蜜和橄欖油。

3.2 餐點、附屬品及餐具

前言

　　具備豐富的餐飲知識是餐飲服務業成功的最重要關鍵，服務人員不但要能提供顧客每一道菜的內容、烹煮方式的詳盡解說，還要能搭配最適當的餐具和附屬品（accompaniment）。本章列出許多餐飲業常見的菜色以及相互對應的餐具和配料。另外，在附錄的當季食材（Foods in Season）以及美食詞彙及服務術語（Glossary of Classic Cuisine and Service Terms）中有補充資料。

　　有一些料理有其固定的附屬品，須搭配何種餐具，也有一定的規定。本章節只是一個導引，不一定得照本宣科，一成不變，有新的嘗試和搭配也是可行的。還有一個變動的因素是對健康飲食的重視：用植物性奶油代替動物性奶油，或是上桌的麵包不預先塗奶油，讓顧客按照自己的需要決定。另外，像低脂牛奶、非乳製奶油和代糖都列入餐廳必備提供品項目。

　　附屬品的作用在加強食物的風味或減低食物本身的厚實感。至於餐具組最大的作用則是幫助顧客更方便的用餐。魚叉和魚刀已經越來越不常見（這兩樣餐具的起源只是為了不讓它們跟其他的餐具混合使用）；小咖啡杯也逐漸消失在餐館裡。

　　底盤的功用也越來越多樣化，通常底盤用於以下四種情形：

◆ 美觀
◆ 方便放置湯盤、碗和其他碗狀容器
◆ 避免溫熱的盤子和手直接接觸
◆ 放置餐具

底盤上襯著餐墊、紙巾或口布也可以加強美觀，增加食物的賣相，還可以減低餐盤與桌面碰撞產生的噪音，讓餐盤不易滑動。基於以上幾點考量，餐飲業者可以底盤與杯子或碗搭配使用，亦可以應用在蔬菜料理上。

餐飲服務中使用的食品項目

　　隨著菜單的性質、種類和內容的不同，所使用的食材也會互異。有些材料只用作某些特殊的料理，但大部分則是通用的。圖3.4為常用食材和使用範圍一覽表。

醬料

　　醬料的種類成千上萬，但都是由以下幾種基本的醬料變化出來的：

基礎醬料（fond brun）	基本的肉醬
白醬汁（velouté）	用魚、肉和大量蔬菜煮成的白醬汁
德國醬汁（allemande）	加入奶油及蛋黃，使其更濃稠的白醬汁
貝希梅爾醬（béchamel）	用牛奶製成的白色調味醬
蕃茄醬）（tomato sauce	用新鮮蕃茄或罐頭或濃湯蕃茄所做的醬汁
美乃滋（mayonnaise）	用蛋黃、油、醋、胡椒鹽和芥末攪拌成的冷醬
荷蘭酸味蘸醬（Hollandaise）	用融化的奶油加蛋黃、蔥跟醋作成的辣醬
油醋醬（vinaigrette）	將油、醋和一些調味料混合作成的冷醬

圖3.4　食品服務使用的食材種類範例

項目	成分	用途
香醋（Ailloli）	大蒜加美奶滋	魚冷盤或沙拉醬
甜醋（Balsamic vinegar）	香醋，將甜葡萄酒放在橡木桶裡一段時間，發酵之後產生的酸性成品	調料
紅辣椒（Cayenne）	很辣的紅色胡椒（實際上是辣椒果實研磨成粉末狀）	與牡蠣、煙燻鮭魚一起食用
辣椒醬（Chilli sauce）	辣醬汁，產自中國	搭配中國菜
辣椒醋（Chilli vinegar）	醋加入辣椒來調味	搭配牡蠣一同食用
甜酸醬（Chutney）	印度醬料的通稱，一般是加入芒果或辣醃菜	印度酸辣醬用在唐杜里烹飪法（泥爐炭火烹飪法，Tandoori）或其他印度菜裡。其他的酸辣醬則是用來搭配冷食肉類及傳統農夫的午餐
蘋果醋（Cider vinegar）	蘋果發酵作成的醋	用來作沙拉醬，也有些人當作健康食品食用
小黃瓜雜拌（Cocktail gherkins）	小黃瓜	開胃菜或裝飾熟食料理
洋蔥雜拌（Cocktail onion）	小洋蔥	開胃菜或裝飾熟食料理
蔓越梅醬（Cranberry sauce）	由蔓越梅作成的醬汁，只搭配某幾道特殊的料理食用。可熱食可冷食	搭配烤火雞肉

油煎碎麵包片（Croûtons）	煎的或烤過的小方塊麵包	搭配湯一起食用或放在沙拉裡
坎伯蘭醬（Crumberland sauce）	一種甜酸醬，材料包括柳橙和檸檬汁、檸檬皮、紅醋栗果醬和紅葡萄酒。可以自己作，也可以在市面上買現成的	用在野禽料理上，也可搭配豬肉
蒔蘿醃黃瓜（Dill pickle）	用蒔蘿醃小黃瓜或黃瓜	用在肉食料理或作成沙拉，也可以裝飾豬肉或配乳酪吃
法式醬料（French dressing）	用油和酒醋或檸檬汁加一些調味料攪拌而成。也可以加芥末或是香料	沙拉醬
薑（Ginger）	植物的根部，味屬辣。粉末狀的薑在餐廳最常見	搭配甜瓜
粗鹽（Gros sel）	純鹽，未經研磨，又叫岩鹽	搭配水煮牛肉，或磨成顆粒較小的鹽粒使用
辣根醬（Horseadish sauce）	用辣根提煉出來的辣醬，是專屬配料	搭配烤牛肉，馬里蘭雞肉，也可以搭配冷燻魚盤。
HP醬（HP sauce）	棕色的專屬醬料，以醋為基底的辣醬	搭配冷盤牛肉
印度醬（Indian pickles）	去甜，熱醃汁，加上萊姆汁、芒果等	搭配印度菜餚
卡桑第醬（Kasundi）	辣印度醃醬混合芒果丁	搭配印度菜餚

洋菇醬 （Ketchup, mushroom）	一種英國獨有的老式醬料，如今很少已很少見，可以中國的洋菇醬替代	最適於搭配羊肉烹調及其他菜餚
蕃茄醬 （Ketchup, tomato）	一種由蕃茄泥、醋及甘味料作成的醬料。是最為常見的一種醬料	搭配烤肉、魚類、漢堡
檸檬（Lemon）	柑橘屬植物（切薄片，1/4片或剖半）	有多種不同的搭配法，尤其適合搭配煙燻魚、炸魚等，及許多飲品
萊姆（Lime）	柑橘屬植物（切薄片，1/4片或剖半）	同檸檬的用法
美奶滋（Mayonnaise）	用油和蛋黃攪拌而成，並添加醋、香料及調味料增加風味	可用來作水煮魚的調味醬或作成沙拉
麥芽醋（Malt vinegar）	由裸麥釀造成的酸性液體	由裸麥釀造成的酸性液體調味品，傳統上是用來搭配炸洋芋片
薄荷醬（Mint sauce）	以醋為底的醬，加入薄荷及甜味，亦是常使用到的醬料	搭配烤羊肉
薄荷果凍（Mint jelly）	略甜的果凍加上薄荷，亦是常見的醬料	搭配烤羊肉，可以與薄荷醬互相替代
混合醃醬 （Mixed pickles）	用各類蔬菜加醋醃製而成的醬料	冷食或熱食的肉類
英式芥末 （Mustard, English）	粉末狀的芥末味道最重，大部分為瓶裝，有時會加入其它成分，如整顆芥末仔	搭配烘烤牛肉，煮牛肉，燒烤，冷肉，餡餅，亦可搭配酸醬油成為一種調味料。

其他芥末 （Mustard, other）	種類很多，包括法國白胡椒、綠胡椒、波爾多（Bordeaux）、茅斯（Meaux）、迪戎（Dijon）、杜斯（Douce）、德國（Senf芥末）	搭配冷肉、燒烤、調味料
芥末醬 （Mustard sauce）	熱的醬料，通常要在廚房調製，但也有調製好的	傳統是用來搭配燒烤鯡魚，但也可用來搭配其他肉類和魚類料理
一般的油 （Oil, general）	有很多種類，通常少含未飽和脂肪	作為調味料，漸普遍用來烹調食物
東方醋 （Oriental vinegars）	種類繁多	用來加強調味料及菜餚的特性
紅椒粉（Paprika）	粉末狀，微辣，紅色辣椒	可作為各種菜餚上的裝飾，有時會在炸魚時加入紅椒粉佐味
巴馬乾酪（Parmesan）	義大利硬乳酪（磨碎或切成條狀）	搭配湯（如義大利濃湯），通心麵
胡椒（Pepper）	白色胡椒粉	傳統的胡椒
胡椒子（Peppercorn）	綠色的通常會用鹽醃漬及軟化	烹調菜餚時即加入
	白色及黑色	餐桌上的胡椒研磨器所裝的即為黑胡椒，有時會混合白胡椒使用
辣泡菜（Piccalilli）	很濃的混合醃菜，屬辣味（主要有tumeric及糖）	冷肉、簡單午餐、自助餐、小點心

Piri-piri	產自葡萄牙／非洲的極辣辣椒醬	斑節蝦、溪蝦、春雞
紅醋栗果凍（Redcurrent jelly）	獨特醬料	傳統上會搭配野兔，或烤羊肉，但現在通常搭配烤小羊肉
海鹽（Sea salt）	海水蒸餾過後留下來的產物	調味，尤其是水煮牛肉，要先用研磨器磨碎
精鹽（Salt, refinded）	餐桌上用的精製食鹽	傳統上會裝在鹽瓶內放置在餐桌上
醬油（Soy sauce）	清澄的深棕色醬料，產自中國，用黃豆釀製	用於中國菜或其他菜餚
塔巴斯哥辣醬（Tabasco）	獨特的極辣辣醬	搭配牡蠣、蚌類、其他海鮮類或菜餚
油醋醬（Vinaigrette）	混合油，醋或檸檬汁的醬料。亦可加入芥末或香料	調味醬
酒醋（Wine vinegar）	釀酒所產生的酸性物質，紅色或白色	調味醬
烏斯特醬（Worcestershire sauce）	將幾種香料和水果以醋醃泡之後產生的液體。通常以其品牌，稱為「Lea and Perrins」	搭配蕃茄汁、愛爾蘭蔬菜燉肉、海鮮開胃菜或作為調味醬。亦可廣泛使用於其他菜餚

　　只要在以上這幾種基調的醬料加上一些不同的成分，就可以變化出各種不同的醬料。像在貝希梅爾醬裡加上一些乳酪，就可以做出白乳酪醬的口感。

開胃菜

開胃菜（Hors-d'oeuvre）

傳統的開胃菜是沙拉、魚和肉類的組合，用冷魚盤裝盤，餐具是魚刀和魚叉。現今搭配每一道菜的餐具會隨著餐點的內容和每道菜的整體外型而有所變化。傳統上隨開胃菜附上的橄欖油和醋，現在已經不常見，因為食物本身已經過醃漬。黑麵包和奶油也不再隨開胃餐點一起上桌，讓顧客能有更多的選擇。

開胃菜可以事先做好再現場組合，或開放讓顧客選擇，放置在單獨的冷盤、淺盤、工作枱或傳統的開胃菜推車上如下圖3.5所示。

圖3.5　開胃菜推車

常見項目

沙拉（Salads）

純沙拉或混合式沙拉。純沙拉的食材有魚、肉、小黃瓜、蕃茄、洋芋、甜菜、紅包心菜和花椰菜。混合式沙拉，像是俄式沙拉（混合蔬菜淋上美奶滋）、安地露斯沙拉（有芹菜、洋蔥、胡椒、洋芋、米飯和油醋醬）、義大利式沙拉（蔬菜加上義大利香腸丁、鯷魚片和美奶滋）和法式沙拉（刺蚣和松露薄片，以俄式拉沙為基底再加上美奶滋和薄荷香草）。

魚類（Fish）

常用的魚種類有鯷魚、鯡魚（生的或醃漬過的）、龍蝦、青花魚（醃過、煙燻或生的）、燻鰻魚（切薄片）和斑節蝦（原味或作成蝦類開胃菜或作成慕斯）。

肉類（Meats）

包括鵝肝、火腿（生的、水煮或醃燻口味）和各式各樣的香腸。

小點心（Canapés）

將麵包切片，刮去堅硬的外皮，再切成不同的形狀，或烤或用油或奶油煎，再用燻鮭魚、鵝肝、斑節蝦、乳酪、蘆筍芽、蕃茄、蛋、續隨子、小黃瓜、義大利香腸和其他肉類加以裝飾。

蛋（Eggs）

用水煮至全熟，對半切，稍微裝飾，可以混合蛋黃填入不同的餡料。

其他開胃菜

蘆筍 (Asparagus)

新鮮的蘆筍可以做成熱食，加上一些溶化的奶油或荷蘭酸味蘸醬，也可以加油醋醬或美奶滋做成冷食。這裡提供一個小訣竅，將叉子反轉向上放在盤子下面，讓盤子朝左邊傾斜，將醬汁聚成一處方便食用。食用這道菜的時候可以用邊刀和蘆筍夾，或者用手直接拿起來吃，如果用手吃的話，要多附上一碗洗手用的水及一份餐巾。

酪梨 (Avocado)

常見的做法是將酪梨切半，用沙拉裝飾，以魚盤裝盤。可以附上酸醋一起食用（現多改用酒醋），也可以加上斑節蝦醬。有一些特別的菜式只用半個酪梨。現在這道菜多半也不附上黑麵包和奶油；裝盤的方式越來越多樣化，譬如可將酪梨切片，排成扇形。上這道菜的時候需要擺上邊刀和甜點叉。

凱撒沙拉 (Caesar Salad)

主要材料是長葉萵苣，加上油醋醬或其他類似的醬料（都會加入生蛋），以及大蒜油煎碎麵包、磨碎的巴馬乾酪。這些材料還可以做很多變化。上這道菜的時候要擺置邊刀和甜點叉，有時候用碗裝盛。

魚子醬 (Caviar)

上這道菜的時候，在顧客的右手邊放置魚子醬刀（寬刀身）或邊刀，以一只冷魚盤裝盛，配料包括小薄餅（純燕麥作的餅乾）或熱吐司、奶油、萊姆片、切塊的冬蔥和蛋黃蛋白。一道菜的份量大約是30公克（1盎司）。

豬肉製品（Charcuterie）

主要是以包括貝恩火腿、義大利香腸、煙燻火腿、巴馬火腿、豬肉末和食物罐的肉類為主。餐具是邊刀和甜點叉，如果是主菜的話，就要加上切肉刀叉。配菜是胡椒和辣椒、小黃瓜以及洋蔥，有時候會附上一小碟的洋芋沙拉，也會附麵包，但傳統的黑麵包和奶油組合現已不常見。

玉米棒（Corn on the cob）

將玉米用一種有點像是小型的劍或叉子的特殊棒子固定住，也可以用三根雞尾酒木棒達到同樣的效果，不過，盡量避免用兩根甜點叉，因為叉尖容易刺傷牙齒。可以用特殊的盤子，一般用湯盤就可以盛住滴下來的奶油和荷蘭酸味蘸醬。隨菜要附一小盤洗手的清水和乾淨的餐巾。吃這道菜多半會加黑胡椒。

新鮮水果（Fruit juices）

用盤裝或碗裝都可以，如果是盤裝的話，餐具要用邊刀和甜點叉；用碗裝的話就要擺設甜點叉匙。通常不加裝飾品或其他配料，不過有人喜歡加糖。如果上的水果是西瓜的話，可以附上白砂糖和薑粉（水果菜式準備細節詳見第7章）。

綜合水果（Fruit cocktails）

用杯子或某種特殊形狀的碗裝，以茶匙食用。若材料包括葡萄柚的話，隨餐附上白砂糖。

果汁（Fruit juices）

杯裝，有時候會附上細砂糖，若是這樣，必須附一支茶匙供顧客攪拌飲料。如果點的是蕃茄汁，要附上鹽和伍斯特醬，還有一支可供攪拌的湯匙。

圓朝鮮薊 （Globe artichokes）

這種蔬菜可以整個用來作開胃菜。先將朝鮮薊用醬料浸過（若為冷食則用油醋醬，若為熱食則用融化的奶油或荷蘭酸味蘸醬），食用的時候是用手拉著葉片，吸著吃葉片可食用的部位，中心部分最後再用邊刀和甜點叉食用。必須附上洗手用的一碗清水和備用餐巾。有特製的餐盤，但用魚盤和裝醬料的小碗也可以。應該多提供一個碟子裝吃完的葉片殘渣，也可用肉類盤代替。

慕斯和肉末 （Mousses and pâtés）

使用的餐具是邊刀和甜點叉，食用的時候會配上未塗奶油的熱早餐麵包或其他種類的麵包。除了麵包之外，其他的配料像是檸檬片也可以搭配魚肉慕斯，雖然檸檬片一般都是與肉類慕斯一同出現。

尼斯沙拉 （Niçoise）

這種沙拉有很多不同的變化，材料包括水煮洋芋、整顆的法國豆、蕃茄、水煮蛋（切成四份或切片）、去核的黑橄欖、鮪魚片和鯷魚片。這道沙拉通常是事先做好盛在碟子上，食用的時候可以加上油醋醬。

各類煙燻魚 （Other smoked fish）

如同煙燻鮭魚有固定的配料，加了奶油的辣根醬是其他燻魚的標準配料，包括鱒魚、青花魚、鱈魚、大比目魚和鮪魚。

各類沙拉 （Other salads）

通常是事先做好，呈在碟子上或放在專用的旁桌上，醬料也有很多種。使用的餐具隨著主要材料而不同，若為魚沙拉，就用

魚刀和魚叉，不過邊刀和叉子可以適用於所有的菜式。旁桌服務細節詳見第八章。

牡蠣（hûitres）

　　冷食牡蠣通常是用裝滿碎冰的湯盤擺上半邊帶殼的牡蠣，餐具是牡蠣叉，也可以用小甜點叉代替。吃法是一手拿著牡蠣殼一手持叉，所以必須附洗手碗和乾淨的餐巾。配料包括半塊檸檬和牡蠣調味料（紅辣椒、手磨胡椒、辣椒醋和塔巴斯哥辣醬），也可以搭配傳統的黑麵包和奶油。

去殼蝦（Potted shrimps）

　　使用的餐具為魚刀和魚叉，或是邊刀和甜點叉。配料包括不加奶油的熱吐司（因為這道菜本身就已經有很多奶油）、紅胡椒、手磨胡椒和檸檬片。

海鮮雜拌（Seafood cocktails）

　　通常是事先做好盛在玻璃杯或碗裡，餐具使用茶匙和甜點叉。有時候餐具會直接放在裝玻璃杯或碗的碟子上，連同料理一同上桌，配料包括檸檬片、附上胡椒研磨器、有時候會附紅胡椒，傳統的黑麵包和奶油現在比較不常見。

燻鮭魚（Smoked salmon）

　　餐具使用魚刀、魚叉或是邊刀和甜點叉。傳統的配料是半個檸檬（檸檬要用棉布包起來，以免擠檸檬的時候汁液噴出來）、紅胡椒、手磨胡椒和黑麵包加奶油。現在多改用不預先塗奶油的麵包，再附上奶油和其他果醬。有時候也會附上油和切好的洋蔥及續隨子。

蝸牛（Snails）

蝸牛鉗在左，蝸牛叉在右，使用特製的蝸牛盤上桌，蝸牛盤有六到十二個凹口。提供法國麵包沾剩下的醬汁，配料為半個檸檬，要隨菜附上洗手碗和乾淨的餐巾。

湯類

湯分成很多種，清燉肉湯、白湯、濃湯、蔬菜奶油清湯和各種不同國家發展出來的湯。

清燉肉湯（Consommé）

用家禽肉、牛肉、野禽或蔬菜燉成的清湯，用清湯杯裝盛上桌，使用甜點匙作為餐具。以往的食用方式是用手端著杯把直接飲用，湯匙是來吃湯裡面的配料。傳統的吃法延續至今，用湯杯的習慣不變，但杯把僅作為裝飾之用。儘管這道菜多是熱食，也可以做成冷湯或膠狀湯。

白湯（Veloutés, crèmes and purées）

用湯盤作容器，以湯匙食用，現在比較普遍的用法是用不同造型的湯碗作容器。傳統上，油煎碎麵包只搭配濃湯和蕃茄濃湯，不過現在幾乎任何的湯類都可以搭配。

濃湯（Potages, broths and bisques）

湯盤是常見的容器，以湯匙食用，但不同造型的湯碗也越來越常用。

各國的湯（National soups）

不同國家烹調出來的各有特色的湯：

Batwinia（俄式）：加了菠菜、酸葉、甜菜根和白酒的冷濃

湯。上菜的時候附上一小碟冰塊。

Bortsch（波蘭式）：羅宋湯，鴨肉口味的清湯，湯裡放了鴨肉、牛肉丁、發酵蔬菜。配料有酸奶油、甜菜汁和包有鴨肉餡的一口酥。因為材料很多，所以用湯盤容器。

Bouillabaisse（法式）：普羅旺斯魚湯，其實是燉魚的一種。餐具以湯匙為主，也會提供顧客刀叉。配上沾過油或浸過肉汁的法國麵包薄片。

Cherry（德國式）：用櫻桃和櫻桃汁加紅酒煮成的清湯。裝盤的時候加上去核的櫻桃和海綿手指餅乾。

Cock-a-leekie（蘇格蘭式）：小牛肉和雞肉燉成的清湯，加上切碎的_蔥和雞肉。上菜的時候再加上乾梅子。

Kroupnich（俄式）：大麥和家禽肉內臟燉成的湯，用小肉餡餅裝飾。

Mille fanti（義大利式）：清湯上面灑上碎麵包屑和巴馬乾酪以及打散的蛋。

Minestrone（義大利式）：義大利蔬菜濃湯，蔬菜湯加上通心粉，通常灑上磨碎的巴馬乾酪。

Petit Marmite（法式）：牛肉和雞肉燉成湯，以發酵的蔬菜根和牛肉、雞肉丁做裝飾。上桌的時候用一種像焙盤的特製砂鍋裝盛，使用甜點匙方便食用。配料有水煮骨髓和巴馬乾酪，上菜的時候可以加一些麵包皮和乳酪。

Potage Germiny（法式）：以清湯做湯底，上菜前加上蛋黃和奶油使湯濃稠，隨菜附上乳酪條。

Shchy（俄式）：羅宋湯式清湯，以德國泡菜裝飾，甜菜汁和酸奶油分開上桌。

Soupe à l'oignon（法式）：法式洋蔥湯，用清湯杯或湯碗裝

盛上桌，可以加上巴馬乾酪，或是灑上一些乳酪並烤過的切片法國麵包。

Turtle, clear（英國式）：牛肉、家禽肉類和龜肉燉成的清湯，加入氣味強烈的香草，用切丁龜肉裝飾。這道菜傳統的做法是裝盛在清湯杯裡，搭配乳酪條、檸檬片和黑麵包及奶油。上桌前可以淋上一些溫過的馬德拉白葡萄酒或雪莉酒。現在的餐館裡較少見這道菜，不過有其他類似的湯出現取而代之。

蛋料理

蛋料理獨立出來成為一道菜已經有很長一段時間。最受歡迎的菜色是蛋捲，不過燉蛋（egg en cocotte）也有越來越受歡迎的趨勢。

下面這幾道料理都有特定的服務方式：

煎蛋（Oeuf sur la plat）

將蛋用特殊的烤盤放進烤箱中料理，直接把烤盤從烤箱中拿出來，墊一個盤子之後就送到顧客面前。餐具使用甜點匙和叉子，依據使用的配料不同，也可附上邊刀。煎蛋盤是一個圓形白色有耳的陶器或金屬盤。

燉蛋（Oeuf en cocotte）

將蛋燉煮之後加上配料，墊一個盤子直接端上桌，餐具使用茶匙。燉蛋盤是一種圓形的陶器，大小和小茶杯差不多。

蛋捲（Omelettes）

使用肉叉趁熱食用，肉叉放在餐桌的右手邊。通常蛋捲是直接盛在盤子上端到顧客面前，不過有時服務人員是從大盤子上用

兩支叉子或兩支魚刀先將邊緣修剪之後再送到顧客面前的盤子上。

麵食及米食

麵食及米食通稱爲澱粉類食物，包括所有的麵食，譬如義大利麵、通心麵、麵條、義大利水餃；米食的部分有肉飯（pilaff）或義大利燉菜飯（risotto），另外還有洋芋布丁（Gnocchi Piedamontaise）（洋芋）、Parisienne（包心菜糊）和長葉萵苣（大麥）。

上義大利麵的時候，在顧客的右手邊放一支肉叉，左手邊放一支甜點匙，除此之外，所有的餐點都用甜點匙和叉即可。幾乎上述的每一道菜都會灑上巴馬乾酪，有時候廚師會將巴馬乾酪削成片狀，取代磨碎的方式。

魚料理

傳統的魚料理使用魚刀和魚叉，不過這種用法已經逐漸式微。如果作爲前菜，通常會用魚盤裝盛，擺設的餐具是邊刀和叉子；若爲主菜，則用肉盤裝盛，餐具則使用魚刀叉或是肉刀和肉叉。搭配魚料理的配菜如下：

加了醬汁的熱食魚料理

通常不加配料。

不加醬汁的熱食魚料理

通常會附上荷蘭酸味蘸醬或其他以奶油爲基底的辣醬汁，再附上萊姆片。

將魚裹上麵包屑油炸

附上芥末蛋黃醬或其他以美奶滋為基底的醬料,一樣會附上萊姆片。

不加麵包屑油炸的魚料理

通常附上萊姆片,有時會附荷蘭雛味蘸醬或芥末蛋黃醬。

沾過麵糊油炸的魚料理

配上廚房現作的蕃茄醬加上萊姆片。如果有附薯條的話,亦可附食用醋。

特製的魚料理

烤鯡魚(Grilled Herring)

加芥末醬。

銀魚(Whitebait)

裝盛在熱魚盤上,習慣上使用魚刀魚叉。調味料包括辣椒粉、胡椒、萊姆片、黑麵包加奶油。

淡菜(Mussels)

裝盛在湯盤或湯碗裡,下面墊一個底盤,搭配黑麵包和奶油。現在比較普遍的作法是搭配各種麵包,提供辣椒粉。餐具使用魚刀、魚叉和甜點匙。上菜的時候會附一個裝食物殘渣的空盤、洗手碗和乾淨的餐巾。

冷食龍蝦(Cold Lobster)

餐具使用魚刀、魚叉及龍蝦叉,餐桌上多擺一個空盤子放食物殘渣,以及洗手碗和餐巾。常見的配料是檸檬和美奶滋。

肉類及禽類料理

烤肉

所有的烤肉料理都要附上烤肉汁。若為未調味的烤肉（比方說，不加香料），上菜時就要附上調味料。

烤牛肉（Roast beef）

辣根醬、芥末醬和約克夏布丁。

烤小羊肉（Roast lamb）

薄荷醬和現在常用的紅醋栗果凍。

烤羊肉（Roast mutton）

傳統的做法是附上紅醋栗果凍，有時候加洋蔥醬。

烤豬肉（Roast pork）

蘋果醬、鼠尾草和洋蔥餡料。

水煮肉

煮羊肉（Boiled mutton）

搭配續隨子醬。

鹹牛肉（Salt beet）

搭配發酵的蔬菜根、麵糰和天然的烹飪用酒。

水煮新鮮牛肉（Boiled fresg beef）

搭配發酵的蔬菜根、天然烹飪用酒、岩鹽和小黃瓜。

煮火腿（Boiled ham）

西洋芹醬或白洋蔥醬。

其他肉類料理

愛爾蘭燉肉（Lrish Stew）

用湯盤裝盛，使用甜點匙和肉刀、肉叉。調味料用伍斯特醬、醃菜和紅包心菜。

咖哩（Curry）

材料有印度炸圓麵包片（洋芋片，一種重口味的點心）、印度魚龍頭（產自印度洋的一種魚類，曬乾切片）和芒果酸辣醬。附上一小盤綜合配料，包括蘋果丁、無核葡萄乾、切片香蕉、優格和乾燥過的椰子。

綜合燒烤（Mixed grill and other grills）

用水芹、蕃茄和煎洋芋作配料，調味料則為各式芥末醬或市面販售的現成醬料作搭配。

牛排（Steaks）

雞蛋奶油醬可以搭配牛腰肉片排或其他牛排。

家禽類

烤雞（Roast chicken）

用麵包醬、烤肉汁、西洋芹和百里香等香料作填料，有時會用鼠尾草和洋蔥。

烤鴨（Roast duck）

用鼠尾草和洋蔥作填料，上桌的時候配上蘋果醬和烤肉汁。

烤野鴨（Wild duck）

上菜的時候佐以烤肉汁和傳統的橘子沙拉加酸奶油。

烤鵝（Roast goose）

鼠尾草和洋蔥作填料，配上蘋果醬和烤肉汁。

烤火雞（Roast turket）

搭配小紅梅汁、栗子餡、香腸、肉片、水田芥和烤肉汁。

野味

野兔（Jugged Hare）

搭配切成心型的油煎麵包、五香肉球和紅醋栗果凍。

鹿肉（Venison）

搭配坎柏蘭醬和紅醋栗果凍。

有羽毛的野禽

烹調這類食材的時候，包括山鶉、松雞和雉雞，先沾上一層麵包屑再油煎，下面依序墊著熱的肝醬和油煎麵包。上菜時配上麵包醬、肉片、水田芥和烤肉汁。

烤洋芋

烤洋芋是熱食配菜，單獨用一個盤子盛裝上桌，附上甜點叉方便食用。調味料包括辣椒粉、胡椒和奶油。現在的餐廳一般都不採用先將奶油放在洋芋上的做法。

甜點

大部分是由服務人員將甜點在顧客面前裝盤，或是事先做好

送上桌，布丁和其他熱甜點都可以採用這兩種方式，餐具通常是甜點叉匙。顧客可能會要求提供糖粉。不同的甜點所使用的餐具也可能不同，像聖代匙、冰淇淋匙或茶匙，選用餐具最大的考量因素是方便顧客食用餐點。

至於搭配的醬料，像奶油糊或發泡奶油，可以裝在調味碟上（用小匙舀取取代用倒的方式）；也可以分開來用瓶裝。另外一種做法是將調味碟放在餐桌上，讓顧客自行取用。若是由服務人員為顧客淋上醬汁，要注意除非顧客特別要求，否則醬料一律都淋在甜點的外圍，不要淋在甜點上面。

乳酪

乳酪以其獨特的風味和質地分類，最主要來自製造過程。每一種乳酪的外觀、如何成型、麵團、製造的過程、製造的時間和溫度，都是該乳酪之所以獨特的原因。此外，使用的原料不同-牛奶、綿羊奶或山羊奶—也會造成影響。

乳酪應存放在空氣對流良好的涼爽陰暗處或直接儲藏在冰箱，一旦取出，如果沒有用原來的包裝覆蓋的話，要用保鮮膜或錫箔紙包好，避免乳酪乾掉。乳酪存放的地點要遠離會吸收乳酪香氣／臭氣的食物，像乳製品。

根據實際使用狀況而定，可以一次購買一整個或一部份乳酪，餐廳規模的大小也會影響，一般都比較傾向購買部分乳酪，一方面可以避免浪費，另一方面也可以減少品質風味或香味的流失。

乳酪質地的好壞絕大部分取決於成熟的過程，公認的分類法有以下幾種：

◆ 新鮮乳酪

◆ 軟乳酪

◆ 微硬乳酪

◆ 硬乳酪

◆ 藍乳酪

以下就這幾類各舉一些例子：

新鮮乳酪

白乾酪（Cottage）

未成熟的低脂或脫脂乳酪，表面呈顆粒狀。源自美國，現在有很多不同的變化。

奶油乳酪（Cream）

與白乾酪類似，不同處在於奶油乳酪是用全脂牛奶作成。市面上有許多不同口味的變化可供選擇，有些甚至是用非牛奶的原料作成。

義大利白乾酪（Mozzarella）

義大利式乳酪，現多使用牛奶作原料，早期是用水牛牛奶。

義大利鄉村軟酪（Ricotta）

用牛奶奶漿作成的乳酪，可以用羊奶作出很多不同的變化。

軟乳酪

巴艾西乾酪（Bel Paese）

口味較淡的義大利奶油乳酪，Bel Paese 原義為「美麗的鄉村」，始自 1929 年。

布里乾酪（Brie）

自十八世紀起即開始生產的一種有名的法國乳酪，其他的國家也起而效尤製造這種乳酪，用不同的地名作區別，譬如德國布里乾酪。

法國卡門貝軟質乳酪（Camembert）

一種有名的法國乳酪，口感重，比布里乾酪還要強烈。

Carré de l'est

產自法國的軟乳酪，用低溫殺菌的牛奶作成，作成四方形狀。像卡門貝軟質乳酪一樣，Carré de l'est在成熟的過程中會逐漸軟化，顏色也較布里乾酪來的深，成熟之後風味趨溫和。

羊乳酪（Feta）

用山羊和綿羊奶作成的希臘乳酪。

Liptauer

用羊奶和牛奶製成的匈牙利乳酪，常見加入其它材料的口味，像是洋蔥、芥末或辣椒口味。

蒙斯德乾酪（Munster）

法國佛日山脈產的乳酪，外型酷似卡門貝軟質乳酪，但外觀呈橘紅色。美國、德國和瑞士都有生產。

微硬乳酪

Appenzeller

瑞士乳酪的代表，名字源自拉丁文，意思是「修士的住所」。

Caerphilly

白脫牛奶作成的乳酪，質地輕柔，有些人甚至覺得它像肥皂。起源於威爾斯，目前全英國都有在製造生產。

切達乾酪（Cheddar）

一種經典的英國乳酪，世界各地都有生產，有蘇格蘭切達乾酪、加拿大切達乾酪。

赤郡乳酪（Cheshire）

外表粗糙，像是覆蓋一層麵包屑，微鹹的乳酪，有白乳酪和紅乳酪兩種。緣起於十二世紀的赤郡，現在全英國各地都有生產。

山羊乳酪（Chèvre）

意思是「山羊」，點明這種乳酪的原料，有很多不同的變化。

德貝乾酪（Derby）

英國德貝郡生產的乳酪，現在較為人熟知的是鼠尾草口味的乳酪。

伊丹乳酪（Edam）

這種荷蘭乳酪類似高德乳酪，但較硬，味道比較溫和，口感與奶油相似，外觀覆蓋一層黃色或紅色的蠟，還有茴香口味的。

Emmenthal

這個瑞士乳酪的名字源自「emme valley」，與格魯耶爾乾酪（Gruyère）相似，但質地更軟，嚐起來也較不可口。

Esrom

近似法國的安全港乳酪（Port Salut），不過這種丹麥乳酪的外皮是紅色的而不是黃色的。

格洛斯特硬乾酪（Gloucester / Double Gloucester）

用全脂的牛奶製成的經典英國式乳酪，名字的來由起源於起式的原料，是用格洛斯特郡的牛奶作的。

高達乾酪（Gouda）

奶油般的質地，柔軟口感溫和的知名荷蘭乳酪，外表呈黃色或紅色。

格魯耶爾乾酪（Gruyère）

是一種瑞士乳酪，不過法國和瑞士都有生產不同口味的乳酪，但有相同的名字。特徵是表面有豌豆大小的洞，質地平滑堅硬。法國產的種類表面的洞比較大。

Jarlsberg

跟 Emmenthal 很像，是一種挪威乳酪，源自 1950 年代，外表有一層黃色的蠟。

蘭開郡乾酪（Lancashire）

與赤郡乳酪相似的另一種經典英國乳酪。（白赤郡乳酪有時候也被當作蘭開郡乳酪賣）

列斯特郡（Leicester）

口味溫和，橘色的英國乳酪。

林堡乾酪（Limberger）

源自比利時，是一種相當刺激性的乳酪，德國也有生產。

蒙特瑞乾酪（Monterey）

質地如奶油般綿滑、柔軟，表面有許多小洞的美國乳酪。有一種比較硬的稱作蒙特瑞傑克（Monterey Jack）可以磨碎作佐料用。

主教之橋乾酪（Pont I'Evêque）

與卡門貝軟質乳酪相似，形狀成方的法國乳酪，緣起於諾曼地。

安全港乾酪（Port Salut）

口感溫和的一種乳酪，Port Salut的意思是「就贖的港口」，典故來自法國革命後被放逐的特拉比斯教會的修道士回到修道院的故事。

薩瓦乾酪（Reblochon）

奶油般的口感，味道溫和，產自法國薩瓦地區的乳酪。名字的由來是這種乳酪最早都是用非法的"二次擠奶"的牛奶製成。

Tilsit

味道強烈，產自東德同名的小鎮，由當地的荷蘭移民最先開始製造。現在在德國的各個地方都可以見到。

Wensleydale

約克夏乳酪，最早是用綿羊或山羊奶製成的，現在則都用牛奶作原料，這種乳酪是蘋果派的傳統配料。

硬乳酪

Caciocavallo

源自古羅馬時代，意思是「馬背上的乳酪」因為狀似馬鞍。

Kefalotyri

希臘文的意思是「硬乳酪」，很可口，適合磨碎使用的希臘乳酪。

巴馬乾酪（Parmesan）

一種經典的義大利硬乳酪，正確的說法應該叫做「parmigiano reggiano」，是最常被用來磨碎搭配義大利料理的乳酪。

藍乳酪

布雷斯藍乳酪（Blue de Bresse）

質地柔軟，味道溫和的法國乳酪，產地在蘇安羅瓦（Soane-et-Loire）和侏儸（Jura）之間。

赤郡藍乳酪（Blue Cheshire）

藍乳酪裡最好的一種，儘管製造商努力在製造過程中不斷穿刺乳酪，將它置於適合成熟的環境，作出來的乳酪也只有幾個會變成藍色。

丹麥青紋乾酪（Danish Blue）

最知名的一種藍乳酪，很柔軟，味道溫和，是第一個打入英國市場受歡迎的歐洲藍乳酪。

甜牛奶乾酪（Dolcelatte）

工廠大量製造的戈爾根朱勒乾酪，Dolcelatte在義大利文裡的意思是「甜牛奶」。一種較輕、質地如奶油般，帶淡綠色紋路

的乳酪。

多塞特郡藍乳酪（Dorset Blue）

堅硬、質地緊密用脫脂牛奶製成的乳酪。有稻草般的顏色，帶點深藍的紋理，表面相當粗糙，易碎。

戈爾根朱勒乾酪（Gorgonzola）

柔軟、味道濃烈的經典義大利乳酪，略帶綠色的紋理是多加一道發霉手續造成的。

法國藍乳酪（Roquefort）

一種經典的羊奶乳酪，產自法國中央山脈的南方。將乳酪放置在潮濕的洞穴裡，讓它在成熟的過程中形成紋理。

斯提耳頓乾酪（Stilton）

知名的英國經典乳酪，用牛奶製成。名字的由來與最早旅人在貝爾旅店購買斯提耳頓乾酪有關。根據傳說，發明這種乳酪的是一位梅爾頓茅布雷（Melton Mowbray）的斯提耳頓（Stilton）女士。傳統的做法是一次只供應一湯匙的量，不過現在一份就是一塊。最受歡迎的吃法是將表皮去掉之後，倒上一些甜葡萄酒，不過這種做法越趨式微。白斯提耳頓乾酪也越來越受歡迎，但口感和味道就不如藍乳酪。

餐具、附屬品、服務

食用乳酪的時候用的餐具是：

◆ 配菜盤

◆ 邊刀

◆ 有時加上小叉子（甜點叉）

搭配的食物包括：

◆ 調味料（鹽、胡椒和芥末）

◆ 奶油或替代品

◆ 裝在放有碎冰的玻璃杯或盤子裡的芹菜

◆ 調味過的小蘿蔔，放在玻璃杯或盤子裡，用茶匙食用

◆ 用以搭配奶油乳酪的細白砂糖

◆ 各種乳酪餅乾（奶油餅乾、**Ryvita**、甜消化餅、淡味薄脆餅乾）或麵包

　　若不是採用事先裝盤的方式，餐飲服務人員可以**將各種已經成熟的乳酪放在乳酪盤或推車上**，推到顧客面前讓顧客自行取用想要食用的乳酪種類和份量。服務人員上菜前必須先將乳酪外面覆蓋的保鮮膜拆開，如果乳酪的外皮不好吃的話，上菜前也要先切除。不過，卡門貝軟質乳酪和布里乾酪這兩種乳酪的皮可以不用去掉。

香酥小餅 （Savouries）

　　午餐或晚餐菜單上可以看到餐廳供應香酥小餅取代甜點。在一些大型的宴會上，香酥小餅則可以是除了甜點和乳酪之外獨立的菜色。

香酥小餅包括：

吐司香酥小餅 （On toast）

　　吐司切成小塊，上面放上不同的配料，**像鰻魚、沙丁魚、洋菇、煙燻鱈魚、和典型的威爾斯乳酪吐司（吐司加上調味過的乳酪、蛋和貝希梅爾醬）或布克乳酪吐司（威爾斯乳酪吐司上面加水煮蛋）**。

脆餅或油煎脆麵包（Canapés or croûtes）

將麵包切成6厘米（1/4英吋）厚，塗上奶油再烤或煎，放上：

蘇格蘭山鷸（炒蛋、上面疊上鯷魚塊，再灑上續隨子）

迪安納乾酪（Croûte Diane）（雞肝外面包裹一層培根）

德貝乾酪（Croûte Derby）（火腿濃湯加上醃過的胡桃作裝飾）

馬背上的惡魔（Devils on horseback）（外包培根的乾梅子）

馬背上的天使（Angels on horseback）（外包培根的水煮牡蠣）

查理曼開胃小點（Canapé Charlemagne）（蝦子沾咖哩醬）

Canapé Quo Vadis（烤過的魚卵裝飾小洋菇）

小果餡餅（Tartlettes）

圓形的派皮填入不同的餡料，像是洋菇、乳酪蛋白牛奶酥，上面再放斑節蝦或沾了各種醬料的魚。

小船型糕點（Barquettes）

與小果餡餅類似，船型派皮的形狀是兩者相異處。

一口酥（Bouchées

在小泡芙裡填入餡料的小餡餅（vol-au-vent）

煎蛋捲（Omelettes）

用兩到三個蛋作成蛋捲，放入不同的餡料和調味，像是西洋芹、鯷魚、乳酪或各種香料混合成的調味料。

舒芙雷蛋白奶油酥（Soufflés）

各種口味的蛋白奶油酥，有洋菇菠菜、沙丁魚、鯷魚、煙燻鱈魚或乳酪。

果餡餅（Flans）

　　一片或一客果餡餅，像洛倫乳蛋餅（Quiche Lorraine）。

餐具、附屬品、服務

食用香酥小餅用的餐具主要以前菜刀和甜點叉為主。

　　附屬品有：

◆ 鹽和胡椒

◆ 紅胡椒

◆ 胡椒粉

◆ 伍斯特醬（通常用來搭配肉類香酥小餅）

　　開胃菜會由廚房先做好，一份一份放在魚盤上，服務人員將餐具擺好，配料上桌之後，再端上已經裝盤的小餅。如果是在派對裡，香酥小餅可以用來取代甜點或乳酪，在顧客都已經用過香酥小餅之後，先上冷盤，再上熱盤。

餐後甜點（新鮮水果及核果類）

　　包括各種當季新鮮水果和核果類，不過現在比較受歡迎的是一年四季都可以吃到的，像蘋果、梨子、香蕉、橘子、柑桔、椪柑、白葡萄和黑葡萄、鳳梨和各種核果，像巴西豆等，有時候水果盤裡也可以看得到椰棗。

　　餐後甜點通常由食品室人員裝飾水果籃，放在冷盤自助餐枱正中央。

餐具、附屬品、服務

食用餐後甜點時使用的餐具有：

◆ 水果盤

◆ 水果刀叉：一般都和水果盤配成一套

◆ 備用口布

◆ 洗手碗：放在邊盤上，裝入微溫的水和一片檸片。洗手碗
的位置是用餐者的右前方，提供顧客清洗油膩的手

◆ 洗手碗：放在邊盤上，裝滿冷水，用來洗葡萄。位置在用
餐者的左前方

◆ 胡桃鉗和葡萄剪：放在水果籃裡

◆ 供顧客放果殼和果皮的備用盤

配料包括：

◆ 糖罐

◆ 佐核果類的鹽

服務人員將水果籃拿到顧客面前，讓顧客選擇想要食用的水
果或核果。顧客如果選擇核果類，服務人員取出籃中的胡桃鉗放
在餐具上端，若顧客想要食用葡萄，服務人員須先放下手中的水
果籃，一手托住葡萄，一手用葡萄剪將葡萄剪下，再抓住葡萄莖
的部分，把葡萄放到用餐者左手邊的洗手碗裡清洗過後再放到顧
客面前的餐盤裡。如果是用旁桌的話，程序亦同。旁桌的水果服
務準備細節請見第八章。

飲料

習慣上，菜單裡所謂的飲料指的是咖啡，不過現在範圍擴
大，包括茶、香草茶、牛奶（冷熱）和現成的飲品，例如保衛爾
牛肉汁和好立克都出現在菜單上。

茶和咖啡的服務方式一般說來相當嚴謹：

◆ 早餐咖啡用茶杯盛裝，附上熱牛奶和白糖。

◆ 晚餐飯後的咖啡配上鮮奶油，通常只供應黑糖。

◆ 同樣地，早餐茶用早餐茶杯，午餐和晚餐用標準茶杯-這是

假設餐廳有供應茶的前提下。

◆ 只有供應中國茶的時候會附上檸檬，其他的茶類則搭配牛奶。

幸運的是，顧客現在有更多選擇，每一餐都可以喝到茶或咖啡（一般或低咖啡因），甚至是各種不同的飲料。配料也有更多選擇，牛奶、鮮奶油（非乳製品的）和糖（包括代糖），而小咖啡杯已經逐漸消失。

第四章

飲料—無酒精飲料及含酒精飲料

4.1　茶

源起

　　茶在大約 5000 年前，偶然被發現能夠當作增添風味的飲品。當時人們注意到，落在滾燙開水裡的茶葉，能使原本單調無味的白開水有了不同的味道。然而，過去一段時間，茶的用途大部分是作為醫療方面的食材，一直到西元 1700 年以後，茶才開始純粹被當作我們現在所熟知的飲品。

什麼是茶？

　　我們從熱帶的長青灌木—山茶樹，摘取其嫩葉及靠近灌木頂端的葉片以製茶。用這些茶葉沖煮出來的健康飲品內含只有咖啡一半量的咖啡因，同時它又能幫助鬆弛肌肉及刺激神經中樞系統。對餐飲業者來說，茶是一種利潤相當高的飲料，一年當中他們至少提供了 10 兆杯茶。

生產國

　　全世界有超過25個國家都生產茶。茶樹需生長在酸性的土壤裡及溫暖的氣候當中，種茶的地區必須有至少130公分的年雨量。茶樹屬於一年一種，且它的風味、品質和特性會隨著地點、海拔、土壤種類及氣候而改變。

主要的茶葉生產國家有：

中國　　中國是產茶歷史最久遠的國家，其中最知名的茶種有奇蘭、小葉種、烏龍和綠茶。

東非（肯亞、馬拉威、坦尚尼亞、辛巴威）　　這個區域所產的茶種顏色較鮮麗多彩，被廣泛用來搭配使用。肯亞所產的茶呈微紅或銅棕色，鮮明易認，具有提神的功效。

印度　　全球最大的產茶國家，佔有率為全球的30%。其中最知名的產茶地區是阿薩姆省，茶性濃烈，屬全葉種；以及大吉嶺，茶性精緻香醇；還有僅次於阿薩姆的尼爾吉里，其茶性與斯里蘭卡極為類似。

印尼　　此地區的茶較清淡芳香，顏色同樣鮮麗多彩，亦可混合搭配使用。

斯里蘭卡（即前錫蘭）　　此地的茶種帶有清淡精緻的檸檬芳香味。斯里蘭卡被視為最合適作下午茶的茶種，冰過風味更佳。

茶的採買

　　購買茶葉時有很多不同的方法，影響業者依不同需求購買不同茶種的因素有很多，例如營業場所的類型、顧客的需求、地點、服務方式，以及是否能儲存、價格因素。

採購的方法有：

1. **大量採購（茶葉）**：適合傳統的服務方式。

2. **茶包**：將中等或特產茶葉以密封包裝，這樣的茶包可沖煮一杯、兩杯，或一壺茶。茶壺可為2-4-8品脫的容量。

3. **沖泡式茶包**：茶包上有一條細繩連著，線的末端有標籤。沖泡時將標籤放在茶杯或茶壺外，顧客可以清楚看到標籤上標示的茶種及品牌。

4. **封裝式茶包**：與沖泡式茶包相似，都有著細繩和標籤，但每個茶包因衛生的緣故皆分別包裝以方便用手拿。此種茶包最適合在客房服務時使用。

5. **速食茶**：粉狀速食即溶茶。

依照茶的微粒大小來區分可以分成幾種茶等：白毫（Pecko）—上等精選茶葉；橙白毫—葉捲且葉面較小；白毫尖—葉面最小的茶葉。在這三個等級之外的茶葉，也有另外的分級法。在與茶葉相關的詞彙當中，「flush」指的是採收，而採收的時間可以是一年當中的不同時期。

混合茶

市面上販售為人所熟知的茶，大部分都是由幾種不同的茶種混合而成的，目的是為了調配出消費者較易接受的口味。

例如所謂的標準茶，可能是由15種不同的茶組合而成，其中一定包含印度茶作為主幹，非洲茶作為顏色，中國茶則為香味及細緻口感的來源。

這些混合的茶通常會以某專屬的商標或品名來販售。所有的茶在製作過程中都需經過發酵（氧化）的程序，而使茶葉呈黑色，但中國的綠茶例外。

儲存

茶必須儲存在：

◆ 乾燥、乾淨、密封的容器裡

◆ 通風良好的環境

◆ 避免潮濕

◆ 遠離具強烈氣味的食物，因為茶容易吸收濃烈的氣味

茶的沖泡

商家販售的茶固然要依照消費者的喜好來選擇其型態，但大部分的營業場所會將所有特殊的茶，如印度茶、錫蘭茶、中國茶，以及各式各樣的花草茶皆採買備用。

一壺水或一加侖水要加多少茶葉來沖泡最適當，會因茶的種類不同而有些許的差異，以下所列為大致的標準：

◆ 42.5-56.7克（1 1/2-2 盎司）茶需 4.546公升（1加侖）的水

◆ 1/2公升（1品脫）牛奶可供應20-24杯茶

◆ 1/2公斤（1磅）糖可供應約80杯茶

在備餐間中沖泡少量茶時，譬如只需一壺茶，最好的方法是定出一個測量單位，這樣可以確保每一壺茶的品質都控制在一個定量化的標準之下。另外還有其他控制茶用量的方法，使用茶包也是其中一種。若在需要大量茶的場合中，譬如供應宴會上的賓客飲用，一杯茶為1/6公升（1/3品脫），4.546公升（1加侖）可供應24杯。若為早餐杯，則一杯茶以1/4公升（1/2品脫）的量來計，4.546公升（1加侖）只能供應16杯。

由於茶的香味必須經過沖泡之後才能散發出來，所以如何沖泡出香氣四溢的好茶，也有一定的準則，方法如以下所列：

- 在沖泡茶之前需先溫熱杯子，如此才能確保茶是在完全滾燙的熱水之下沖泡而成的
- 調配茶葉及適當的水量
- 使用乾淨的沸水
- 確保水在倒入杯子之前都維持沸騰的狀態
- 倒入熱水後可靜置3-4分鐘，讓茶的味道能充分散發出來
- 如果是用隔熱壺沖泡，在靜置3-4分鐘之後可將茶葉取出
- 確保所有泡茶的器具是完全潔淨的

印度或錫蘭茶

　　印度茶或錫蘭茶用瓷器或金屬壺沖泡皆可，通常這兩種茶都會搭配牛奶飲用，另外附上糖。

中國茶

　　較之於其他的茶種來說，中國茶非常特別。它的香氣濃厚，但缺乏骨幹，沖泡時只需少量的茶葉。

　　沖泡法跟傳統的方法一樣，以瓷器沖泡為佳，不需任何添加物，偶爾加一片檸檬可變換口味。送茶時可將檸檬片以小碟子盛裝，並附上小叉子。中國茶極少搭配牛奶，但可附上糖。

俄國茶或檸檬茶

　　俄國茶的茶性與中國茶類似，但其主幹通常為印度茶或錫蘭茶。沖泡方法亦為傳統的方式，且會搭配一片檸檬。使用的容器為容量1/4公升（半品脫）的杯子，外罩一層有把手的銀製保暖壺，杯裡可擺放一片檸檬，以邊盤裝著幾片檸檬，一支小叉子和一支茶匙，另外附上糖。

冰茶

口味越濃厚，越冰涼越好，在供應之前需確保其冰涼的程度。可用平底玻璃杯盛裝，附上茶匙。可沿用俄國茶的作法，在杯裡放一片檸檬，並附上裝有檸檬片的邊盤。

多功能壺

在很多場合，我們必須供應較大量的茶飲，例如接待時所需的茶聚、商務用途的下午茶，或是其他人數較多的特殊場合。此時可以利用多功能壺來沖泡茶品，此種茶壺有4.546到23公升（1到5加侖）大小不等的容量，茶壺裡有濾茶器，可以依不同容量的茶壺放入適量的茶葉。放入茶葉之後，倒入滾水，靜置幾分鐘之後—若是5加侖的水量，最久靜置10分鐘即可—移開濾茶器，如此可確保茶的品質。沖泡茶的量必須與需求的人數作配合—這樣才能避免不足或浪費。

特殊茶品

市面上尚有許多不同種類的茶品，舉例如下：

阿薩姆　　具有豐富飽滿的風味，帶點麥芽的香味，適合作早餐茶，常搭配牛奶飲用。

大吉嶺　　口感細緻，帶有淡淡的果香，被稱為「茶中的香檳」，適合作下午茶，可加片檸檬或一點點牛奶。

伯爵　　由大吉嶺及中國茶混合而成，帶有香柑油的香味，常搭配檸檬或牛奶。

茉莉　　風乾後的茉莉花苞製成，未經氧化的綠茶，帶有濃郁的花香味。

肯亞　　香氣持續、清新，常搭配牛奶飲用。

小種　　帶有強烈刺激性的煙燻味，適合口味較重的飲用者，可加檸檬增加口感。

斯里蘭卡　茶葉呈淡金黃色，香氣怡人，也稱為錫蘭綜合茶，可搭配檸檬或牛奶。

花草茶

花草茶帶有果香或藥草味，昔日多為用於醫療，現今逐漸普遍，成為健康飲品。花草茶多不含咖啡因，種類有：

花茶　果茶

- ◆ 甘菊
- ◆ 辣薄荷
- ◆ 野玫瑰果
- ◆ 薄荷
- ◆ 櫻桃
- ◆ 檸檬
- ◆ 黑醋栗
- ◆ 柑橘

　　這些花草茶通常以瓷器沖泡，但也可以玻璃杯裝盛，再加糖調味。

4.2　咖啡

源起

　　有證據顯示，咖啡樹的栽種大約始於1000年前，發源地在葉門。15世紀時，始為因應商業上的需求而栽種咖啡，地點亦在葉門。到了16世紀中，飲用咖啡的風氣開始普及至亞丁、埃及、敘利亞及土耳其。1650年時，英國的第一家咖啡店在牛津開立，之後咖啡由英國傳至美國，但一直到1773年發生了波士頓茶葉事件之後，美國人才漸漸地開始習慣喝咖啡。

什麼是咖啡？

咖啡是生長在熱帶和亞熱帶地區，諸如美洲、非洲及亞洲中南部地帶的天然植物，它可以生長在不同海拔、氣候及土壤性質的環境下，是目前世界上最為普遍的飲料。巴西是最大的咖啡生產國家，哥倫比亞次之，象牙海岸第三，印尼第四。

會長出咖啡果實的樹種為Coffea，屬茜草科。雖然全世界約有50種不同的咖啡，但只有其中兩種在商業上最為著名。一是Coffea arabica，另一個是Coffea camephora，這兩種常被指為robusta，而阿拉比卡的產量就佔了全世界的75%。

咖啡樹屬長青灌木，生長高度約2-3公尺，咖啡樹的果實被稱作「櫻桃」，每顆咖啡果實長約1.5公分，呈橢圓形，內含有2顆咖啡種子。咖啡樹生長3-5年之後才會長出果實，並維持15年生產量。

混合

販售咖啡的廠商僱用專屬的配豆專家，由專家來確定及維持其特殊品牌咖啡的品質和口味。除此之外，不同地區進口之咖啡豆也會不同。

生產咖啡豆的國家將生豆用袋子裝好運送至港口，再送達買家的手上，此時配豆專家才開始烘焙豆子、沖泡並品嚐樣品。在測試這些樣品的品質之後，才決定這些生豆的性質適合調配出何種咖啡。

事實上，在店家販售的咖啡品牌，大部分都是由兩種或多種咖啡豆調配而成的。由於生豆無味道，需經過烘焙才能釋出咖啡的香氣和風味，烘焙後的顏色可以判斷出烘焙的程度是否正確，

不同的混種適用於不同的烘焙程度。

一般正常的烘焙程度有：

淺烘培　　適合溫和的豆子以保留其精緻的口感。

中烘培　　會產生較強烈的風味，適合風味特出的咖啡豆。

全烘培　　拉丁國家較普遍，口味較苦。

深烘培　　強調咖啡強烈的苦味，但常會失去咖啡原有的味
　　　　　　道。

專業的咖啡烘培師可以決定要將咖啡豆製造成速食（即溶）咖啡、烘焙完成或研磨完成的咖啡。烘焙程度越深，咖啡的酸度遞減，苦性遞增。

研磨

烘培好的咖啡在沖泡之前必須先經過研磨。咖啡的研磨程度需視不同的沖泡法而定。不同的沖泡法及適合的研磨程度如下所列：

沖泡法	研磨程度
過濾式／滴漏式	細至中細
壺裝	粗
土耳其式	粉狀
活塞式	中細
虹吸式	中細至細
義式濃縮	極細
濾透式	中細

儲存

存放咖啡時，應：

◆ 存放在通風良好的環境裡

◆ 咖啡粉要用密封罐保存好，以免油脂揮發，使咖啡的味道
  及香氣流失

◆ 保持乾燥

◆ 不能靠近其他任何氣味濃烈的食物，避免咖啡沾染這些氣
  味。

沖泡咖啡

沖泡咖啡的方法有很多種，可簡單用杯子沖泡，也可利用具
備各種功能的機器沖泡，咖啡豆可依不同的需求購買研磨，但應
在沖泡咖啡前，才研磨咖啡豆，如此才能將咖啡的原味及香氣保
留到最後一刻，並發揮咖啡豆百分之百的原味。如果購買的是研
磨過的咖啡豆，通常會用真空包裝保存到沖泡之前。這些包裝有
不同的大小，有4.5公升（一加侖）及9公升（2加侖）等。

沖泡的咖啡量較多時，283.5-340克（10-12盎司）的咖啡粉
可以沖泡4.5公升的黑咖啡。如果是用1/3品脫容量的杯子，則
283.5-340克的咖啡粉可沖泡240杯的黑咖啡或48杯的加奶精咖
啡。若使用早餐杯，則可沖泡16杯的黑咖啡或32杯的加奶精咖
啡。同樣地，若是晚餐時所使用的餐後咖啡杯，1/13公升（1/6
品脫），則可沖泡48杯黑咖啡或96杯加奶精咖啡。

以下為一些沖泡咖啡時的規則：

◆ 選用新鮮的咖啡豆

◆ 咖啡豆的研磨應依照不同機器的需求

◆ 確保機器在使用之前是乾淨的

◆ 咖啡與水的比例要定量：283.5-340克的咖啡粉以4.5公升的水沖煮（10-12盎司咖啡搭配1加侖的水）

◆ 將沸水倒入裝有咖啡的容器裡開始沖煮

◆ 沖煮的時間要依照咖啡豆種類的不同及沖泡方法的不同來控制長短

◆ 溫度要控制好，溫度太高會讓咖啡產生苦味

◆ 過濾及服務

◆ 牛奶或奶精另外提供

◆ 供應咖啡時，最好的咖啡溫度是82°C（180°F），牛奶的適當溫度則為68°C（155°F）

品質佳的咖啡特點

◆ 絕佳的風味

◆ 濃郁的香氣

◆ 絕佳的色澤

◆ 豐富的口感

咖啡走味的原因為：

淡咖啡

◆ 水未到達沸點

◆ 咖啡粉量不足

◆ 沖泡時間過短

◆ 咖啡不新鮮

◆ 研磨方式不適當

無味咖啡

◆ 同淡咖啡之缺失

- ◆ 咖啡在空氣中放置過久
- ◆ 沖煮咖啡的器具過髒
- ◆ 水不乾淨或沸騰過久
- ◆ 咖啡經重複沖煮

苦咖啡

- ◆ 咖啡粉過量
- ◆ 沖泡時間過長
- ◆ 咖啡烘培程度不適當
- ◆ 儲存過程中的殘留物未清除
- ◆ 沖泡溫度過高
- ◆ 咖啡在空氣中放置過久

　　沖泡咖啡的方式有很多種，如何供應咖啡給顧客也會因此而異。圖表4.1舉出幾個沖泡咖啡的方法。

即溶咖啡

　　即溶咖啡可依需求一次沖泡一杯或多杯的量，直接用沸水沖泡即可飲用。71克（2 1/2盎司）的即溶咖啡可沖泡1加侖的水。此種沖泡法非常快速，在端給顧客之前，只需將沸水倒入裝有適量咖啡粉的壺中，充分攪拌之後，可再加入適量的牛奶、奶油或糖來增加風味。

鍋爐或大型壺

　　此方式屬於美式的沖煮法，多用於家庭而非商業用途。在壺中裝入適量的咖啡粉，接著倒入沸水，靜置幾分鐘後，讓咖啡的香氣和味道能完全釋出。之後將咖啡渣過濾出來，即可供客人飲用，可依喜好加入牛奶、鮮奶油或糖。

圖4.1　沖泡方法

壺裝

虹吸式

活塞式

電動式濾紙咖啡機

濾紙式（滴漏式）

土耳其式／希臘
式／阿拉伯式

濃縮式及卡布奇諾式

活塞式

此種方式能很迅速的沖煮出咖啡，也比普通的咖啡壺更能保存咖啡的風味及香氣。外形為玻璃製品，壺口及把手為金屬或鉻製品，壺內有一活塞。

沖煮時，只需將熱水倒入裝有咖啡粉的咖啡壺中，稍加攪拌，接著把活塞壓至瓶底。在沖泡咖啡的過程當中，顧客可以清楚看到壺內的變化，也可以讓顧客完成最後一個壓入活塞的動作。

正確的咖啡粉量：

2匙咖啡粉可沖泡3杯

6匙咖啡粉可沖泡8杯

9匙咖啡粉可沖泡12杯

沖泡時間約3到5分鐘。

過濾式

此種方式亦多適用於家庭而非商業用途。在過濾式咖啡機中放入適量咖啡粉，接著倒入清水，水在接近沸點的時候會沿著管子上升至過濾器中，滲透咖啡粉，沖泡出風味、顏色及味道絕佳的咖啡。亦可加入牛奶，鮮奶油或糖來調味。

沖泡的時間依咖啡的特質而定，可用自動調溫機來量測。等時間一到，咖啡會通過過濾器流入容器當中，溫度正好達到最適合供飲用的82°C（180°F）。

虹吸式（Cona）

此種沖泡方式無論是沖泡的器具本身或是整個沖泡過程，都能看得很清楚。而使用虹吸壺的好處是能確保咖啡的新鮮度，因為它一次只能沖泡少量的咖啡，也因為如此，不會有一次沖泡過

量而造成浪費的情形產生，也不會因為要花時間準備其它的食物，使咖啡久置而走味。

可以在**餐廳**裡多準備幾台以供不同需求量而使用，如兩人份、三人份、四人份或五人份等，它相當輕巧易於攜帶且容易清潔，沖泡方式也非常簡單，是各種沖泡法當中最能沖泡出品質較佳的咖啡，且最能維持咖啡品質的一種。

此種虹吸式的器具，其過濾器有些是玻璃製的，但大部分來說都是塑膠或金屬製品。其底座的咖啡壺則為玻璃製品或金屬製品。

使用方法與過濾式咖啡壺很類似，在底座的咖啡壺裡加入適量的冷水，或者加入熱水以加快沖泡的速度，但是不能直接加入沸水。將過濾器放進上座的咖啡壺裡，固定好之後，放入適量咖啡粉，接著將上座固定在底座上，並開始在底部加熱。

當水到達沸點時，水會沿著管子上升到上座，與上座的咖啡粉混合，當水上升至上座時，適度攪拌，以確保咖啡粉能與水均勻混合。如不然，咖啡粉會浮在水的上方，無法充分混合。同時，小心不要敲動過濾器，以免咖啡渣掉落至下座裡。

當火源關閉時，沖泡好的咖啡會順著管子再度流至下座，咖啡渣則會留在上座。

接著移開上座，清洗過濾器以備再度使用，此時下座裡的咖啡可倒出來供客人飲用，最合適的溫度為82℃（180℉）。可附上熱牛奶、冰牛奶、鮮奶油或糖，供客人調味。

過濾式／滴漏式

這是法國傳統的沖泡方式，此種滴漏法能沖泡出非常好喝的咖啡。首先將過濾器放在杯子或壺的上方，過濾器裡放入適量的

咖啡粉，接著慢慢地將水倒入過濾器中，水流會滲透咖啡流至下方的杯子或壺中。可視咖啡的研磨程度，選擇性地在過濾器中加上一張濾紙，如此可防止咖啡渣流入下方的杯子中。

利用此種沖泡方式，一次可以沖泡一杯的量，亦可改用較大的咖啡壺，以沖泡出較多量的咖啡供應較多的客人。在沖泡之前，可先溫熱杯子或咖啡壺，如此可保持咖啡的溫度。

電動咖啡機

此種沖泡咖啡的方式近年來在英國逐漸普及，是非常好的沖泡方式。電動咖啡機到處都可以買得到，亦可跟咖啡供應商承租。

電動咖啡機可擺在吧台或櫃檯，或是任何公共場合，隨時供應咖啡。供應客人的同時，可以隨之附上一盤小點心，也可當作飯後的飲料。使用電動咖啡機時請注意：

◆ 電源已接上且開啟

◆ 沖泡燈亮起，通知使用者水已沸騰，隨時可以使用

◆ 使用適量的咖啡粉，通常是用密封袋包好的，且每次沖泡都需使用新鮮的咖啡粉

◆ 每沖泡一次就更換新的濾紙

電動咖啡機可以隨時注入清水，供沖泡咖啡使用。它會自動加熱，水一沸騰，就會流入過濾器，滲過放置在過濾器裡的咖啡粉，接著流至咖啡壺裡，咖啡即告完成。沖泡一次約需3-4分鐘。

另外還有一種同樣形式的電動咖啡機 "Melitta"，可供不熟悉如何調配水量及咖啡粉量的人使用。一次可沖泡2-8杯的咖啡，需時約5分鐘。亦可擺放在吧枱或是其它公用空間，是全自動的

咖啡機。

簡易式

沖泡方式與滴漏式類似，塑膠材質，免清洗。買來時即裝有夠沖一杯份量的咖啡粉，每一套僅可沖泡一次，用完即丟。好處是需要時能隨時供應，也能確保每一杯咖啡都是新鮮的。

沖泡時，將適量的沸水倒入滴漏杯裡，並蓋上杯蓋以保持溫度。約過3-4分鐘之後即可飲用。

義式濃縮咖啡機（Espresso）

來自義大利，1950年傳到英國。此種咖啡機可在幾秒鐘同時沖泡多杯咖啡，有時在一個小時之內可沖泡300-400杯咖啡。使用此種咖啡機，咖啡粉必須研磨得非常細。

它是利用高壓的蒸氣來沖泡咖啡，並能確保客人喝到的每一杯咖啡都是新鮮的。用它沖泡出來的黑咖啡，人們稱作義式濃縮咖啡（Espresso），一次只有一小杯的量。也可以用高壓蒸氣管來加熱牛奶，接著將加熱過的牛奶與黑咖啡混合，即成為人們所熟知的卡布其諾（Cappuccino）。1/2公斤（1磅）的咖啡，約可作出80杯的咖啡，這只是一個大概的依據。因為此種機器非常特殊且精密，所以每一個步驟都必須小心翼翼的來操作。

蒸餾式（Still-set）

蒸餾式咖啡機包含一個主要的容器，裡面可以放置一張大小恰好的濾紙，另有一個同樣形狀，旁邊有把手的細孔過濾器，可以將它放在濾紙上，再將咖啡粉放入。依不同的需要，可以在器具的旁邊放置一個咖啡壺。這個咖啡壺可以是4 1/2, 9, 13或18公升（1, 2, 3, 4加侖）的容量。

　　這種器具很容易操作，但是必須在每一次使用之前保持乾淨且經常使用，不管在沖泡前或沖泡後都要將咖啡壺用水清洗乾淨，並晾乾，這樣才能將咖啡冷掉之後殘留在杯緣上的咖啡漬清除。如果沒有清除乾淨，這些雜質會影響到下次沖泡時的咖啡風味。

　　將熱水倒入裝有咖啡粉的器具裡，讓咖啡流入旁邊的咖啡壺裡。要沖泡4 1/2公升（1加侖）的咖啡，需在6-8分鐘內完成，咖啡為中度研磨。牛奶要先用蒸汽加熱，且要將溫度保持在68°C，如果溫度太高會在倒入咖啡的同時，破壞咖啡的風味，同時，牛奶也會因高溫而變色。供應時，可將咖啡和牛奶分開裝盛，再送至顧客桌上。

低咖啡因咖啡

　　咖啡所含的咖啡因會有刺激性，將咖啡豆內所含的咖啡因提煉出來，此種咖啡稱為低咖啡因咖啡。以正常的方式沖泡即可。

冰咖啡

　　以正常的方式沖泡出黑咖啡，過濾掉咖啡渣之後冷藏起來，飲用時可以加入適量的牛奶或鮮奶油，以長玻璃杯盛裝，加入糖，並附上吸管。端給客人時需附上攪拌匙及鮮奶油。

土耳其式或埃及式

　　使用深烘培的摩卡咖啡豆，細研磨。這是一種銅製的咖啡壺，可以放在爐火或酒精燈上加熱。在加熱水時，必須先加入糖，因為咖啡倒出來之後不能攪拌，無論是將咖啡粉邊攪拌邊倒入沸水中，或將沸水倒在咖啡粉上皆可，一茶匙咖啡粉沖泡出來的咖啡可供一個人飲用。一旦咖啡粉與沸水均勻混合之後，即可

將咖啡壺移離火源。隨著咖啡冷卻，咖啡粉也會漸漸沉澱，如有需要亦可再次加熱，或再灑些冷水加速咖啡粉的沉澱。以小的咖啡杯盛裝。在沖泡的過程當中亦可另外放入香草豆莢來增添香味。

愛爾蘭咖啡及其他特殊咖啡

先將容量18.93毫升（6 2/3盎司）的佐餐杯（巴黎高腳杯）溫熱過，需加糖（此種咖啡需加一點點糖，幫助鮮奶油有足夠的浮力浮在咖啡上。服務員需事先告知顧客此種情形）。杯裡擺放湯匙幫助導熱，以防在倒入咖啡時，過熱的溫度會導致玻璃杯無法承受而碎裂。稍微攪拌讓咖啡與糖均勻地融合，並加入少許愛爾蘭威士忌。在這個步驟當中，一定要確定各種素材已完全融合。此時，混合後的咖啡在杯裡的高度約為2 1/2公分（1英吋）。接著將鮮奶油慢慢沿著湯匙倒在咖啡的表面上，約達1.9公分（3/4英吋）厚即止。愛爾蘭咖啡可直接飲用不需攪拌；透過咖啡表面上的鮮奶油，在飲入咖啡的瞬間，威士忌的香味及咖啡的風味混合在嘴裡，別有一番滋味。

服務員可以在桌旁當場為顧客調製，讓顧客能欣賞整個過程。如果認為鮮奶油熱量過高，可以酌量使用，但是鮮奶油不能加熱。

端給顧客時，在咖啡碟上墊襯紙。另外，如果以白蘭地代替威士忌，則稱為皇家咖啡（Cofé Royale）。

愛爾蘭咖啡通常是由服務員當場在桌邊為顧客調製。所需的器具有：

◆ 銀製托盤　　　　　　　◆ 量杯

◆ 餐巾　　　　　　　　　◆ 咖啡壺

圖4.2　供應愛爾蘭咖啡的淺盤

◆ 18.93毫升（6 2/3液量盎司）規格
　的佐餐杯及底盤

◆ 茶匙

◆ 裝高脂厚奶油的小壺

◆ 糖罐及茶匙

◆ 愛爾蘭威士忌

素材放入杯中的順序

1. 糖

2. 黑咖啡

3. 烈酒或利口酒

4. 高脂厚奶油

其它特別口味的咖啡

修士咖啡：伯納地提恩酒

俄國咖啡：伏特加

牙買加咖啡：蘭姆酒

克里布索咖啡：聖瑪莉亞

高地咖啡：蘇格蘭威士忌

塞維爾咖啡：君度酒

　　同樣口味的咖啡在不同的餐飲供應形式之下，可能會有不同

的名稱，如：

皇家咖啡：白蘭地　　　　　加勒比海咖啡：蘭姆酒

巴黎咖啡：白蘭地　　　　　亞買加咖啡：蘭姆酒

4.3　其他飲品

　　除了前述之飲品，還可提供可可亞、熱巧克力、「好立克」、「阿華田」及「保衛爾」等，這些飲品也必須備齊，以供應顧客飲用，口味可依製造商的指示調配。

如需調製奶昔，以下為必備的幾樣素材：

- ◆ 冰牛奶

- ◆ 糖漿（香料）

- ◆ 冰淇淋

　　在調製完這些飲品之後，通常會用高腳杯裝盛，並附上一支吸管。

4.4　無酒精類吧枱飲料

　　無酒精飲料吧供應的飲品可分成5大類：

1. 蘇打水　　　　　　　3. 果汁汽水

2. 天然泉水或礦泉水　　4. 果汁

　　　　　　　　　　　5. 糖漿

蘇打水

　　蘇打飲料被注入碳酸氣體，是目前最普遍的飲料。不同的基調會產生不同的風味。

舉例如下：

◆ **蘇打水**：無色無味

◆ **通寧水**：無色帶通寧的風味

◆ **薑汁**：金黃稻麥色帶薑汁味

◆ **檸檬汁**：淡白色帶刺激的檸檬酸味

其它蘇打飲料：

◆ 發泡檸檬蘇打水

◆ 橘子汽水

◆ 薑汁啤酒

◆ 可口可樂等

天然泉水／礦泉水

　　歐盟將瓶裝水分成兩種類型：礦泉水及天然泉水。礦泉水含有礦物質（須經嚴格控管），天然泉水則沒有那麼多的限制，因其較不含影響人身體健康的成分。這些天然泉水或礦泉水有的不起泡的或自然含氣泡，也可以在裝瓶的過程中以人工注入氣體。這些天然泉水和礦泉水瓶的大小，可依所需而有 1.5 公升到 200 毫升不等。市面上某些品牌的天然泉水或礦泉水會同時出產玻璃瓶裝及塑膠瓶裝的產品，但也有某些品牌會依市場需要或瓶裝的大小，只選擇玻璃瓶裝或塑膠瓶裝。

　　天然泉水是取自地底湧出之天然甘泉，而這些泉水會含有當地土壤所含的礦物質，有時也會含有天然的氣體。礦泉水的價值，正如其名，就在於它所含有的礦物質的特殊療效。

　　天然泉水湧出的地方，人們通常稱之為礦泉（Spa），依照泉水的不同醫療效果，有些泉水可以生飲，有些則僅供沐浴。許多知名的礦泉水品牌就是在礦泉湧出的地區裝瓶的。

礦泉水又可依照其化學成分的不同而加以分類，分列如下。

鹹水

　　這是最為人所熟知的礦泉水種類，據說可治療痛風及風濕。
屬於此類型的礦泉水有：

圖4.3　不同品牌之礦泉水

名稱	類型	產地
APPOLLINARIS	天然含氣泡	德國
CONTREX	無氣泡	法國
PERRIER	天然含氣泡或外加水果風味	法國
ROYAL FARRIS	天然含氣泡	挪威
SAN PRLLEGRINO	人工注入氣體	義大利
SPA	無氣泡、天然含氣泡或加入水果風味	比利時
SPA MONOPOLE	無氣泡或含氣泡	比利時
VICHY CELESTINES	天然含氣泡	法國
VITTEL	天然含氣泡	法國
VOLVIC	無氣泡	法國

圖4.4　不同品牌之天然泉水

名稱	類型	產地
ASHBOURE	無氣泡或含氣泡	英國
BADOIT	少許氣泡	法國
BUXTON	無氣泡或人工注入氣體	英國
EVIAN	無氣泡	法國
HIGHLAND SPRING	無氣泡或人工注入氣體	蘇格蘭
MALVERN	無氣泡或人工注入氣體	英國

Perrier	Saint-Galmier
Malvern	Aix-les-bains
Vichy	Aix-la-chapelle
Evian	Selters

鹽水

此類礦泉含有鹽分，如碳酸鎂或碳酸鈉。屬於此類型的礦泉水有：

Cheltenham

Montmirail

Leamington-Spa

Seidlitz

含鐵礦泉

此類礦泉有兩種，一種爲含二氧化碳的，一種爲含硫酸鹽的。此類礦泉爲人們所熟知可作爲興奮劑或精神振奮劑。屬於此類型的礦泉水有：

Forges

Passy

Saint Nectaire

Vittel

鋰鹽礦泉

此類礦泉含有鋰鹽。屬於此類型的礦泉水有：

Baden-Baden

Carlsbad

Saint Marco

Salvator

硫磺礦泉

此類礦泉注有氫氣。屬於此類型的礦泉水有：

St. Boes

Harrogate

Challes

礦泉水

礦泉水跟其他礦泉比起來礦物質的含量較少，大部分呈鹼性。可以在餐前或是用餐時供顧客飲用，單獨飲用或添加少許淡酒或酒精皆可。

果汁汽水

可單獨飲用，或與酒精或雞尾酒調配飲用，也可用它為基底作什錦水果飲料，是吧枱不可或缺的飲品，必須有一定的存量。舉例如下：

- ◆ 橘子 ⎫
- ◆ 檸檬 ⎬ 汽水
- ◆ 葡萄 ⎭
- ◆ 萊姆汁

果汁

飲料吧所需準備的果汁類型主要有：

瓶裝或罐裝

- ◆ 橘子汁

- ◆ 鳳梨汁

- ◆ 葡萄柚汁

- ◆ 蕃茄汁

市面上皆有賣這些罐裝或瓶裝的果汁，通常為11.36毫升（4液量盎司）裝，稱為「babies」。

新鮮的

- ◆ 橘子汁

- ◆ 葡萄柚汁

- ◆ 檸檬汁

儲存一些新鮮的果汁是必要的，可以用來調製雞尾酒或其他混合飲料。

糖漿

這些帶有甜味或水果味的糖漿可以用來作為雞尾酒、果汁或混合蘇打水等軟性飲料的調味原料。主要有：

- ◆ 石榴糖漿（石榴）

- ◆ 黑醋栗糖漿（黑醋栗）

- ◆ 檸檬糖漿

- ◆ 白糖漿

- ◆ 覆盆子

- ◆ 櫻桃糖漿

- ◆ 杏仁糖漿

糖漿也可以作為奶昔風味的調味原料。

4.5　酒單及飲料單

酒單的功能

　　酒單的功能與菜單相同，是販售時的輔助工具。業者必須詳盡考慮酒單的規劃、設計、編排、顏色及整體的外觀，以使其能符合營業場所的風格和提昇收益。

　　侍酒員必須對所有的酒類及主要特性瞭如指掌，他也必須知道什麼樣的食物需搭配什麼酒（參閱第4.10節）。

　　酒單的內容有：

- ◆ 餐前酒—氣泡酒或非氣泡酒皆可。可使用香料酒、烈葡萄酒，亦可用天然泉水或礦泉水代替。

- ◆ 雞尾酒。

- ◆ 蒸餾酒或其他含酒精飲料。

- ◆ 葡萄酒—氣泡酒及不起泡酒。

- ◆ 啤酒、果汁、礦泉水和汽水。

- ◆ 餐後酒—即利口酒，包括白蘭地、裸麥威士忌、甜葡萄酒及其它烈酒、甜開胃酒和甜酒。

- ◆ 特調咖啡和雪茄也可列在酒單裡。

　　如今也習慣將低脂或低酒精飲品列在酒單裡。

　　業者通常會將葡萄酒分區編排，首先將白葡萄酒列在一區，再將紅葡萄酒分列一區。現今的潮流是將白葡萄酒及紅葡萄酒同列一區，先列白葡萄酒，接著再列紅葡萄酒，這樣的編排較為顧客所接受。在所有不同的酒單裡，氣泡酒（即香檳）通常會列在所有酒類之前。

傳統酒單編排方式

- ◆ 香檳
- ◆ 氣泡酒
- ◆ 白波爾多酒
- ◆ 紅波爾多酒
- ◆ 白勃艮地酒
- ◆ 紅勃艮地酒
- ◆ 羅亞爾河河谷酒
- ◆ 隆河河谷酒
- ◆ 阿爾薩司酒
- ◆ 其他法國地區的酒
- ◆ 萊茵酒
- ◆ 莫塞爾酒
- ◆ 義大利酒
- ◆ 西班牙酒
- ◆ 葡萄牙酒
- ◆ 英國酒
- ◆ 其他歐洲地區的酒
- ◆ 加州酒
- ◆ 澳洲酒
- ◆ 南非酒
- ◆ 自製酒

非傳統酒單編排方式

- ◆ 紅酒
- ◆ 白酒
- ◆ 玫瑰紅酒
- ◆ 氣泡酒

與酒相關的常識：

葡萄酒

- ◆ 酒窖編號
- ◆ 酒名
- ◆ 品質，如 AOC、QMP 等
- ◆ 貨主
- ◆ 酒莊／產區
- ◆ 詳盡的說明

◆ 製造年份

◆ 瓶裝售價

其他酒品

◆ 品牌名稱

◆ 特性（如甜，烈等）

◆ 種類，如雞尾酒

合法要件

見第十章。

酒單及飲料單的類型

吧枱及調酒單

此類酒單包含最基本的標準酒類，從每天必備的餐前酒，如雪莉酒、苦艾酒、苦酒，到蒸餾酒，如調酒、啤酒，再加上無酒精飲料和幾種雞尾酒。也可以更專業一點，將所有的酒品及飲料作一個詳細的陳列。需要什麼樣的格式及內容端看營業場所的形式及想要吸引的顧客而定。

基本上來說，可以有以下幾個重點：

◆ 調酒：傳統型或流行的

◆ 裸麥威士忌

◆ 啤酒

◆ 新世界酒類

◆ 無酒精飲料

調酒單可參照附錄C。

餐廳酒單

餐廳酒單有以下幾種格式：

1 製作一詳盡的酒單，其中包含所有國家出產的酒類，並列出各地最具代表性的酒，如波爾多／勃艮第酒等，或列出精選的上等名酒。

2 稍微精緻一點，選擇一些傳統的酒類，如法國酒、德國酒、義大利酒及幾種新世界酒類。

3 僅挑選幾種著名的酒類或品牌—名酒酒單。

4 某一特定國家所出產之著名名酒。

餐後酒酒單

1 通常包括在酒單裡—偶爾會分開列出來。

2 須盡可能提供所有的甜酒酒單，亦可提供一些特殊的白蘭地或裸麥威士忌名酒。如能附上酒的年份、產地或LBV的分級更佳。

3 亦可列出一些特殊的甜酒／蒸餾酒咖啡（參閱第4.2節）。

宴會酒單

1 宴會酒單的內容須依宴會的規模大小及形式而定。

2 一般而言，選擇較為人所熟知的酒名最為合宜。

3 標價可包含一般較低價位的餐前酒到一些高價位的名酒，如此才能夠符合不同顧客的需求。

4 有些時候，宴會酒單跟餐廳酒單是一樣的。

第九章有詳盡介紹。

客房服務酒單

1 此類型的酒單類似於小型的吧枱酒單。

2 所提供的酒類較少。

3 不同的機構裡，酒單的價格亦有所不同。

4 須應付顧客較特殊的需求，如香檳等。

酒精濃度

三種不同的酒精濃度計測方法

主要的酒精濃度計測方法如下所列：

◆ OIML 制（歐洲）：範圍從0%到100%

◆ Sikes Scale（英國舊制）：範圍從0°到175°，「標準強度」
（Proof）為100°，70°等同於OIML制的40°

◆ 美國制（美國）：範圍從0°到200°，與蘇克制很類似，但
範圍最高至200°

OIML制

最早稱為蓋魯薩克制。OIML（the Organisation Internationale
Métrologie Légale）制測的是一定量的酒在20℃的溫度下的酒精
濃度的含量，目前是世界上最為通用的酒精濃度計測方法。

這種定量的測量方法是測定定量的酒純度為何，換言之，一
瓶純度為40%的酒，其中就有40%的純酒精成分。目前市面上販
賣的酒類，通常在標籤上都會標示有酒精濃度的含量。

各種酒類的實際酒精含量：

低於0.05%	不含酒精的
低於0.5%	未發酵的
達1.2%	低酒精的
3-6%	啤酒、水果酒及……
8-15%	葡萄酒，通常為 10-13%
14-22%	加度葡萄酒（利口酒），如雪莉酒或甜葡萄

	酒：加香料的酒，如苦艾酒；甜酒，如麝香葡萄酒，以及日本清酒
37.5-45%	蒸餾酒，通常在40%
17-55%	利口酒，範圍很廣

4.6 雞尾酒（又稱調酒）

源起

關於雞尾酒真正的起源有很多種說法，據說英國、墨西哥、美國及法國皆為雞尾酒的起源地，但沒有人知道哪一種說法才是真的。然而，雞尾酒真正開始盛行及普及卻是從美國開始的。當時，雞尾酒是人們運動時飲用的混合提神飲料，也是酒吧裡所販賣的飲品。雞尾酒會普及至全球起因於美國1920年時期的禁酒令，人們的飲酒習慣因此而改變，雞尾酒一詞如今成為所有混合性飲料的代稱。通常雞尾酒的份量不會太多，大約3 1/2-4盎司—如果份量再多一點則稱為「調酒」或「長飲」。

雞尾酒的種類

著名的雞尾酒種類有：

綜合飲料：使用攪拌器

香檳雞尾酒：如「Bucks Fizz」，會另外添加橘子汁

酒味冷飲（Cobblers）：以葡萄酒或列酒為底的飲料，可以用水果作裝飾並附上吸管供顧客飲用

柯林斯（Collins）：消暑冰飲，以列酒為基酒，加大量的冰塊

清涼飲料（Coolers）：與Collins類似，會用雕刻成螺旋狀的水
　　果皮作裝飾；以葡萄酒或烈酒作基酒

Crustas：可以用任何的烈酒作基酒，最常用白蘭地；酒杯的邊
　　緣灑上糖粉；杯裡放入碎冰

Cups：消暑勝品，以葡萄酒爲底的飲品

Daisies：以烈酒爲底，通常用大啤酒杯或葡萄酒杯裝盛，加入
　　大量碎冰

蛋酒（Egg Noggs）：傳統的聖誕節飲料；以萊姆酒或白蘭地
　　加上牛奶爲底；用平底玻璃杯裝盛

Fixes：小杯飲料，在碎冰中倒入任何一種烈酒，用水果作裝
　　飾，附上吸管

充氣飲料（Fizzes）：與Collins類似，用雪克杯調製，在飲料
　　上方加入蘇打，需即刻飲用

Flips：與Egg Noggs類似，加入蛋黃不加牛奶。以烈酒、葡萄酒
　　或雪莉酒爲底

凍飲（Frappés）：有大量碎冰

高球（Highball）：「美式」，能快速準備的簡單飲料；烈酒加
　　上調酒用飲料

冰鎮薄荷酒（Juleps）：「美式」，薄荷加上爲底的波爾多紅葡
　　萄酒、馬德拉白葡萄酒或波本威士忌

提神飲料（Pick-Me-Ups）：提神飲料

調合酒（Pousse-Café）：特殊比重處理；分層的

狙擊手（Smashes）：小型的Juleps

酸酒（Sours）：加入新鮮果汁來提升飲品的風味

碎冰雞尾酒（Swizzles）：需附上攪拌棒；碎冰會使玻璃杯外
　　覆上一層霜

香甜熱酒（Toddies）：冷熱皆宜的提神飲料；加入檸檬、肉桂、豆蔻

雞尾酒的製作

調製雞尾酒有兩種方法：搖動或攪拌。此種飲品皆包含兩種或兩種以上的材料，而調酒的藝術在於如何經由搖動或攪拌的動作，充分混合不同的素材，使之渾然一體，不會有單一的味道特別突出。

以一般的經驗來說，如果飲料的素材含有果汁，則需要搖動；如果飲料單以酒為基底，則以攪拌的方式為佳。

調製雞尾酒需要哪些器具則視使用何種方法而定：

搖動

雞尾酒搖杯或波士頓搖杯及過濾器

攪拌器（便於混合）

攪拌

調酒杯

調酒匙和攪拌棒

過濾器

注意事項

◆ 使用的冰塊須光亮乾淨

◆ 調製時，倒入雞尾酒搖杯的液體不可過量

◆ 會起泡的飲料不可搖動

◆ 為防止溢出，避免將飲料倒滿至杯緣

◆ 如需使用蛋白或蛋黃，先將兩者分盛在不同的容器裡

◆ 裝盛時使用冰過的玻璃杯

◆ 搖動時力道要簡而有勁

◆ 一律先將冰塊放入搖杯或調酒杯內，再倒入無酒精飲料，
　然後才是含酒精飲料

◆ 攪拌動作要輕快，直到飲料已充分混合

◆ 調酒杯通常是用來調製單以烈酒或葡萄酒為底的雞尾酒

◆ 雞尾酒搖杯適用於混有果汁、奶精、糖等調配素材的雞尾
　酒

◆ 如使用蛋白或蛋黃為素材時，須使用波士頓搖杯

◆ 在調製完雞尾酒後，一定要裝飾裝盛的酒杯

◆ 各式素材的份量要取好，以免破壞飲料的口感和風味的平
　衡

◆ 冰塊不可重複使用

附件C列有詳盡的雞尾酒單。

4.7　苦酒

苦酒可以作為餐前酒，也可作為調酒或雞尾酒的基酒，最為
人所熟知的有：

皮康苦酒（Amer Picon）：

一種顏色很深口感很苦的法國餐前酒，通常會添加少許石榴
汁或黑醋栗汁以增添風味，使之容易入口。傳統喝法會調以2：
1的水。

安古斯圖拉苦酒（Angostura bitters）：

取自波利維亞的城鎮名，但現在當地已不產此酒，而是在委
內瑞拉的千里達島。安古斯圖拉苦酒呈紅棕色，主要是用來當作

增添風味的調配劑，可以調配粉紅色杜松子酒或是特殊的雞尾酒。

Byrrh：

（與beer同音。）這是法國靠近西班牙邊界地區所產的一種苦酒，其中的基本元素為紅酒，有奎寧及藥草的味道，並用白蘭地加強風味。

Campari：

粉紅色，味苦甜的義大利餐前酒，含有一點點橘子皮和奎寧的味道。可用容量18.93毫升（6 2/3液量盎司）的巴黎高腳杯來裝盛。加入一些冰塊，再用一小片檸檬作裝飾。依照客人的需要，可以再倒入蘇打水或冰水。

Fernet Branca：

義大利式的Amer Picon。用蘇打水或水稀釋風味最佳，治療宿醉很有效。

Underberg：

德國的一種苦酒，看起來及嚐起來皆像碘酒，加上一點蘇打可以當作提神飲料。

其他類苦酒：

橘子苦酒和桃子苦酒常用來當作調配雞尾酒的原料，其他著名的苦酒還有Amora Montenegro, Radis, Unicum, Abbots, Peychaud, Boonekamp及Welling，這些苦酒多是用來「醒酒」的。苦酒加上黑醋栗糖漿或石榴糖漿調配出來的飲品更可口。

4.8　葡萄酒

前言

　　葡萄酒是新鮮的葡萄汁液經發酵得來的含酒精飲品。發酵的過程在原產地進行，並依當地的傳統和作法而有所不同。

世界上只有少數幾個「葡萄酒產區」，因爲適合製作葡萄酒的葡萄品種只有在兩種氣候下才能栽培出來：

◆ 需要充足的陽光才能使葡萄成熟

◆ 冬天氣候須溫和，但亦須適度的低溫使葡萄樹能得到充分的休息，以補充產季所需要的養分

　　適合葡萄酒產區的天氣型態主要分布在兩個區域，即北緯50°到南緯30°之間的區域。

　　全世界3/4的葡萄酒產自歐洲，且主要是在歐洲南部，其中法國及義大利爲兩大葡萄酒產區，而義大利又爲世界最大的產銷國，接著是前蘇聯、阿根廷、西班牙、美國和德國。

影響葡萄酒品質的因素

1. 氣候及天氣

2. 土壤及土質

3. 葡萄樹的品種

4. 栽培葡萄樹的方法

5. 葡萄的化學成分

6. 酵母及發酵作用

7. 葡萄酒的釀造法

8. 當年的運氣

9. 熟化及陳釀的過程

10. 裝貨及運輸的方式

11. 儲存的溫度

害蟲和疾病

葡萄樹會遭遇各種的害蟲和疾病的侵害，如鳥類、昆蟲、黴菌、病毒、和雜草等。舉例來說有：

葡萄蟲

一種寄生蟲，肉眼幾乎不可見，會侵蝕葡萄樹的根部。它會在歐洲出現是在十八世紀中，從美國運輸葡萄樹至歐洲國家時意外傳進去的，其原產地在北美西部各州。此種害蟲至今仍肆虐歐洲各地的葡萄樹，解決方法是將歐洲的葡萄藤種移植在較耐害蟲的美國葡萄樹枝幹上，此法目前已成為全球栽培葡萄樹的標準程序了。

灰腐化

在溫暖潮濕的氣候下，某種黴菌會侵襲葡萄樹的葉片和果實，特徵就是會出現灰白色的霉狀物。受到灰腐化的葡萄所製作出來的葡萄酒會產生一種不好聞的味道。

貴腐化

同樣的黴菌，但其所造成的結果卻是有益的，亦會在天氣變得潮濕又炎熱時出現。此類黴菌會刺穿果皮，造成果實內的水分蒸發流失，卻因此使得果實內所含的糖分更為濃縮聚含。用這些經貴腐化的葡萄所製作出來的葡萄酒會特別的甜美，屬此類葡萄酒的有蘇特恩白葡萄甜酒、德國 Trockenbeerenauslese 和匈牙利托凱葡萄酒。

葡萄酒釀造法

　　釀造葡萄酒的最主要過程就是發酵—糖分轉換成酒精的過程。所有的酒類都是經由這樣的過程所製作而來的—不單是不起泡、起泡和加度葡萄酒而言，也包含蒸餾酒、利口酒和啤酒（雖然其中一些酒類的成型，還須經過更進一步的製作過程）。

葡萄

　　葡萄果實可分成幾個組成要素：

◆ 果皮—單寧和色素

◆ 梗—單寧

◆ 種子—苦油

◆ 果肉—糖分、果酸、水分和果膠

　　葡萄酒的顏色來自果皮的顏色，會在發酵的過程中壓榨出來。紅葡萄酒只能用紅葡萄製作，但是白葡萄酒卻能用白葡萄或紅葡萄來製作，但若使用紅葡萄來製作白葡萄酒，須在發酵之前先將果皮去掉。

　　白色霜狀的酵母會附著在葡萄的果皮上。

葡萄樹種

　　能生長出適合製作葡萄酒果實的葡萄樹稱為 Vitis vinifera，是世界上主要栽培來製作葡萄酒的葡萄樹種起源。現今歐洲生產葡萄酒時，為了配合不同地區的土壤和氣候而栽種的其他葡萄樹變種，皆是由它配種而來的。

　　同樣起源的各種變種葡萄樹，如果因地區或栽種方式的不同，會製作出不同特性的葡萄酒。舉例如下：

黑

Carbernet Sauvignon 產於波爾多、羅亞爾河流域、加州、澳洲、

智利、保加利亞及西班牙

Pinot Noir 產於北勃艮地、香檳區、加州、南美及德國

Gamay 產於薄酒來葡萄酒產區

Sangoivese 產於義大利的基安帝

Grenache 產於隆河河谷、加州和西班牙

　　注意：同樣的樹種但在不同的區域所製作的葡萄酒常會有不同的名稱，如隆河河谷的 Grenache 即西班牙的 Garnacha。

白

Semillon 可製作甘醇的蘇特恩白葡萄甜酒

Sauvignon Blanc 產於隆河上方的波利和波爾多、智利、加州及澳洲

Chardonnay 可製作香檳及上好的勃艮地白酒、加州酒、紐西蘭酒及澳洲酒

Riesling 及 Sylvaner 德國及阿爾薩司

Palomino 用來製作雪利酒

酒的缺陷

　　酒的缺陷通常是在裝瓶時產生的，現今在技術的改進、嚴密的裝瓶和儲存的控管之下，產生缺陷的情況已經很少了。以下為造成缺陷的幾種常見原因：

有軟木塞味的酒

　　軟木塞因受到細菌活動的影響，或因放置的日期過久而產生的氣味滲入酒中，使得葡萄酒嚐起來及聞起來有腐臭味。這與軟木塞的殘渣落入酒中不同，後者是無害的。

馬德拉化或氧化作用

　　儲存不當所造成的──過度接觸空氣，使軟木塞因此而乾掉。

酒的顏色會變褐色或更深的顏色，嚐起來有點像馬德拉葡萄酒，所以稱為馬德拉化，酒的原味道會被破壞掉。

醋化作用

酒過度暴露在空氣中所造成，醋分子會在酒的表面形成薄膜，產生的醋酸使酒嚐起來變酸，類似酒醋。

結晶作用

酸性酒石酸鉀鹽的結晶化，有時在白酒裡會看到像這樣的結晶體。此結晶不會影響酒的風味，但是有些顧客會因為它破壞了酒的外觀而深受其擾。如果酒在裝瓶前有先作穩定處理，就不會有這樣的情況產生。

二氧化硫過量

人們會在酒中加入二氧化硫來防止酒的腐壞並保持酒的鮮度。一經開瓶，二氧化硫的味道就會消失，過了幾分鐘之後，即可飲用。

二度發酵

此情形會發生在裝瓶後的酒中留有糖分和酵母時，它會使得酒嚐起來不順口，有刺痛感。有些特殊的酒的確會有此類特性，但不可與之混淆。

外來的污染物

例如因不當的裝瓶過程而有玻璃碎片或粉末留在瓶中的情形，或是使用回收的空瓶內殘留著先前的消毒劑。

硫化氫

酒嚐起來及聞起來像爛雞蛋。可以丟掉！

沉澱物、黏膜、酒垢或殘渣

這是酒在酒桶或瓶中熟化時所產生的有機物質，可以經由去渣或過濾來移除，如已裝瓶，只需輕輕將酒倒出，即可將沉澱物

留在瓶內。

渾濁

酒中的懸浮物體,掩蓋了酒的顏色,造成此現象的原因可能是在儲存的過程中溫度過高或過低所致。

葡萄酒的分類法

不起泡酒

不起泡酒是其中最普遍的類型,酒精濃度在9%到15%之間。此類酒有:

◆ 紅葡萄酒:連同葡萄果皮一起發酵,呈現紅色,通常為無甜味的酒。

◆ 白葡萄酒:多使用白葡萄來釀製,但發酵時會(須)先將果皮去掉。無甜味酒或甜酒。

◆ 玫瑰紅酒:有三種作法──將葡萄連果皮一起發酵48小時;將紅葡萄酒和白葡萄酒混合;或經由壓榨的動作榨取果皮的顏色。可能是無甜味酒或半甜酒。在美國,此類全由紅葡萄所製作的酒稱為鮮玫瑰紅葡萄酒。

起泡酒

◆ 最著名的起泡酒即是香檳,依法國東北方獨特的香檳法(the méthode champenoise,在瓶中二度發酵)製成。

◆ 在法國東北以外的地區所產會冒泡的酒稱為氣泡酒或起泡酒(vins mousseux),製作的方法有香檳法(現稱為傳統香檳法,the méthode traditionelle)、查瑪法(the Charmat method,在酒槽中發酵,亦可稱為酒窖法,the méthode cuve close)、轉移法或碳酸法。

圖4.5　各種製造起泡酒方法之不同處

製造法	發酵和熟化	去除殘渣
傳統香檳法	在瓶內	利用搖動及流溢的過程
查瑪法或酒窖法	在酒槽內	藉由過濾的過程
轉移法	在瓶內	利用壓力轉移到桶子裡再過濾
碳酸法	也可稱為「灌注法」，即將二氧化碳注入裝有冰過的非起泡酒的酒缸裡，再利用壓力將酒液分裝入瓶內，是最省錢的作法。	

◆ 法國、西班牙、義大利以及很多其他國家皆有產起泡酒。

◆ 口味可以有不同程度從非常苦澀（brut），中澀（sec），中甜（demi-sec）到甜（doux）。

◆ 半起泡酒可稱為細沫酒（pétillant）。

起泡酒的甜度
起泡酒甜度的標準形容法：

Extra brut	非常苦澀	最多6克
Brut	非常苦澀	少於15克
Extra-sec	苦澀	12-20克
Sec	微甜	17-35克
Demi-sec	稍甜	35-50克

其他有關起泡酒的專有名詞

法國

氣泡酒（Vin mousseux）：香檳酒以外的起泡酒

傳統香檳法（Méthode traditionelle）：利用傳統方式製作起泡酒

細沫酒（Pétillant／Perlant）：半起泡酒

微汽酒（Cremant）：比汽酒氣泡更少

德國

Spritzig：輕微起泡

Flaschengarung nach dem traditionellen Verfahren：用傳統法
製造氣泡

Sekt：起泡（亦可指起泡酒）

Schaumwein：比Sekt氣泡少些

Perlwein：輕微起泡

義大利

Spumante：起泡

Frizzante：半起泡

葡萄牙

Espumante：起泡

Vinho verde：意指「綠酒」，輕微起泡

西班牙

Espumosos：起泡

Metodo tradicional：起泡，傳統法製造

Cava：起泡，傳統法製造

有機酒

　　此類酒也稱作「綠酒」或「環保酒」，在栽種葡萄時不使用
人工殺蟲劑、藥或肥料，故名之。非常純淨，不添加其他化學物
質，譬如傳統用來防腐的二氧化硫。

無酒精、去酒精及低酒精葡萄酒

無酒精：最多含0.05%的酒精

去酒精：最多含0.5%的酒精

低酒精：最多含1.25%的酒精

　　此類酒的前置過程與一般無異，接下來的作業程序主要有兩種，一種方法是省去蒸餾的過程以去除酒精，但如此一來，酒大部分的風味亦會喪失，爲其缺點。另一種較爲適當的方法是經由冷凝過濾的過程，即大家熟知的逆滲透法。此種方法是利用機器將酒精分離出來，或經由醋酸纖維素或醋酸鹽所製成的薄膜，將酒精分子過濾出來，接著必須加入水和少量葡萄液，以保留酒原來的風味。

甜酒

　　在葡萄酒發酵過程中加入適量酒精以抑制酒的發酵，如此一來即能保有酒自然的甜味。在酒的濃度達到5%至8%的程度時，即須加入酒精。最後完成時的酒精濃度約爲17%。

加度酒

　　加度酒如雪莉酒、波特酒和馬德拉酒皆添加了烈酒酒精以強化酒的濃度。

　　在歐盟分類裡，即爲大家熟知的利口酒或甜露酒（vins de liqueur）。此類酒的酒精濃度約在15%到22%之間。

◆ 雪莉酒（產自西班牙）　15%-18%—fino（苦澀）、amontillado（中甜）、oloroso（甜）

◆ 波特酒（產自葡萄牙）　18%-22%—鮮紅色、茶褐色，上等葡萄酒，新裝瓶，年份高

◆ 馬德拉酒（產自葡萄牙的馬德拉島）　18%—Sercial

（苦澀）、**Verdelho**（中甜）、**Bual**（甜）、**Malmsey**（極甜）

◆ **馬薩拉酒** 18%──產自西西里島上的馬薩拉，為黑色甜酒

另外還有一種麝香葡萄酒，由麝香葡萄製成。此種葡萄非常甜美，帶有濃郁的麝香味，其中以隆河河岸的馬斯卡特村所製造的馬斯卡特葡萄酒最為著名。此類葡萄酒亦是在尚未完全發酵之前添加一些酒精，如此能保存它天然的甜味，飲用起來感覺很活潑有力。

芳香酒

加強風味的酒。

苦艾酒（Vermouth）

苦艾酒的四種主要類型：

烈苦艾酒：常被稱為法國苦艾酒或簡稱為法國酒。由烈白葡萄酒強化風味而成。

甜苦艾酒：取用烈白葡萄酒，強化其風味，加入糖或摻酒精的未發酵葡萄汁來加強甜味。

玫瑰苦艾酒：製作方式與甜苦艾酒相似，但它沒有這麼甜，顏色為焦糖的淡褐色。

紅苦艾酒：常被稱為義大利苦艾酒或義大利酒。取用白葡萄酒，加入焦糖，強化其風味及甜味。

著名的品牌

Cinzano red		Martini	
Cinzano bianco		Cinzano	
Martini bianco		Chambery	不甜
Martini rose	甜	Noilly Prat	
Martini rosso			
Noilly Prat red			

野莓葡萄酒（Chamberyzette）

法國東南部薩瓦阿爾卑斯山區所產的葡萄酒，添加了天然草莓汁的風味。

Punt-e-mes

產自杜林的卡帕諾；具有強烈的奎寧風味，兼具苦味和甜味。

杜博尼酒（Dubonnent）

有白（blonde）和紅（rouge）兩種，具有奎寧和藥草的風味。

聖拉斐爾（St Raphael）

紅酒或白酒，產自法國，具有奎寧和藥草的風味，既苦也甜。

Lillet

非常受歡迎的法國餐前酒，由波爾多白酒添加藥草的芳香，再加入阿瑪涅克所產白蘭地酒強化酒精濃度。儲存在橡木酒桶裡熟化。

Pineau de Charente

Pinear de Charente嚴格來說並不算是芳香酒或加度酒，但卻是餐前酒或餐後酒的另一絕佳選擇，有白酒、玫瑰紅酒及紅酒。由干邑地區的葡萄所釀造而成，加入初熟的干邑酒來強化濃度至17%左右。

閱讀酒的標籤

酒瓶上的標籤可以提供很多有關此瓶酒的有用資訊，標籤上的文字通常就是酒的產地的語言，標籤的內容包括：

◆ 酒的產地國

◆ 酒精濃度（％）

◆ 內容量（公升、毫升）

◆ 酒的名稱、產地地址或商標

　另外還包括：

◆ 葡萄的產收季節，即釀造年份

◆ 釀造酒的地區

◆ 酒的品質

◆ 裝瓶商的詳細介紹

　　歐洲共同體對於酒瓶上標籤的內容有非常嚴格的規定，這些亦適用於歐盟的規定。

　　1988年起歐盟規定不起泡酒的標準容量為75毫升，但是一些1988年以前容量為70毫升的瓶裝酒還是會持續銷售個幾年。圖4.6為標籤的樣本，內容如下所列。

圖4.6　酒的標籤提供之資訊範例

品質管制

　　世界上大部分的酒品製造商都必須確保他們所生產出來的酒能符合嚴格的品質管制及規則，這些規則包括葡萄產區、葡萄的種類、酒的製造方法以及酒的熟化時間等。

　　歐洲共同體對特定區域所產的酒品下令制定了普遍的規則，以確保酒品的品質（QWPSR）。同樣在法國也有特定區域酒品製造品質的規章（vin de qualité produit en regions determinés，VQPRD）。符合這些規定的酒品，在法國有VDQS和AC，在德國有QbA和QmP，義大利有DOC和DOCG，西班牙有DO，葡萄牙則有regiao demarcado。

法國

Vin de table：普通的佐餐用葡萄酒，價格屬於最低廉的，並不包含在品質管制的標準當中。

Vin de pays：在正式規章當中屬最低級的，品質中等，價格亦適中。在特定區域內之特定種類的葡萄製成的，標籤上須註明產地及酒的最低濃度。

Vin delimité de qualité supérieure（VDQS）：剛好符合品質管制的優質葡萄酒。產區、葡萄種類、最低酒精濃度、栽培法及釀造法皆須詳列出來。

Appellation d'origine contrôlée（AC or AOC）：來自獲得認證區域的優質葡萄酒。須詳列出葡萄的種類和部位、截枝和栽培法、每公頃的最大生產量、釀造法和最低酒精濃度。

德國

Tafelwein：來自德國及其他歐洲共同體中各種酒類所混合出來的餐前酒，Tafelwein的意思為須訂出日期的。

Deutscher Tafelwein：來自四個被指定為餐前酒產區（萊茵、莫色耳、緬茵、內喀爾及歐佛瑞恩）所產之較廉價的酒。通常為混合酒。須註明最低酒精濃度。

Landwein：來自17個指定為產優質酒產區的其中之一個產區。可以是無甜味的（trocken）或半甜的（halb-trocken）。須註明酒精的最低濃度。

Qualitatswein bestimmter Anbaugebiete（QbA）：中價位的優質良酒（包括Liefraumilch），來自13個指定區域（Anbaugetieten）中任一地區。必須標示出Amtliche Prufungsnummer（管制編號）。

Qualitatswein mit pradikat（Qmp）：具有特殊風味和特性的優質良酒，此酒不會另外添加糖分。Pradikat是指葡萄收穫時的熟化程度—通常葡萄越成熟，酒的味道就會越豐富。以下為六種不同成熟度的分類：

◆ Kabinett：使用正常收穫時節所採收的葡萄，通常是在10月，正好是葡萄的成熟度最適當的時期

◆ Spätlese：使用較晚收穫的葡萄

◆ Auslese：使用挑選過之不同枝節上的成熟葡萄

◆ Beerenuslese：使用受到貴腐化的特定枝節上的成熟葡萄

◆ Eiswein：使用特別留在葡萄樹上等著凍冷過後摘取並壓榨的成熟葡萄

◆ Trockenbeeranauslese：個別摘取受到嚴重貴腐化的葡萄

義大利

Vino da tavola：普通的餐前酒，不須特別註明。

Vino tipico／Vino da tavola con indicazione geografica：來自特定區域的葡萄酒。

Denominazionede origine contrallata（DOC）：來自經認證地區的優質葡萄酒，須詳列出葡萄的種類、栽種方式、釀造方法和最大的生產量。

Denominazione di origine controllata e garantia（DOCG）：來自經認證地區，保證優質的葡萄酒。須註明葡萄的種類及部位、最大的生產量、釀造方法、截枝和栽培的方式及最低酒精濃度。

西班牙

Vine de meas：普通的餐前酒。

Denominaction de origen（DO）：來自特定區域的優質葡萄酒。

Reserva：在橡木桶中熟化至少一年的時間，且封在瓶中至少兩年的紅酒；熟化至少兩年時間的白酒和玫瑰紅酒，其中包括在橡木桶中至少六個月的熟化時間。

Gran reserva：在橡木桶中熟化至少兩年的時間，且封在瓶中至少三年的陳年紅酒；熟化至少四年時間的白酒和玫瑰紅酒，其中包括在橡木桶中至少六個月的熟化期。

葡萄牙

Vinho de meas：普通的餐前酒，沒有特定區域之分，通常是各個區域的酒混合調配而成。

Vinho De meas regional：來自特定區域的餐前酒。

Vinho regional：來自特定地區的優質葡萄酒。

Regiao demarcado：來自特定區域的優質葡萄酒。

Selo de garantia：品質保證的優質葡萄酒。

___

裝瓶國家

底下的標示表示酒是在何地裝瓶的：

Mise en bouteille ar domaine 或 Mise du domaine（法國）

Erzeugerabfullung 或 Aus eigenem Lesegut 德國）

Imbottligliato all'origine 或 Imbottigliato al'origine nelle cantine della fatoria dei - 在（義大利）的酒窖裡裝瓶的

Embottelado 或 Engarrafado de origen（西班牙）

Engarrafado na origem（葡萄牙）

___

其他在法國所使用有關葡萄酒的名詞

Mise en bouteille au château：表示酒是在標籤上所印製的酒莊裡裝瓶的，通常來自波爾多的酒都有這樣的標示。

Mise en bouteille dans nos caves：表示酒是在標籤上所印製的人名（négociant，批發商）所有的酒窖裡裝瓶。

Mise en bouteille par：表示酒是由這幾個字之後出現的公司名或人名所裝瓶。

4.9　品酒

　　餐廳內的侍酒員不但要熟悉酒單上所有酒的種類，更要對不同酒品的特性瞭若指掌。要達到這樣的水準，他必須懂得如何品酒。

　　所謂的品酒，即是將嚐過酒的感覺作分析，由人們品嚐酒的鑑賞力來評判酒的優劣。

- ◆ **外觀**：指的是酒的顏色和清澈透明度
- ◆ **氣味**：將酒杯中的酒搖晃一下，讓酒的氣味散發出來，聞其酒香
- ◆ **味道**：細細品味酒在嘴中的風味

　　你可以用嘴中的不同部位來品酒，尤其需好好利用舌頭的味覺：舌尖對甜味較為敏感，舌頭上緣則對酸味較為敏感，舌頭兩側對鹹味敏感，而舌根對苦味敏感。酒一入口，馬上可以明顯感覺到酒的濃淡及甜味，而酒的酸味能展現酒的朝氣及鮮活度，有些紅葡萄酒中所含的單寧會在牙齒及牙齦之間留下一層膜。

　　氣味及味道相結合即能展現酒的風味。酒可能會因為所含的單寧多寡而有不同的風味，酒的濃度及甜度也能決定這瓶酒是爽口或醇厚。

　　想要完全品嚐酒的風味，必須在適當的環境之下工作：

- ◆ 避免噪音影響品酒員的專注力
- ◆ 通風良好的環境能去除不好的氣味
- ◆ 充足的燈光，最好是自然的光線
- ◆ 室內溫度以 20°C（68°F）最為合適

　　品酒的程序包含觀看、嗅聞及品嚐（參閱圖4.8）。

品酒需選擇適當形狀及容量的品酒杯（見圖4.7）。品酒杯的杯腹需深廣，但杯緣部分需狹窄，這樣的構造讓酒能在杯中完全散發氣味及味道，酒的風味會集中於杯內讓品酒者容易品嚐。倒酒時不要超過品酒杯容量的1/3，如此能方便品酒者搖晃杯中的酒液。當然，品酒杯必須非常潔淨無暇。

圖4.7　品酒杯

圖4.8　品酒的結果

方式	特徵		內容
觀看	清澈度		明亮／清澄／晦暗／模糊
	顏色	紅色	紫／鮮紅／紅／紅褐／赤褐／琥珀色
		玫瑰紅色	粉橘／半透明／粉紅／玫瑰紅／粉藍
		白色	淡黃／淡綠／稻麥色／黃／金色／黃褐色／馬德拉酒色
嗅聞	酒香	深度	濃郁／強烈／清淡／難察覺
		性質	純淨／混濁／酸／水果味的／芳香／香甜／腐臭／木頭味的／烘過的
品嚐	甜度		極澀／澀／適中／甜／極甜
	醇度		醇厚／適中／爽口
	風味		酸／苦／辣／果味
	單寧		濃稠／絲柔／嫩滑
	酸		酸／清新／開胃的／厭膩的
總結			苦澀／單調／濃烈／劣質／難入口／有活力的／濃醇／勻稱／精緻／豐富／充裕的／甜美／乏味的

品酒指南

品酒指南是由葡萄酒促進協會（Wine Promotion Board）所制訂出來的，目前為酒品產業普遍使用的標準。它提供了一個迅速且簡便的方法來辨認酒的甜度，如夏布利這類較澀的葡萄酒在裡面的分級為第一級，馬斯卡特葡萄酒則為甜度最高的第九級，其中也列有各種不同甜度等級葡萄酒的詳細介紹。

圖4.9　紅酒及白酒品嚐指南（Griersons Wine Merchants）

The Red Wine Guide

The five categories marked A to E identify styles of red wines in terms of light styles to big, full-bodied heavy wines.

Bardolino
Beaujolais
Valdepeñas

Côtes du Roussillon
Merlot
Navarra
Pinot Noir from all countries
Red Burgundy
Valencia
Valpolicella

Bordeaux Rouge/Claret
Côtes du Rhône
Rioja

Cabernet Sauvignon from Australia
Bulgaria, California, Chile, New Zealand,
Romania and South Africa
Châteauneuf du Pape
Chianti
Dão
Hungarian Red

Barolo
Crozes Hermitage
Cyprus Red
Greek Red
Shiraz from Australia and South Africa

Dry to Sweet White Wine Guide

Number 1 signifies very dry white wines. Number 9 indicates maximum sweetness. The numbers in between span the remaining dryness-to-sweetness spectrum.

Muscadet
Champagne
Chablis
Dry White
Bordeaux
Manzanilla Sherry
Tavel Rosé

Soave
White Burgundy
Fino Sherry
Sercial Madeira
Rioja
Penedes

Brut Sparkling Wine
Gewürztraminer d'Alsace
Dry Amontillado Sherry
Medium Dry Montilla
Dry White Vermouth
Anjou Rosé
Medium Dry English

Vinho Verde
Mosel Kabinett
Rhein Kabinett
Laski and
Hungarian Olasz
Riesling,
Medium Dry
Portuguese Rosé

Vouvray
Demi-Sec
Liebfraumilch
Medium
British Sherry
Verdelho
Madeira

Demi-Sec
Champagne
Spanish
Medium
Sherry
All Golden
Sherry types

Asti Spumante
Rhein Auslesen
Premières Côtes
de Bordeaux
Tokay Aszu
Pale Cream
Sherry
Montilla Cream
Bual Madeira
Rosso, Rosé and
Bianco
Vermouths

Austrian
Beerenauslesen
Spanish Sweet
Wine
Sauternes
Barsac
Cream and
Rich Cream
Sherry types

Malmsey
Maderia
Muscat de
Beaumes
de Venise
Marsala

紅酒品嚐指南也有相同的功能，但是其評比的項目為酒的醇度，其中最濃醇的紅酒評等為E級，最清淡的為A級。

4.10 酒與餐點的搭配

以下幾點注意事項是當餐廳服務人員向顧客介紹如何搭配餐點及飲品時可以遵循的依據，但在任何情況之下，顧客都有絕對的權力選擇自己所需的飲品。

1. 餐前酒即用餐前所飲用的酒。餐前酒應選用較具「果香」風味的酒類（葡萄酒），而不選「穀類」風味（烈酒）的餐前酒，穀類風味的酒會破壞餐點的味道。

   餐前酒的作用在激起食慾，所以甜度也不可太高。不甜或微甜的雪利酒、不甜的苦艾酒及賽雪酒或馬德拉酒等，是最適合作為餐前酒的酒類。

2. 開胃菜最好搭配白酒或玫瑰紅酒。

3. 各國風味的菜餚最好搭配該國的酒品，如義大利麵可佐以義大利紅酒。

4. 魚類和貝類菜餚最適合搭配冰過的無甜味白酒。

5. 牛肉或羊肉等紅肉餐點搭配紅酒會非常協調。

6. 小牛肉或豬肉等白肉較適合佐以甜度適中的白酒。

7. 野禽等口味較重的餐點需要佐以風味較濃醇厚重的紅酒，才能與之互補。

8. 餐後通常會送上甜點，此時產自隆河河谷、蘇特恩、巴薩克或匈牙利的冰甜白酒是最好的選擇。甜白酒與摻有水果的餐點搭配最為協調。

9. 乳酪加上波特甜葡萄酒或濃醇的紅酒是最好的搭配。斯提耳頓

乾酪佐以波特葡萄酒是傳統上最協調的搭配方式。

10. 白蘭地和甜酒搭配咖啡皆很適宜。

以下有一些概略的指標可以作為餐點搭配酒品的參考：

◆ 香檳或氣泡酒與任何食物都很搭調

◆ 紅肉配紅酒，白肉配白酒

◆ 如果不確定該搭配什麼酒，玫瑰紅酒是最穩當的選擇

◆ 先品嚐白酒再品嚐紅酒

◆ 先品嚐甜度較低的酒，再品嚐甜度較高的酒

◆ 先品嚐次級的酒，再品嚐高級的酒

◆ 餐前酒最好選擇果類釀製而非穀類釀製的

◆ 需確保酒被保存在適當的溫度下

開胃小菜

◆ Fino 或 Manzanilla 雪利酒

◆ Sancerre 或 Gewürztraminer

湯類

◆ 不必特別搭配酒品，但可嘗試雪利酒、波特酒或馬德拉酒

◆ 清燉肉湯、甲魚湯和龍蝦，或海鮮濃湯，可以配上一杯溫熱過的雪利酒或馬德拉酒

鵝肝

◆ 薄酒來葡萄酒或其他清新爽口的紅酒

◆ 有些人喜歡搭配甜度較高的酒，如蘇特恩白葡萄甜酒

煎蛋捲和酥皮餡餅

◆ 理論上不需搭配酒品

◆ 如果真的需要，亞爾薩斯的里斯令葡萄酒或席爾非納葡萄
酒最為合宜

澱粉類菜餚

◆ 義大利紅酒如 Valpolicella、Chianti、Barolo、Santa
Maddalena、Lago di Caldaro

魚類

◆ 蠔肉和貝類：無甜味的白酒、香檳、夏布利酒、馬斯卡特
酒、索阿衛酒或法拉斯卡地酒

◆ 燻製的魚類：Rioja 白酒、德國產白葡萄酒、格拉弗白
酒、Verdicchio

◆ 加入醬料調製的魚類：此類菜餚需要搭配口感豐富的白
酒，如 Vouvray、Montrachet 或南斯拉夫里斯令酒

◆ 微炸、川燙或烘焙魚類：Vinho Verdo、莫色耳葡萄酒、
加州夏多那葡萄酒、澳洲賽米朗或夏多那酒

白肉

此類菜餚（雞肉、火雞肉、兔肉、小牛肉或豬肉）需視其為
冷食或熱食，以決定搭配什麼酒品。

◆ 加入醬料或鹹餡料為主的熱食：選擇玫瑰紅酒，譬如安
如玫瑰紅酒，或清淡的紅酒，譬如薄酒來酒、紐西蘭 Pinot
Noir、加州馨芳葡萄酒、聖朱利安酒、Bourg and Blaye、

Passe-tout-grains 和 Corbières。

◆ 冷食：口感豐富的白酒，如德國產白葡萄酒、Gran Viña Sol、Sancerre，及普羅旺斯和塔非爾的玫瑰紅酒。

其他肉類

◆ 鴨和鵝：能抑制脂肪的紅酒，如 Châteauneuf-du-Pape、隱廬葡萄酒、巴羅洛酒，及澳洲 Cabernet Shiraz 紅葡萄酒

◆ 烘焙羊肉：Medoc 紅葡萄酒、Saint Emilion、Pomerol，及任一種 Cabernet Sauvignons 紅葡萄酒

◆ 烘焙牛肉或牛排：味道濃厚的勃艮地紅酒、Rioja、巴羅洛酒、Dão 以及其他以 Pinot Noir 種的葡萄製成的紅酒

◆ 燉煮料理：較清淡的紅酒，如馨芳葡萄酒、Côtes du Rhône、Clos du Bois、Bull's Blood

◆ 野兔、鹿肉或野禽：有特殊風味的紅酒，如 Côte Rotie、Bourgeuil、Rioja、基安帝酒、澳洲 Shiraz、加州 Cabernet、智利的 Cabernet Sauvignon 及上等勃艮地紅酒

◆ 東方食物、北京烤鴨、溫和的咖哩、嫩雞、烤羊肉串等：Gewürztraminer、Lutomer Riesling，Vinho Verde，Mateus Rosé 或安如玫瑰紅酒

乳酪

通常搭配與乳酪同產地的酒即可，但幾乎所有的酒皆可搭配乳酪飲用。

◆ 口味較淡的牛奶乳酪可搭配口感豐富的白酒、玫瑰紅酒和清淡的紅酒

◆ 口味較強烈、刺激的乳酪或藍乳酪，需搭配口感濃醇的紅

酒，如波爾多、勃艮地或上等的陳年波特酒，甚至極甜的
白酒亦可

甜點及布丁

大部分的甜點及布丁都不會搭配酒品共同食用，原因可能是
怕不同甜味在嘴裡會分散兩種食品的優點。如果需要，有幾種酒
可以試試：

◆ 香檳搭配甜點和布丁很協調
◆ 甜美的馬斯卡特酒（de Beaumes-de-Venise, de Sétubal, de
   Frontignan, Samos），Sainte-Croix-de-Mont，蘇特恩白葡萄
   甜酒，Banyuls, Monbazillac，托凱葡萄酒及其他德國單一
   種類葡萄種所製造出來的酒皆可。除此之外，在品嚐完甜
   點之後再品嚐酒品或許較能完全的享用兩者的特殊及優異
   之處

水果（新鮮水果及核果）

◆ 加味甜葡萄酒、雪利酒、波特酒、馬德拉酒、馬拉加酒、
   馬薩拉酒、Commanderia, Yalumba Galway Pipe 及 Seppelt's
   Para

咖啡

◆ 干邑或其他白蘭地酒，如阿瑪涅克白蘭地、Asbach、
   Marc（自葡萄渣搾製成的一種白蘭地酒）、Metaxa、格拉
   巴酒白蘭地、Oude Meester、Fundador、Peristiani VO31
◆ 陳年裸麥威士忌
◆ Calvados、各種利口酒和波特酒

4.11　烈酒

烈酒的製造

　　所有烈酒都是利用蒸餾法製造出來的。蒸餾法的歷史可以追
溯到400年前，當時，在中國，蒸餾的目的在於取得香水；在阿
拉伯，則是爲了製作酒精飲品。

　　蒸餾法的原理是利用沸點的不同，酒在經過加熱之後，其中
的乙醇會先在較低的溫度下（78°C）被蒸發，接著才是水
（100°C）。所以將帶有酒精成分的液體在一密閉的空間加熱之
後，先蒸發的酒精就可以先被取出，流下尚未蒸發的水分及其他
物質，經過蒸餾的過程所得出來的液體酒精濃度就會提高。製作
烈酒的主要方法有兩種，一種是利用罐式蒸餾法，此法所製作出
來的酒爲口感較豐富且風味較濃醇的酒，如白蘭地；另外一種是
專利蒸餾法（咖啡），所製作出來的酒多爲口味較清淡的酒，如
伏特加。

烈酒的主要成分

　　製作烈酒的主要成分如圖4.10所示，每一種都是以發酵液體
爲底。

烈酒的類型

阿瓜維特（Aquavit）

　　一種斯堪地那維亞所產的烈酒，由馬鈴薯或穀類蒸餾而成，
添加藥草風味，主要是香芹籽。在飲用之前先冰過，才能完全品

圖4.10　烈酒的主要成分

烈酒	主要成分
威士忌、琴酒和伏特加	大麥、玉蜀黍或黑麥（如啤酒）
白蘭地	葡萄酒
卡法多斯酒	蘋果
蘭姆酒	糖蜜
德基拉酒	龍舌蘭

嚐阿瓜維特的風味。

亞力酒（Arrack）

由棕櫚葉的汁液蒸餾而來，主要的產地有爪哇、印度、錫蘭和牙買加。

白蘭地（Brandy）

即由葡萄酒蒸餾而得的烈酒。說到白蘭地，通常大家都會聯想到干邑或阿瑪涅克，但其實所有的葡萄酒產區都能生產白蘭地。

燒酒（Eau de vie）

燒酒（品質較低劣之白蘭地酒）是由果汁發酵及蒸餾得來的。最好的燒酒大部分產自法國的阿爾薩司地區、德國、瑞士及南斯拉夫。舉例如下：

Himbergeist　野生的懸鉤子（德國）

Kirschwasser　櫻桃（德國）

Mirabelle　李子（法國）

Quetsch　李子（阿爾薩司及德國）

Poire William　西洋梨（瑞士及阿爾薩司）

Slivovitz　李子（南斯拉夫）

Fraise　草莓（法國，尤其是阿爾薩司）

Framboise　懸鉤子（法國，尤其是阿爾薩司）

Eau de vie燒酒，特別是呈白色的酒精，應該外表透明澄澈。

琴酒（Gin）

　　「Gin」這個字是取自法國的（Genièvre），意思為杜松，是用來產生琴酒風味的主要植物原料（其風味的來源）。「Geneva」一字是荷蘭稱呼杜松的詞；在美國，製造琴酒的穀類為玉蜀黍，而黑麥則是製造杜松子琴酒和荷蘭琴酒的主要穀類。

　　大麥也是製造琴酒所需穀類的另一選擇。琴酒風味的兩項主要來源為杜松子和胡荽子。

　　琴酒的種類有：

水果琴酒（Fruit gins）　　酒如其名，帶有水果風味，任何水果都可製作。最受歡迎的為黑刺李、柑橘和檸檬。

杜松子琴酒（Geneva gin）　　產自荷蘭，利用罐式蒸餾法製造，通常亦被稱為荷蘭琴酒。

倫敦無甜味琴酒（London Dry Gin）　　此為最受歡迎且最為人所熟知的琴酒種類。無甜味。

老湯姆（Old Tom）　　這是在蘇格蘭所製造的甜琴酒，甜味來源是糖漿，是傳統用來調製杜松子果汁雞尾酒的材料。

普里茅斯琴酒（Plymouth Gin）　　風味較之倫敦琴酒來的強，在得文郡製造的。最常與安古斯圖拉苦酒一起被用來調製粉紅杜松子琴酒。

格拉巴酒（Grappa）

義大利式白蘭地，製作過程是將壓榨葡萄得來的新葡萄液—未發酵的葡萄汁液—拿來製酒。作法與法國的馬克白蘭地類似。

馬克酒（Marc）

法國當地製的白蘭地，在葡萄酒產區製造，通常依其產地命名，如波哥那馬克白蘭地。

蜜拉貝兒酒（Mirabelle）

無色的烈酒，主要成分爲李子。主要產地在法國。

巴斯堤斯酒（Pastis）

所有由茴香或甘草產生風味的烈酒，皆可通稱爲巴斯堤斯酒，如法國綠茴香酒。此種烈酒在許多地中海附近的國家皆有製造，在每個地方都很受歡迎。它取代了之前較不有名的苦艾酒（absinthe），也被稱爲「綠色女神」（Green Goddess），目前這個名稱已被法國禁止。

Quetsch

無色的烈酒，主要成分是李子。主要的製造地區有巴爾幹半島各國、法國和德國。以白蘭地爲基酒。

蘭姆酒（Rum）

由發酵過的甘蔗汁所製造的烈酒，在產有天然甘蔗之國家製造，製造出來的酒有顏色深淺的不同種類。製造國有牙買加、古巴、千里達島、巴貝多、蓋亞那和巴哈馬。

Schnapps

由發酵過的馬鈴薯蒸餾出來的烈酒，加入香芹籽增添風味。

主要生產國有德國和荷蘭。

德基拉酒（Tequila）

墨西哥一種由發酵過的龍舌蘭汁液蒸餾出來的烈酒。傳統喝法是先舔一些鹽，並配上幾滴萊姆汁或檸檬汁之後再喝酒。

伏特加（Vodka）

一種酒精濃度非常高且純的烈酒。經過活性炭的純化過程，實際上也將酒的風味及香氣完全移除了。伏特加酒被形容是無色無風味的烈酒。

威士忌（Whisky）

威士忌是一種由穀類製造出來的烈酒：蘇格蘭威士忌是由裸麥製成；愛爾蘭威士忌通常是由大麥製成；北美威士忌及波本威士忌是由玉蜀黍和黑麥製成。而威士忌的拼法，在蘇格蘭或加拿大通常為whisky，在愛爾蘭或美國通常為whiskey。

蘇格蘭威士忌主要是由大麥製成，擷取麥芽以炭火加熱。格蘭威士忌則是使用其他的穀類製成的，通常會調配一些裸麥威士忌。

愛爾蘭威士忌與蘇格蘭威士忌不同，是以熱空氣加熱麥芽而非炭火加熱法，所以不會有蘇格蘭威士忌的煙燻味。愛爾蘭威士忌共經過三次的蒸餾過程（蘇格蘭威士忌為兩次），成熟的時間較長。

加拿大威士忌通常是由加味及口味適中的威士忌混合而成，主要成分是穀物類，如玉蜀黍、黑麥或大麥。

美國威士忌是各種穀物類，如大麥、玉蜀黍或黑麥的混合體所發酵蒸餾而成的。波本威士忌是由玉蜀黍發酵而成。

日本威士忌的製作過程與蘇格蘭威士忌相同，但爲混合發酵而成。

4.12　利口酒

利口酒是一種加強甜味及強化風味的烈酒。有時會與高品質的陳年白蘭地或威士忌等甜烈酒混淆。比如說，白蘭地利口酒即爲以白蘭地爲基本成分的的利口酒，而甜白蘭地則是品質絕佳的陳年白蘭地甜酒。

釀造

製造利口酒的主要方法有兩種：

◆ **加熱法或注入法**：將藥草、植物的果皮或根莖等當作熱源，以催生出油氣、味道和香氣。

◆ **冷浸法或浸軟法**：利用熟軟的水果產生的味道及香氣。

加熱法會用到罐式蒸餾器的蒸餾方式，而冷浸法則是將熟軟的水果放進裝有白蘭地的橡木桶裡，經過一段時間之後，水果的風味自然就會被白蘭地給吸收。

所有的利口酒都必須以烈酒爲底，這些烈酒可爲白蘭地、蘭姆酒或中性烈酒。除了基本成分的烈酒，還會加入許多爲加強風味的各種素材如：

大茴香子	柑橘類水果的果皮	黑醋栗
香芹籽	苦艾	杏果
杏仁	玫瑰花瓣	胡荽
櫻桃	肉桂	肉豆蔻

利口酒的種類

　　圖4.11介紹最普遍的利口酒，而利口酒的服務方法請參閱第5.8節。

4.13　啤酒

前言

　　幾乎所有的酒吧或供應酒精類飲料的販售處都會販賣啤酒。啤酒是發酵酒，在麥芽糖中加入啤酒酵母菌使之發酵，最後糖份會轉換成酒精，也就是啤酒。

　　啤酒的酒精濃度依種類的不同而有變化，大約是在3.5-10%左右。

啤酒的種類

桶裝生啤酒　　此種有開關閥裝置的啤酒桶在酒吧或啤酒屋非常常見。在倒啤酒的時候會有滑順的泡沫跟著啤酒一起流出來，杯中會有一部份的酒及一部份的泡沫。

苦啤酒　　顏色為淡琥珀色，裝在生啤酒桶裡，可以分略苦、中苦、極苦等不同程度來供應顧客。

淡啤酒　　顏色有淺有深，依釀造時所用的麥芽顏色而定。通常亦是裝在生啤酒桶裡販賣，味道較苦啤酒甜，且口感較豐富。

Burton　　強烈、色深的生啤酒。冬天時稍微加熱或添加香料，成為寒天的保暖飲品，也很受顧客歡迎。

麥芽啤酒（老式的）　　棕褐色，味甜且強烈，可以加熱或添

圖4.11

利口酒	顏色	風味／基底烈酒	生產國家
杏酒（Abricotine）	紅色	杏果	法國
Avocaat	黃色	蛋、糖／白蘭地	荷蘭
茴香酒（Anisette）	清澄	大茴香子／中性烈酒	法國／西班牙／義大利荷蘭
亞力酒（Arrack）	清澄	藥草、棕櫚汁	爪哇／印度／斯里蘭卡／牙買加
爾蘭貝里斯奶油酒（Bailey's Irish Cream）	咖啡色	蜂蜜、巧克力、乳酪／威士忌	愛爾蘭
本尼迪克特甜酒（Benedictine Dom）	黃色／綠色「Deo Optimo Maiximo」	藥草／白蘭地	法國
卡法多斯（Calvados）	琥珀色	蘋果／白蘭地	法國
查爾特勒酒（Chartreuse）	綠色（45％以上）	藥草、植物／白蘭地	法國
查爾特勒酒（Chartreuse）	黃色（55％以上）	藥草、植物／白蘭地	法國
櫻桃白蘭地（Cherry Brandy）	深紅色	櫻桃／白蘭地丹麥	丹麥
君度酒（Cointteau）	清澄	柑橘／白蘭地	法國
可可香草甜酒（Crème de cacao）	深棕色	巧克力、香草／蘭姆	法國
Drambuie	金黃色	石南、蜂蜜、藥草／威士忌	蘇格蘭
Grand Marnier	琥珀色	柑橘／白蘭地	法國

加香料。

麥芽啤酒（濃）　　顏色由淺到深，味道也從無甜到甜皆有。酒精濃度也依種類而有所不同。

大麥酒　　傳統的全麥酒，味甜且強烈，小瓶裝或小杯（原本是1/3品脫，現在是190毫升）販賣。

烈性黑啤酒　　由深烤色深的大麥釀造，通常會添加蛇麻草花的風味，有種溫和的大麥味道及一貫的濃醇風味。可裝入生啤酒桶中販賣或以小瓶盛裝，習慣上不需冰過。

黑啤酒（Porter）　　由焦麥芽釀造，味道強烈，香氣濃厚。Porter一名是源自都柏林和倫敦地區的市場搬運工（porter），因為此酒很受他們的歡迎。

儲藏啤酒（Lager）　　此名稱源自德國「lagern」一詞，意思為儲藏。酵母菌會在容器的底部進行發酵，發酵得來的啤酒需在低溫下儲藏約六個月或更久的時間。以生啤酒桶或小瓶販賣。

Bottle-conditioned beers　　也稱作「沈澱啤酒」，在發酵及適應的過程中，在瓶裡加入沈澱物。此種啤酒需要小心儲藏、保存及倒入。只能以瓶裝販賣。

去酒精啤酒　　有兩種不同程度：

◆ 無酒精啤酒（NABs）酒精濃度低於0.5％

◆ 低酒精啤酒（LABs）酒精濃度低於1.2％

　　此類啤酒的前置製造與傳統方法相同，但是最後需將酒精去除。

啤酒量度

小杯	22.72 毫升（7-8盎司）
半品脫	28.40 毫升（10盎司）

品脫	56.80 毫升（20 盎司）

生啤酒桶

分（fin）	20.457公升（4 1/2 加侖）
費爾金（firkin）	40.914公升（9 加侖）
小桶（kilderkin）	81.828公升（18 加侖）
大桶（barrel）	163.656公升（36 加侖）
大桶（hogshead）	245.484公升（54 加侖）
2 1/2 大儲酒桶（barrel tanks	205公升（45 加侖）
5大儲酒桶（barrel tanks）	410公升（90 加侖）

混合啤酒飲料

舉例如下：

淡啤酒和苦啤酒

烈性黑啤酒和淡啤酒

黃啤酒和淡啤酒

Light 和 mild

Shandy：生啤酒加檸檬水或薑汁啤酒

Black velvet：金式黑啤酒加香檳

Black-and-tan：一半烈性黑啤酒加一半苦啤酒

儲藏啤酒和萊姆

儲藏啤酒和黑醋栗

4.14　蘋果酒及梨酒

蘋果酒是由蘋果汁或是混合25%梨子汁的蘋果汁發酵而來的含酒精飲品。梨酒則是由混合25%蘋果汁的梨子汁發酵而來的含酒精飲品。

生產國家

蘋果酒和梨酒早先是在英國和諾曼地生產的，但接著在義大利、西班牙、德國、瑞士、加拿大、美國、澳洲和紐西蘭亦有製造，屬於英國境內的產區有得文郡、索美賽特郡、格洛斯特郡、赫里福郡、肯特郡、諾福克郡，在這些地區生長的果樹可以製造最好的蘋果酒。

製造蘋果酒需要：

◆ 甜點用蘋果的甜味

◆ 烹飪用蘋果的酸味

◆ 單寧的苦味，來平衡水果的風味並幫助蘋果的保存

蘋果酒的主要類型

大木桶裝

未經過濾，外觀看起來不會太混濁，但也不是晶瑩剔透，會加入糖或酵母菌使之發酵。大木桶裝蘋果酒完全無甜味─即烈性蘋果酒─或加入糖來調味。主要裝在大橡木桶或塑膠容器中販賣。

小木桶裝／瓶裝

此類蘋果酒需經過殺菌或無菌過濾的過程，如此能讓酒看來晶瑩剔透。在過濾的過程當中可以再加入一或二道手續：

- 可再度混合調配
- 通常可在酒槽中經過二次發酵以製作氣泡蘋果酒
- 可加強甜度
- 可加強酒的濃度
- 通常會再注入二氧化碳

小木桶裝或瓶裝蘋果酒的特性

中甜（注入二氧化碳）：酒精濃度4%

中澀（注入二氧化碳）：酒精濃度6%

特殊（有些會注入二氧化碳）：酒精濃度8.3%

注意

- 某些特殊的蘋果酒或經過二次發酵來製造氣泡
- 酒精濃度超過8.5%以上的蘋果酒即成為真正的酒品，需加稅

梨酒

大部分的梨酒都會被製造成氣泡酒，不論是在密封的酒槽裡注入二氧化碳或是經過二次發酵。在釀造梨酒時，其中的過程如過濾、混合和加強甜味，都是在加壓的狀態下完成的。

梨酒通常都是單獨飲用，冰過之後用鬱金香杯或是裝盛氣泡酒的碟狀玻璃杯裝盛。

4.15　貯存

啤酒

啤酒的缺陷

　　雖然現在人們知道打雷會造成啤酒的二次發酵（會影響酒的澄澈度），但是錯誤的酒窖保存方式才是造成啤酒的缺陷的原因。

混濁的啤酒

　　造成啤酒混濁不清的原因可能是酒窖內的溫度過低，還有另一個最常見的原因則是因為儲存啤酒的大酒桶並未清理乾淨。

淡而無味的啤酒

　　可能原因之一是錯誤的桶拴使用方法—桶拴拴得太緊，桶內的壓力會過大，而桶栓太鬆則會失壓。其二是酒窖內的溫度過低，使得啤酒變得乏味且無生命力。若使用前一位客人使用過的髒杯子盛裝啤酒，也會造成啤酒的變味。

酸啤酒

　　可能是因為生意不佳，啤酒留在未滿的桶內太久而導致啤酒變酸。將不新鮮的酒裝入新的桶子裡也是其中一個原因，或是將啤酒利用導管導入酒桶內時，與附著在導管內的舊酵母菌接觸而造成的。

異物

　　可能是在製造的過程或手續中的疏忽而造成的。

啤酒的儲存方法和設備

啤酒幫浦

手動式幫浦,放在酒吧內,每個禮拜需連同導管一起清洗一次,每個月尚需將它拆開來作一次完整的檢查,清洗用具亦需換新。有些幫浦是利用二氧化碳在頂部加壓,只要按下一個按鈕,氣壓就會將所需的少量啤酒從大桶內擠壓流至吧台。

流量計

可以用來測量酒桶內尚餘多少啤酒。流量計可經由木樁的洞放進酒桶內。

電動推進幫浦

電動推進幫浦置於酒窖內,吧枱人員只要在酒吧內按一個鈕,就會將正確份量的啤酒傳至酒杯裡。

過濾器

過濾器只有在酒窖內將新鮮的啤酒倒回酒桶裡時需要用到—比如說,啤酒在導管尚未清乾淨之前就被吸引出酒桶時。過濾器需保持清潔,並使用乾淨的過濾紙。

過濾啤酒並不違法,但是如果將溢出酒桶的酒或其他人喝剩的再倒回酒桶內是很不道德的。另外如果將啤酒混雜其他假酒或用水稀釋來獲取暴利,亦是很不道德的行為。

導管清洗瓶

用來清洗加壓容器內之導管。二氧化碳氣體關閉時,將導管的一端從小木桶移開,並裝置在裝有清洗液的兩加侖容量清洗瓶裡,接著打開二氧化碳,導管內就會充滿清洗液。一個鐘頭之後,同樣的步驟再作一次,但是這次清洗液要換成清水。自動清洗導管的設備現在也很普遍。

木鎖

木頭作的支撐物,用來防止圓形酒桶的滾動。

木樁和木釘

　　木樁是用硬木作成的一個圓形條狀物，在酒桶裝滿啤酒被送出釀酒廠之前，會放置在啤酒桶的桶口。木樁的中心會有一個小孔，當酒桶要排氣時，孔內的木釘就會被彈出，如此一來可以使酒桶內的氣體順利排出。木釘的作用是用來調節桶內二氧化碳的排出及留存。有兩種不同木材所製成的木釘，將硬木作的木釘放入木樁的小孔內時，就能防止任何氣體從酒桶內溢散出去。這麼做會使得桶內的氣壓變大，啤酒就會重新作用形成泡沫。另外也有用較軟的竹子所做的木釘，目的是讓桶內的氣體溢出，以防止桶內的氣體過剩，難以飲用。

桶架

　　正在供應販賣中的酒桶會放置在桶架上，桶架是木作或磚製的平台。另外加壓中的酒桶和二氧化碳氣桶也會固定在酒窖內。

正確的酒窖貯存方式

- ◆ 良好的通風設備
- ◆ 保持清潔
- ◆ 將溫度維持在 13-15°C 之間（55-58°F）
- ◆ 應避免味強的生啤酒及溫度大幅度的變化
- ◆ 運送過程中，所有酒桶應放在桶架上
- ◆ 酒桶放在地板上時，最上面應用塞子塞住以保持桶內的壓力
- ◆ 在酒桶上插入木釘，可減少桶內多餘的壓力
- ◆ 在酒桶內的酒要供應之前 24 小時再裝上桶塞
- ◆ 輸送管及幫浦應定期清洗
- ◆ 所有的啤酒管應用稀釋的清洗液每週清洗，另外，每週用

弱氟化物溶液及石灰（溫和漂白劑）清洗酒窖地板

◆ 營業結束後，須將輸送管中的啤酒引出

◆ 要裝回酒桶的啤酒須過濾後裝回原來的桶子

◆ 注意酒窖中的庫存啤酒

◆ 在服務期間拔除的木釘應在營業結束後再插回去

◆ 所有酒窖的器具須保持乾淨

◆ 所有耗損應盡快送回啤酒釀造廠

◆ 檢查瓶裝啤酒、葡萄酒、礦泉水等的存量後，應在每週固
   定的日子追加訂貨，運用存貨的嚴格循環，將存放在後面
   比較久的板條箱拉到前面來，第一批送出服務

葡萄酒

理想地說，葡萄酒應存放在朝北的地下酒窖，並須免除震動、多餘的濕氣、臭味，酒窖必須非常乾淨，有良好的通風，微弱的照明，以及固定12.5°C（55°F）的溫度，幫助葡萄酒逐漸成熟。

進餐時喝的淡酒應隨時與軟木塞保持接觸，軟木塞會膨脹，避免空氣進入瓶中—空氣會使葡萄酒迅速醋化。白葡萄酒、氣泡酒、玫瑰紅酒存放的酒箱應放在酒窖的地板上，亦即酒窖中最涼爽的地方（因為熱空氣上升）。紅葡萄酒則最好存放在較上方的酒箱中。營利場所通常都有特殊的冰箱或冷凍櫃，以服務需要的溫度來保存白葡萄酒、氣泡酒和玫瑰紅酒。

第五章

餐飲服務的流程

5.1　基本技巧

有六種基本的服務技巧：

◆ 使用服務叉匙的技巧

◆ 端盤技巧

◆ 使用托盤的技巧

◆ 使用服務盤的技巧

◆ 拿玻璃杯的技巧

◆ 拿托盤的技巧

這些基本技巧與餐桌服務（table service）和輔助服務特別有關係，但有些基本技巧與其他型態的服務亦相關，例如在客房服務時要如何拿托盤。

使用服務叉匙的技巧

要在握服務叉匙的技巧上專精只能靠不斷的練習，使用服務叉匙的目的是為了能快速將盤上的公物挾到客人的盤子上，並使其美觀。

1. 服務叉匙的柄端應置於主服務手的掌心，如圖5.1（a）所示，

這麼做可使服務員服務不同項目時有更好的控制性

2. 服務叉應置於服務匙上方

3. 服務匙由主服務手中除了食指以外的其他手指固定住

4. 食指與大拇指一起握住服務叉柄

5. 注意叉匙應以指尖握緊，以得到最佳的調動性

6. 利用這個方法可以用服務叉匙將菜餚從服務盤夾起，同時轉動服務叉使其形成要上菜的食物的形狀（如圖5.1（c）所示）

7. 當然，也有機會同時使用兩支服務叉，這樣可使餐飲服務更有效率

端盤

端盤的技巧在端預先裝盤的食物及清理餐盤時很重要，能夠正確的清理，並可使桌邊服務的速度加快，更有效率，避免意外發生，減少顧客的不便性。另外，也允許因為一些時間上的耽

圖5.1　握服務叉匙時手的位置

（a）步驟一

（b）步驟二

（c）步驟三

擱，先在餐具櫃上整齊堆放使用過的餐具。正確的清潔方法使我們可以在較少的時間內，以及餐具櫃和餐桌之間較少的來回次數而做更多清理動作。長期而言，這麼做可加快進餐的程序並使翻枱率提高。

1. 圖5.2（a）是放第一個盤子在手上時的位置，必須注意第一個盤子必須很穩固地拿在手上，因為之後的盤子要以第一個盤子為基礎堆疊上去。第二個盤子要穩固地擱置在前臂和第三及第四隻手指。

2. 圖5.2（b）顯示第二個盤子在左手上的位置。

圖5.2　清理盤子時手的位置

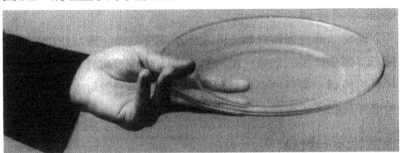

（a）清理第一個盤子

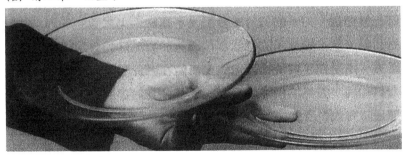

（b）清理第二個盤子

使用服務圓托盤

　　服務圓托盤為銀製或不鏽鋼製，上有墊著口布的托盤，可使用於下列情況：

◆ 用以運送乾淨的玻璃杯具並從餐桌上收拾使用過的玻璃杯具

◆ 用以從餐桌上收拾乾淨的刀具和扁平餐具（以下簡稱餐具）

◆ 用以在餐桌上擺設乾淨的餐具

◆ 用以在餐桌上擺設整套咖啡餐具

◆ 以銀器服務蔬菜時，可當作底盤使用

運送玻璃杯具

　　運送放置在服務托盤上的乾淨玻璃杯具時，應以正確的方法擺設以減少倒塌的危險。擺放到餐桌上時，服務員應該握住玻璃杯具的杯腳，並擺放在整套餐具右上角，這麼做可確保不碰觸到玻璃杯具的碗狀部分。

運送乾淨的餐具

　　從餐桌移走乾淨的餐具或將其擺放在餐桌上時，應該以服務圓托盤運送。刀子的刀片應置於叉子弧狀中央部位的下方；若運送甜點叉匙，則叉子的耙狀部位應置於甜點匙的弧狀中央部位的下方。這是為了要使被運送的餐具能在圓托盤上保持穩固，因為刀具和扁平餐具的柄通常是最重的部分，而這個方法可以防止在運送時有太多滑動。

運送整套咖啡餐具

在餐桌上擺設整套咖啡餐具時（使用小咖啡杯），可以將邊盤堆疊在圓托盤上，咖啡底盤堆疊在另一個圓托盤上，所有小咖啡杯和咖啡匙一起擺放上去。用餐時，服務員在右手邊擺放整套咖啡餐具，首先擺放一個邊盤，並在其上擺放一個咖啡底盤，咖啡匙放在小咖啡杯的右邊，和小咖啡杯一起放在底盤上。服務員在每一位顧客的右手邊完成這個簡單的動作。這是一個比將整套咖啡餐具放在餐具櫃裡，再運送到各張餐桌，更為快速且安全的方法尤其當有多張餐桌需服務時，而從右邊擺放整套咖啡餐具，並將其放在整套餐具右手邊的原因是—服務員從右邊供應咖啡。這麼做可以避免在擺放咖啡餐具或供應咖啡時越過顧客的前面。

茶杯和咖啡杯可用圓托盤運送，分別將底盤、杯子和茶匙堆疊起來。

以銀器服務菜蔬

使用銀器服務菜蔬和馬鈴薯時，應該用扁平底盤來穩住大菜蔬盤，或者根據賓客的點菜單來擺放一些小一點的蔬菜盤（見第5.7節）。使用扁平底盤的目的為：

◆ 增加服務菜餚的呈現
◆ 當服務員使用服務叉匙從蔬菜盤服務菜蔬到顧客的盤子時，有更多的控制性
◆ 提供更大的保護以免溢出，可無損於盤子上的食物呈現或整張餐桌的呈現
◆ 給予服務員在預防高溫和溢出的可能性上有更多的保護

服務盤的使用

服務盤即是墊著口布的餐盤，在餐食服務時有許多作用：

◆ 用以從餐桌上清理乾淨的餐具

◆ 用以在餐桌上擺放乾淨的餐具

◆ 可在主菜之後刷清桌面，若有必要可於用餐的任一道菜餚間刷清桌面

◆ 用以清理邊盤和邊刀

◆ 必要時，用以從餐桌上清理配料

刷清桌面

「刷清桌面」通常是由服務員在顧客用完主菜之後並已從餐桌清理所有使用過的器具之後執行。此時服務員可用摺疊的服務布巾或專用的小刷子，將枱布上的碎屑和其他的廚餘刷到服務盤上。這個程序可增進後續菜餚的新鮮。

圖5.3　刷清桌面。請注意摺疊的服務布巾

清理邊盤和邊刀

　　清理顧客在食用主菜使用過的邊盤和邊刀時，由服務員將服務盤端到餐桌，使邊刀和廚餘有更大的空間可堆疊。使用正確的清理手位，使邊盤在服務盤上平放，這是一個更安全、更快速的方法，尤其在清理大量的邊盤和邊刀時（參閱第5.10節）。

清理配料

　　服務盤也可以用來清理調味瓶、辣椒、手磨胡椒或其他已經不放在底盤上的配料。

運送杯子

　　餐飲服務中有兩種運送杯子的基本方法，可用手或使用服務圓托盤。

用手拿杯

　　高腳杯應盡可能擺放在間隔的手指之間，且應該以一隻手持杯，另一隻手保持閒置，以免緊急事件發生。

　　如圖5.4所示，每一個高腳杯的底部與另一個重疊，顯示出如何以單手持最多數目的高腳杯。這個方法允許觸摸已經擦拭光亮的高腳杯，使得這些杯子能夠在房間裡運送置正確的位置，並且不會碰觸高腳杯的杯口部位。

以服務圓托盤運送玻璃杯

　　在餐廳裡以服務圓托盤運送乾淨高腳杯的方法如圖5.5所示。

　◆ 注意置於手掌上的服務布巾的用法。圓托盤置於服務布巾上。

圖5.4　運送高腳杯

◆ 這麼做的目的是要讓圓托盤更容易轉動，以依次收走餐桌
上的每一個高腳杯，或將高腳杯擺放在餐桌上。

　圖5.6表示以圓托盤從餐桌上清理使用過的高腳杯的用法。

◆ 第一個杯子應放在拖盤上的內側，清理其他杯子時，可用
大拇指固定第一個杯子的底部使其穩固。

◆ 清理使用過的杯子時，由於杯子增加會裝滿圓托盤，應該
把他們先放在圓托盤上靠近持盤的手邊，這麼做可確保更
好更均勻的重量分配，並減少事故發生的可能性。

圖5.5　以服務圓托盤運送高腳杯

圖5.6　以服務圓托盤運送使用過的玻璃杯

為宴會佈置時，通常使用杯子籃框運送已經清洗乾淨並擦亮的大量玻璃杯到會場中心點。

使用托盤

托盤使用於：

◆ 將食物從廚房運送到餐廳的餐具櫃

◆ 客房服務及酒廊服務

◆ 清理餐具櫃

◆ 清理餐桌（當賓客已離座時）

◆ 清理設備

持托盤和使用托盤的正確方法為縱向擺設托盤於前臂上，並以另一隻手穩住。

圖5.7表示搬運長方型托盤的方法。注意托盤的安排，最重的項目擺放在最靠近運載者的位置，這麼做可幫助托盤平衡。同樣地，一隻手在托盤下面支撐，另一隻手扶著側邊。

5.2 應對技巧

餐飲服務的應對技巧集中於顧客和餐飲服務員的互動上，其他互動對基本互動來說都是次要的，這對於接待顧客有一定的涵義。顧客和工作人員之間的談話優先於工作人員之間的談話。和顧客談話時，工作人員不能：

◆ 和其他工作人員談話而不理會顧客

◆ 打斷顧客和工作人員之間的互動。若有適當時機由另一為工作人員服務，方可不理會顧客

◆ 在自己和別人對話時服務顧客

圖5.7　運送裝滿餐具的長方形托盤

◆ 隔著工作區和其他工作人員或顧客談話

應使顧客感覺到他們是被關心的，而不是被服務作業打擾。

應對技巧（Interpersonal skills）也與特定的服務目的有關，
舉例來說：

◆ 帶位——必須配合顧客走路的速度。

◆ 入座——除非主人是女性，否則年長的女士優先入座。

◆ 披掛外衣——用心照料（參閱第10.1節）。

◆ 遞菜單／酒單——遞送菜單給顧客並等候顧客接下。

◆ 代客打開口布——小心地打開，切勿像撢灰塵一樣抖動，先
向顧客說對不起，然後將口布置於顧客膝上。

◆ 供應水和小餐包時，舉例來說，應向顧客說「對不起，您

要來一些小餐包嗎？（Excuse me Sir／Madam, would you like a bread roll?）。

◆ 配料的提供——將配料擺放到桌上時才提供。若桌上沒有配料則表示「如果您真的需要配料，我立刻去拿」。

◆ 上菜及清理——上菜前或清理前必須說「對不起（Excuse me）」，上菜完畢或清理完畢必須對每個顧客說「謝謝您（Thank you）」。

◆ 說明食物和飲料的內容——使用顧客能理解的名稱（也就是說不用專業術語，像翻菜（turned vegetable）或裹粉（pané））；使用聽起來比較吸引人的名稱，像砂鍋燉菜（casserole）而非燜菜（stew），奶油洋芋（creamed potatoes）或洋芋泥（purée）而非馬鈴薯泥（mashed potatoes）；不使用縮寫字，例如 veg。

◆ 和顧客交談——站在顧客旁時，並望著顧客。

　　其他可增進接待技巧的程序見於本章其他小節，亦可見於第10.5節。

如何稱呼顧客

　　「先生（Sir）」或「夫人（Madam）」使用於知道顧客的名字時，例如史密斯先生、瓊斯小姐。當顧客明白表示可接受時，才可於較不正式的服務作業中稱呼顧客的名字。若該顧客有頭銜，則應使用適當的稱呼（參閱第9.3節）。

　　「早安（Good morning）」和「晚安（Good evening）」使用於接待顧客時或當工作人員首次和顧客接觸時（也就是說，在酒廊裡，酒廊服務員服務已入坐的顧客等等）。

服務中

當預料之外的意外發生時，必須迅速有效率地應付，不能干擾其他賓客。快動作通常可以安撫抱怨的顧客，並確定他會再次來訪。為了避免抱怨，在這個階段中必須記得，無論意外的性質為何，應該立即提報主管，耽擱只會引起混亂，錯誤的解釋會使情勢緊張。在意外發生時，必須保留意外報告並由相關人員在報告上簽名。

下面的列表是一些可能發生的意外和改正錯誤應該採取的建議步驟。

溢出（Spillages）

在服務菜餚的過程中，可能滴下一些醬汁或烤肉汁在檯布上，可以採取下面步驟：

1. 立刻檢查是否有醬汁滴到賓客身上，並向賓客道歉。
2. 若賓客的衣服被滴到醬汁，讓這位賓客用乾淨的溼布將髒的部分擦掉，這麼做可移除最髒的部分。
3. 若賓客需至盥洗室清理髒掉的部分，則應把他的餐食放在保溫板上直到他返回座位。
4. 根據溢出的性質，營業場所應將弄髒的衣服清理乾淨。
5. 如果繼續溢出醬汁在檯布上，服務員應該先移走弄髒的設備或會造成妨礙的項目。
6. 此時服務員應該用乾淨的濕布或刀子將髒污擦掉或刮除。
7. 原來的菜單卡應該放在餐桌的桌面，但是在檯布髒污的區域下方。

8. 第二份菜單放在檯布髒污的區域。

9. 此時把捲起的乾淨餐巾送到該餐桌，並且在髒污的區域上滾動，而菜單可防止乾淨的餐巾吸附潮濕。

10. 所有設備都應該擺回餐桌原來的位置。

11. 保溫板上的所有菜餚應該送回，並且擺放新的餐具組。

12. 再次因所引起的不方便向顧客道歉。

當賓客不小心打翻水杯時，應該採取下列步驟：

---

1. 確定沒有沾到賓客身上。

2. 若顧客的衣服沾到水，則參照前頁第2項及第3項步驟。

3. 通常這種意外必須換檯布，則顧客應該在另外的餐桌就座，讓他們繼續用餐。

4. 若不移座到另一張桌子，則應請顧客稍微往後坐，讓服務員能進行必要的程序以快速並有效地換檯布。

5. 顧客的菜餚應該置於保溫板上保溫。

6. 所有髒掉的物品，都應該以托盤送至服務員的餐具櫃準備清洗。

7. 乾淨的物品由餐具櫃取出後，應隨即補充。

8. 檯布以有吸水性的乾淨布擦拭，儘可能將大部分液體移除。

9. 在餐桌上的檯布下舖一些舊菜單。

10. 將尺寸正確的乾淨檯布攤開，以正確的方法舖在餐桌上，如同前置作業時舖放檯布的動作。檯布應該以慣常的方法蓋在餐桌上，除了將乾淨的檯布橫過餐桌朝服務員拉開之外，同時服務員須將髒污的檯布脫下，並且應該移走髒污的檯布舖上乾淨的，無論何時賓客都不會看見餐桌桌面，而舊菜單可防止乾淨的檯布被弄濕。

11. 當該餐桌有乾淨枱布可更換時，應盡快換上。

12. 此時顧客應該再次入座，並將保溫板上的菜餚送回餐桌上。

退回菜餚（Returned food）

當顧客暗示魚類菜餚腐壞時，應該採取下列步驟：

1. 向顧客道歉。

2. 將該道菜餚移至工作枱，再送到出菜區退回至控菜員。

3. 提供顧客菜單，並詢問是否要同樣的菜式或者要換成其他的菜式。

4. 新點的菜式應寫在專用的點菜單上：
   可表示出退回的菜餚和新點的菜式

5. 換上新的餐具組。

6. 新的菜餚應盡快從出菜保溫區取得。

7. 爲顧客上菜。

8. 應爲所引起的不便向顧客道歉。

圖5.8 退回菜餚的點菜單

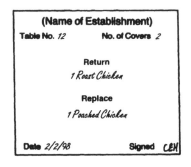

```
        (Name of Establishment)
Table No. 12        No. of Covers  2

                  Return
             1 Roast Chicken

                  Replace
            1 Poached Chicken


Date 2/2/98            Signed   LEN
```

9. 服務員必須確定控菜員收到退回的菜餚，並立即確認，因為相關的菜餚必須從菜單上取消，防止問題再發生。

10. 顧客換新的菜式是否要收費，視營業場所的規定而定。

失物

當服務員在剛離座的賓客椅子下發現錢包時，應該採取下列步驟：

1. 立刻檢查該顧客是否離開了這個服務區域，若仍在此區內，則可將錢包退還給該位顧客。

2. 若該顧客已離開這個服務區域，服務員應將錢包交給領班或負責該事項主管。

3. 主管或服務員領班應該與接待處及大廳行李員查對，查詢該顧客是否已離開這棟建築物。

4. 若該顧客是住客，則接待處可以打電話至該顧客的房間，通知他錢包已經找到了，請他方便時前來領取。

5. 若該顧客是常客，則服務員領班或行李員領班，可能知道如何聯絡。

6. 若該顧客是常客但聯絡不到，則錢包應該留在失物招領處中，直到該顧客下一次光臨。

7. 若無法立即與失物所有者聯絡，則服務員領班或主管應該連同發現失物的服務員將錢包的內容物列成表，兩者皆應在該表上簽名，並標上列表時間，該表亦必須標明找到失物的時間及位置。

8. 該表應複印一份連同錢包一起送到失物招領處，在送進失物招領處之前，必須再確認一次失物的內容與表列相符，並將發現

失物者的資料登記在失物招領處。

9. 該表的另一份複印應送至大廳行李員處,方可回答遺失者的詢問。所有失物招領都必須告知失物招領處。

10. 在失物招領處交出任何失物之前,應儘可能詢問失主有關失物的描述及內容,以確保還給真正所有者,失物招領處也應檢閱失主的身分證明。

11. 至於失物招領,以上所述之各步驟應盡快完成,因為這是營業場所最重要的,並且對顧客造成的不便性最小。當收到失物時,應請該顧客在相關文件上簽名,並標明地址。

12. 失物若經三個月無人認領,則應透過服務員領班或主管將之歸於發現人所有。

疾病

當顧客在營業場所感到身體不適時,應該採取下列步驟:

1. 在餐廳時,一旦發現顧客感到不舒服,職責範圍內的人應立即打電話通報。

2. 權責人必須詢問該顧客是否需要協助,同時必須試著判斷是否嚴重。

3. 通常可將該顧客送到另外的房間,觀察幾分鐘,看他是否恢復。

4. 若發生上述情事,該顧客的餐食應該置於出菜保溫區上,直到他返回座位。

5. 假如該顧客為嚴重疾病,應立即召集醫生、護士或具有合格急救資格的人。

6. 在醫生檢查前,不可移動該顧客。

7. 若有必要，則將此區域隔離。

8. 雖然在一般公眾面前處理起來相當困難，但要使緊張不安降到最低，其他的顧客服務仍照常進行。

9. 若可能，最好的辦法是立即將感到身體不適的顧客送至另一個遠離餐廳的房間休息，也可使餐廳裡的緊張不安降到最低。

10. 醫生會建議是否應叫救護車。

11. 若感到身體不適的顧客為女士，則應由女性員工照料她。

12. 若該顧客腸胃不適，並希望回家，雖然沒有用完餐，仍應為該顧客叫計程車送他回家。

13. 應由相關工作人員判斷該顧客是否需要陪同。

14. 用餐的費用及計程車費端視該營業場所的規定而定。

15. 無論意外嚴重與否，所有細節都須記錄在事故記錄冊裡，這可防止日後營業場所被要求賠償。

16. 若該顧客在短時間內回座繼續用餐，應擺放新的餐具組，並從出菜保溫區上送回該顧客的菜餚。

喝酒過量

當察覺顧客喝太多酒時，應該採取下列步驟：

1. 若來店的顧客要求用餐，但服務人員認為該顧客受到酒精的影響，即使有空桌，他們也應婉拒。

2. 並非每次都可以辨認顧客是否會因而引起反感。

3. 若對付這種類型的客人有困難時，可尋求其他服務人員或大廳行李員的協助，讓該顧客自用餐區離開。

4. 若懷疑顧客喝醉，必須先由服務員領班或主管確認。

5. 此時，喝醉的顧客應該被要求離開，而非讓他留下，使得稍後

引起其他顧客的異議。

6. 若該顧客已經開始用餐，且未妨礙其他人，則應正常上菜，但服務員領班或主管，必須確保不再提供酒精飲料。

7. 該顧客應被看管，直到他離開營業場所。

8. 類似的意外應做成報告，並且應該立即送至餐館管理人員，以防日後營業場所被要求賠償。

不受歡迎的儀表

下列一些步驟，可以調整客戶儀表不佳的狀況

1. 假如來賓的儀表、行為有異常，可以請求改善。

2. 假如來賓沒有改善，可以請求離開。

3. 假如來賓進食一半，其行為異常而請求離開，要依公司規定是否要收費。

4. 事件報告要記錄管理由該負責人員處理。

記錄

任何意外發生時應立即做報告。報告中應有的基本資訊如下：

1. 地點

2. 日期

3. 時間

4. 意外性質

5. 相關人員的個別報告及簽名

6. 採取的行動

7. 相關顧客及工作人員的姓名、地址及電話

所有報告應保留，假如日後有類似意外發生，可作為參考之用。

走失兒童

當有兒童走失時，應採取下列步驟：

1. 對走失兒童的完整描述：

（a）性別

（b）年齡

（c）最後看見的地點

（d）穿著

（e）特徵

（f）髮色

（g）其他配件，例如手提袋、洋娃娃等等

2. 立即通知主管／保全

3. 隨時注意所有出入口

4. 檢查所有的盥洗室／休息區及走失地點之相鄰地區

5. 若上述動作仍未尋獲走失兒童，立刻通報當地警察

服務兒童

孩子們隨著父母或隨同而來的成人一起到餐食服務區，此時應徵求其父母或隨同成人的授意給予特別的服務。

利用下列幾點決定所需給予的服務：

1. 詢問是否需要高椅子／坐墊。

2. 對未成年人酒類服務的限制（參閱第10.1節）。

3. 詢問是否需要「兒童餐」菜單。

4. 若由普通菜單點餐，給予部分份量即可。

5. 送給兒童的小禮品，例如鉛筆、著色書等等。

6. 為了孩子和其他人的安全，工作人員應該注意孩子們的動靜。

7. 若孩子已達成熟年齡，則須以「先生（Sir）」或「小姐（Madam）」稱呼。

給顧客便利

有特別需要的顧客應多給予注意來滿足其需求，像機動性問題。在這些場合應有下述考慮：

1. 讓坐輪椅者用餐時有充分的空間可供移動。

2. 不要讓該顧客坐在其他顧客或工作人員移動的主要通道上。

3. 讓他坐在離廁所、出口、防火巷的位置。

4. 確認坐輪椅者可立即取得菜單、酒單。

5. 徵得坐輪椅者的同意後，方可移動輪椅。

6. 應該把枴杖或手杖放在易取得的位置。

盲人及視力差的顧客

對於盲人或視力較差的顧客，也要滿足其需求。須考慮以下幾點：

1. 如同對待其他顧客般地，與其對話及看待其特殊需求。

2. 記住，盲人只能「經由接觸」來意識到週遭發生的事。

3. 在「點菜」之前，先以手或手臂清柔地接觸引起注意。

4. 為其魚類及肉類切片剔骨。

5. 為其將馬鈴薯及菜蔬切開。

6. 絕不將杯子、玻璃杯或湯碗裝滿。

7. 若覺得適當，則特定食品可以「碗」代替「盤子」，但須先詢

問該顧客。

詢問是否需描述在盤中的食物為何,使用時鐘法來說明盤中食物的位置,例如肉類在 6 點位置、蔬菜在10點10分的位置、馬鈴薯在2點10分的位置。

處理有溝通能力障礙的顧客

當顧客為聾人、聽覺困難或語言不通,可採取下列步驟:

1. 面對顧客講話。
2. 站在可以讓顧客清楚看到臉部的位置。
3. 正常地講話,但需更清楚。
4. 以簡單、明確、清楚的語言描述餐飲內容。
5. 讓顧客坐在遠離噪音的位置,因為吵鬧的位置會使戴助聽器的顧客不舒服。
6. 必須覆述該顧客所點的食物或飲料,以確認所有的要求。
7. 專心聽顧客所說,確保能理解顧客所需。

5.3 接受預約

程序

1. 當電話響起時,拿起話筒並說「早安(附上營業場所的名稱),我能為您服務嗎?(Good morning, may I help you?)」。
2. 若顧客親自前來預約,則說「先生/小姐早安,我能為您服務嗎?(Good morning Sir/Madam, how may I help you?)」。
3. 預約時以下幾點是必要的基本資訊:

◆ 星期幾

◆ 日 期

◆ 姓 名

◆ 人 數

◆ 時 間

◆ 特殊要求

4. 接到預約的基本資訊時，應向該顧客覆述一遍，以確認無誤。

5. 若顧客欲取消，則再次透過電話重複該顧客的要求，並與之確認是否取消，再詢問是否能夠預約其他時間以代替此次取消。

6. 預約終了時應該說：「感謝您的預約，期待您的光臨（Thank you for your booking, we shall forward to seeing you.）」。

預約單

　　圖5.9是一張預約單範例，這種格式的表格可看出該服務時段最多預約人數為何，並提供預約的營運總計，且此表格也有顧客電話號碼的欄位。六個人以上的聚會視營業場所的規定填寫確認單或留下信用卡號碼，另外，若預約之場所有吸煙區及非吸煙區之分，可先告知。

圖5.9　預約單範例

Restaurant...............		Day........		Date...............		Maximum covers	
Name	**Tel No.**	**Covers**	**Arrival time**	**Running total**	**Special requirements**	**Signature**

　　若預約的聚會需要特殊菜單，則預約單須提交至主管處，其程序與集會酒席的預約類似（參閱第9.2節）。

5.4　服務前置作業

　　服務開始之前要做的工作很多，而且根據特定餐飲的服務區域而有所不同。以下是一張可能遇到的困難及職責列表，但應注意的是此表並非適用於所有情況，也許有一些針對特殊營業場所未列表的工作。術語前置作業（mise-en-place，「服務前置作業」）表示為服務的場所做好準備。班表上擬出服務前須完成的工作有哪些及負責該項目的員工是誰（參閱第10.6節）。

每日職責

每天須做的工作如下：

主管

1. 檢查預約日誌的預約。
2. 製作當天的座位圖並按此分配座位。
3. 製作分工工作崗位分配表。
4. 在服務即將開始前，應與服務人員簡述當天的菜單。
5. 檢查所有班表上的工作都已涵蓋，且班表上的員工都在崗位上。

整理房工作

房務工作包括接待區及以下所列各項：

1. 每天用吸塵器清掃地毯，並刷地毯周圍與牆之間的地板。
2. 清潔並擦亮門和玻璃。

3. 將垃圾桶及煙灰缸清乾淨。

4. 適當的做法如下所示：

- ◆ 星期一：刷擋桌椅
- ◆ 星期二：將櫥櫃、窗緣及付款處擦乾淨
- ◆ 星期三：將銅製品擦亮
- ◆ 星期四：將接待區清理乾淨
- ◆ 星期一時再重複以上工作

5. 每天工作完成時，將桌子排列整齊、椅子收好

布巾／餐紙

　　布巾或餐紙應用於餐桌、自助餐枱及其枱布套、服務巾、紙布套和口布、餐紙及底紙。

　　工作如下：

1. 從房務部門收取乾淨的布巾，對照列表分配到各個服務據點，並舖放枱布及折好的餐巾，備用的布巾應摺疊整齊放置於布巾籃裡。

2. 確認有足夠的存貨。

3. 確保有拭杯布巾和服務巾可供利用。

4. 提供可擦乾碟子的餐紙和墊布。

5. 準備可將布巾送回布巾室的布巾籃。

出菜保溫區

1. 將保溫板的關打開。

2. 確定所有的門都關閉。

3. 根據所提供的菜單來決定何者要放在出菜保溫區，例如：

- ◆ 湯盤
- ◆ 清燉肉湯杯

◆ 魚盤

◆ 大餐盤

◆ 甜點盤

◆ 咖啡杯

4. 擺出廚房需要的銀器在出菜保溫區上，包括鐘形玻璃罩。

5. 在每次服務完畢之後，補足拭淨的瓷器餐具，以備下次服務之
用。

銀器

職責包括：

1. 從銀器間收取利器餐具、扁平餐具及中凹餐具。

2. 將主管同意之數量的下述所列項目擦亮並排列在托盤上：

◆ 服務匙

◆ 大餐叉／服務叉

◆ 甜點匙

◆ 湯匙

◆ 茶匙／咖啡匙

◆ 魚刀

◆ 魚叉

◆ 大肉刀

◆ 邊刀

◆ 特殊菜餚用之銀器餐具

◆ 工作枱的存貨

3. 每日清潔：

◆ 酒精燈和電熱器

◆ 火焰燈、酒精、瓦斯

- ◆ 煙灰缸
- ◆ 切割推車

4. 如同每日班表，利器餐具、扁平餐具及中凹餐具的清潔，例如：

- ◆ 星期一：所有的圓盤、刀子、大型咖啡壺和牛奶罐。
- ◆ 星期二：41公分、46公分、56公分的橢圓形扁平餐盤（16吋、18吋、22吋）、所有的叉子、小型咖啡壺及牛奶罐。
- ◆ 星期三：圓形蔬菜碟及蓋子、所有的湯匙、大型咖啡壺和牛奶罐。
- ◆ 星期四：橢圓形蔬菜碟及蓋子、小型特殊設備、單個砂鍋。
- ◆ 星期五：其他需要清理的項目也要排在固定班表上，以確定每個項目在固定周期間都會被清理，且未遺漏任何東西，同時透過這個方法，可以發現損壞或需要修理的物品，將其集中統一修理。

陶器

工作包括：

1. 準備擺放的邊盤須檢查並擦亮。
2. 根據菜單和服務需要，出菜保溫區的陶器須檢查並擦亮。
3. 工作枱裡服務盤及扁平餐盤的準備。
4. 工作枱裡備用陶器的準備。

- ◆ 魚盤
- ◆ 邊盤
- ◆ 咖啡碟

調味瓶、煙灰缸、桌號牌架及奶油碟

工作包括：

1. 從銀器間收取調味瓶、煙灰缸、桌號牌架及奶油碟

2. 檢查調味瓶，並補滿擦亮

3. 根據服務員領班的指示，擺設餐桌的調味瓶、煙灰缸、桌號牌架、奶油碟及刀子。

4. 恢復後續的服務。

備餐間

1. 整理備用品（一併檢查吧枱及附屬品）。

2. 準備下列物品。

- ◆ 咖啡服務及其他飲料服務
- ◆ 渦卷形奶油／奶油小塊
- ◆ 烤脆的薄麵包片
- ◆ 其他吐司、麵包及特殊餐點的奶油

3. 清理後續服務的備餐間。

4. 擦亮並填充油醋架、糖罐及糖瓢、手磨胡椒罐及辣椒罐。

5. 準備所有配料：蕃茄醬、芥茉、薑末、辣根醬、薄荷醬、伍斯特醬、巴馬乾酪。

6. 調味瓶配發到各餐桌、附屬品配發到工作枱，並與服務員領班核對須準備的配料及調味瓶的數量。

工作枱

在確定擺放在工作枱上的餐具以擦亮之後：

- ◆ 從右到左排放餐具：服務叉匙、甜點叉匙、湯匙、茶匙、咖啡匙、魚刀叉、大肉刀、邊刀
- ◆ 排放瓷器：大肉盤、魚盤、邊盤、甜點盤、咖啡襯碟、清

圖5.10　工作枱擺設範例

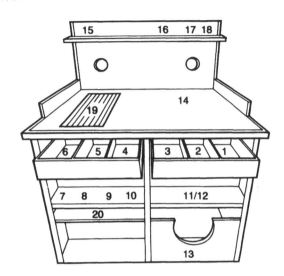

圖例
1. 服務叉匙
2. 甜點叉匙
3. 湯匙、茶匙、咖啡匙
4. 魚刀叉
5. 大肉刀
6. 邊刀
7. 魚盤
8. 甜點盤
9. 邊盤
10. 咖啡視碟
11. 底盤
12. 服務圓托盤
13. 使用過的布巾
14. 服務盤上的檢查簿
15. 各種辛香料
16. 煙灰缸
17. 水罐
18. 麵包籃及奶油
19. 保溫出菜區
20. 托盤

圖5.11　擺設好的工作枱

燉肉湯襯碟等等（根據菜單而定）

- 服務盤及圓托盤

- 湯杓和醬料杓

- 蔬菜及開胃菜用之沙司船的底盤

- 清理過的酒精燈及電熱器

- 餐包籃

- 點單簿、服務巾、菜單

- 根據所提供的服務型態，擺設相關的旁桌及工作枱

出酒酒吧

下列工作有關吧枱的前置作業：

1. 打開吧枱：從吧枱區移出酒類推車。

2. 吧枱的銀器餐具送至負責銀器餐具之人員處進行清潔。

3. 清理前一天留下的廚餘。

4. 將吧台擦淨。

5. 打掃架子並擦拭吧台小門的外部。

6. 檢查光線。

7. 準備冰桶、酒類冷藏箱、服務托盤、水罐。

8. 檢查襯墊及酒單；將開胃酒杯排好並將其清潔擦亮。

9. 檢查酒類推車上的玻璃杯、存貨和呈現用瓶。

10. 根據營業場所的標準準備吧枱服務的物品：

砧板	山渣過濾器	雞尾酒用小籤
水果刀	雞尾酒調酒器	杯裝櫻桃
水果：檸檬	酒類漏斗	雪利酒用吸管
柳橙	玻璃罐裝橄欖	濾茶器
蘋果	有色糖	杯墊

◆ 小黃瓜　　　◆ 安古斯圖拉樹皮苦酒　◆ 盎司杯

◆ 蛋（新鮮的）　◆ 桃子苦酒　　　　　◆ 蘇打水瓶

◆ 攪拌杯、攪拌匙　◆ 伍斯特醬　　　　◆ 冰桶及夾子

其他事項

1. 準備及擺設切割推車、甜點推車和開胃菜推車。

2. 擦亮擺設用的邊盤和魚盤。

3. 當完成必要的準備工作時，服務員應該回報領班，他必須檢查
   工作是否完成，然後再分配擺設房間的工作給服務員。

　　為使有效率地將工作完成，應以特定程序進行工作。毫無疑
問，在餐桌擺設後不可撢灰塵，或在還沒用吸塵器清理前就將桌
椅排放好。因此可以下列順序完成工作：

1. 撢掉灰塵

2. 將椅子疊在桌上

3. 用吸塵器清理

4. 擦拭

5. 根據桌位表排放桌椅

6. 布巾

7. 附屬品

8. 保溫出菜區

9. 備餐間

10. 工作枱

11. 餐具清潔

12. 雜項：推車

　　有一些工作可同時完成，而服務員領班必須有效率地完成。

開放式自助餐枱

工作包括：

1. 根據主管的指示準備自助餐枱
2. 陳列以下各項：

   ◆ 奶油碟及奶油刀

   ◆ 配料

   ◆ 食物

   ◆ 必須的特殊刀具和餐具（葡萄柚匙）

   ◆ 大型奶油碟用的底盤

   ◆ 服務叉匙

   ◆ 若需要的話可擺放有襯巾的邊盤

   ◆ 水罐及肉糜或慕斯用的大肉刀

   ◆ 冷的魚肉盤

   ◆ 切割刀

推車

工作包括：

切割推車

1. 檢查推車是否乾淨。
2. 檢查變性酒精燈並將其填滿。
3. 將煮過的蒸餾水裝滿貯水槽。
4. 只擺設底架。
5. 確定醬汁槽及滷汁槽有適當的覆蓋物，且他們應該設置在餐盤平台的旁邊。
6. 推車枱面的擺設：只放置折好的口布。
7. 底架的擺設：服務盤及

   ◆ 1支大餐刀

- ◆ 6套服務匙及服務叉
- ◆ 2支醬料杓（放在折好的（袋狀）口布裡）
- ◆ 附有切割刀叉和切割器具的服務盤（切割器具放在餐盤間）

參閱第8.3節，切割推車圖例。

甜點推車

1. 檢查推車是否乾淨擦亮。

2. 在最上層舖放飾巾或餐巾。

3. 在舖有折好襯布的底架擺放：

- ◆ 甜點盤／碗
- ◆ 切片蛋糕、糕點夾（放在抽屜裡或服務盤上）
- ◆ 服務叉匙
- ◆ 大肉刀
- ◆ 醬料杓（放在折好的口布裡）
- ◆ 放置使用過的服務器具用的大肉盤

乳酪推車

1. 檢查推車是否乾淨。

2. 頂架及底架可擺設如下：

推車枱面：

- ◆ 鹽及胡椒
- ◆ 細白砂糖
- ◆ 各種餅乾
- ◆ 放置在乳酪板上的各種乳酪
- ◆ 乳酪服務時用的刀叉
- ◆ 放在底盤上的芹菜杯

底架：

◆ 邊盤

◆ 邊刀

參照第5.7節甜點／乳酪推車的範例。

舖放布巾

舖放枱布

在舖放枱布之前，桌椅應該在正確位置，桌面乾淨，餐桌不可搖晃。若餐桌輕微搖晃，可塞一片軟木塞片穩住。

其次，應該收取正確尺寸的枱布。多數枱布以所謂的螢幕（Screen Fold）摺疊法。

服務員應該站在桌腳之間以確定枱布四角蓋住桌腳。

應該在服務員面前橫過餐桌展開螢幕摺，以反摺和兩個單摺對著他們，並確定反摺朝上，此時枱布應該以下列方式舖放：

◆ 將大拇指放在反摺上面，食指和中指放在摺的另一面

◆ 盡可能張開雙臂與桌同寬，並舉起枱布，使枱布的底部自由落下

◆ 站到餐桌的另一邊

◆ 現在放開中間的摺，並將枱布朝自己的方向打開直到將整張餐桌蓋住

◆ 檢查枱布是否每一邊都相等

◆ 從枱布的邊緣做調整

若枱布擺放正確，則下列幾點必須注意：

◆ 枱布的角需蓋住桌腳

◆ 枱布垂下的部分在餐桌的周圍應該是相等的：30-45公分（12-18吋）

◆ 在房間中每張枱布的皺摺應相同

◆ 大型聚會時，若必須以兩張枱布覆蓋一張餐桌，則兩張枱布重疊的部分應該朝向房間入口的相反方向，這是為了讓房間和餐桌有更好的呈現

餐桌的舖設沒有比用乾淨清新、硬挺的布巾更具有吸引力了，盡可能將枱布弄小一點，以正確方法舖設枱布時即可確定。

服務巾的摺法

使用於餐飲服務中的服務巾摺法有很多種，有一些較簡單，有一些則錯綜複雜。簡單的摺法在每天的服務中使用，而其他複雜困難的摺法可能只在特定場合中使用，像午宴、晚宴、婚禮等。

簡單摺法較複雜摺法為佳的理由有三：

1. 無論餐巾以簡單或困難的摺法摺疊，只要摺法正確就很好看，並且可增加服務場所的美觀。

2. 衛生是個更重要的問題。較複雜的摺法需要更多觸碰去完成，而且當顧客打開服務巾放在膝上時，會因皺摺而顯得粗劣不堪。

3. 複雜摺法比簡單摺法花費更多時間。

大多數的服務巾摺法都有特定的名稱，例如：

◆ 甜筒

◆ 主教帽

◆ 玫瑰

◆ 威爾斯王子的羽飾

◆ 雞冠

◆ 三摺波浪

小餐包或烤脆的薄麵包片上桌時使用玫瑰摺法（rose fold）。

三摺波浪摺法可在特別集會中用來夾住菜單和名片,是一種具有吸引力的摺法。

　　圖5.12所示的餐巾摺法主要是用於每天的餐飲服務和特殊場合。這些是簡單摺法,可以更快完成,需要的觸碰更少,因此也更衛生。船型摺法(未舉例)是較複雜的摺法,需要較多時間完成,也需要更多觸碰,當賓客舖放在膝上時,看起來相當皺。

圖5.12　餐巾(口布)摺法

從左至右為:1.主教帽 2.玫瑰 3.甜筒 4.雞冠

餐巾(口布)摺法

　　以下四種是口布的基本裝飾摺法:

1. 主教帽

2. 玫瑰

3. 雞冠

4. 甜筒

　　一旦學會這幾種摺法，則學習其他摺疊的技術可以拓展這方面的技能。

主教帽摺法

1. 將口布舖平在面前（見圖5.13（a））

2. 對摺，邊與邊對齊（見圖5.13（b））

3. 將右上角往下摺到下方中心點（見圖5.13（c））

圖5.13　主教帽摺法

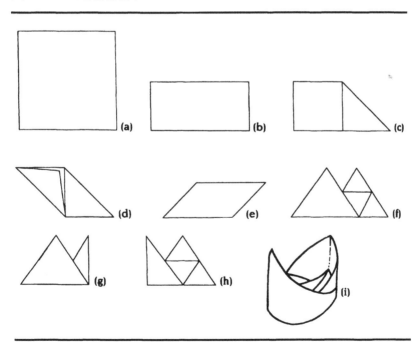

4. 將左下角往上摺到上方中心點（見圖5.13（d））

5. 將口布翻面，使摺疊的部分朝下（見圖5.13（e））

6. 從上往下對摺，讓兩個三角形的頂端向上（見圖5.13（f））

7. 將右邊三角形對摺，使右下角剛好塞進左三角形（見圖5.13（g））

8. 將口布翻面（見圖5.13（h））

9. 再一次將右邊三角形對摺，使右下角剛好塞進左三角形。擺放時將底部拉圓使口布直立即可（見圖5.13（i））

玫瑰摺法

1. 將口布舖平使成一正方形（見圖5.14（a））

2. 將四個角往內摺到口布的中心點（見圖5.14（b））

3. 再一次將四個角往內摺到口布的中心點（見圖5.14（c））

圖5.14　玫瑰摺法

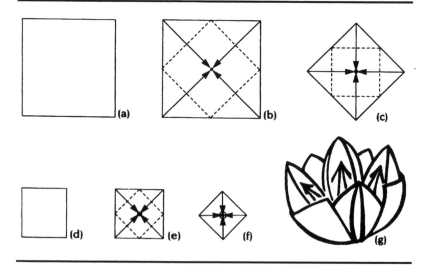

4. 將口布翻面，使所有摺疊的地方都朝下（見圖5.14（d））

5. 再一次將四個角往內摺到口布的中心點（見圖5.14（e））

6. 用翻轉的巴黎高腳杯將中心點往下壓（見圖5.14（f））

7. 握住巴黎高腳杯，從餐巾下方拉起每個摺疊的角（花瓣）到杯子的碗狀部位，現在有四片花瓣了，再從餐巾下方的每片花瓣之間拉起另外四片花瓣。將其置於墊著小飾巾的底盤上（見圖5.14（g））

注意：a　餐巾必須乾淨硬挺

　　　b　用手背將每個摺痕重壓一次，使其堅挺明顯

雞冠摺法

1. 將口布舖平使成一正方形（見圖5.15（a））

2. 對摺（見圖5.15（b））

3. 再對摺成一個正方形（見圖5.15（c））

4. 將正方形轉個方向變成菱形，並確定四個單摺在菱形的下方

圖5.15　雞冠摺法

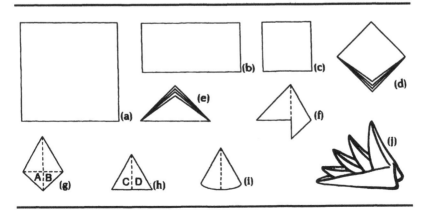

（見圖5.15（d））

5. 將菱形下面的角往上對摺，形成一個三角形（見圖5.15（e））

6. 將三角形右邊的角往下摺，使側邊對準中心線（見圖5.15（f））

7. 左邊亦同（見圖5.15（g））

8. 將下方兩個三角形（A和B）塞到主三角形後面（見圖5.15（h））

9. 將左右兩個三角形（C和D）往後對摺，四個角應該位在上面（見圖5.15（i））

10. 把這個窄摺拿好，將四個單摺依序往上拉起（見圖5.15（j））

甜筒摺法

1. 縱向打開餐巾（見圖5.16（a））

2. 將左上角往右下方摺到中心線處（見圖5.16（b））

3. 將下面的正方形往上對摺蓋住三角形（見圖5.16（c））

4. 藉由放在餐巾裡的手將右上兩個角盡量往後摺（見圖5.16

圖5.16　甜筒摺法

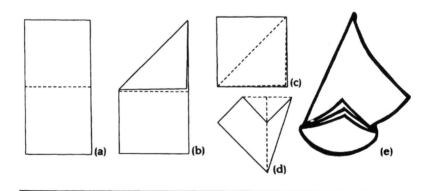

（d））

5. 拉出底部使它變成圓形，並將其置於餐具中（見圖 5.16（e））

餐桌服務及輔助服務的餐席擺設

餐席

　　餐席（cover）是餐飲業常用的術語之一，根據背景，有兩個定義。

1. 討論餐館或餐廳可容納多少賓客，或多少賓客將出席某個雞尾酒會時，我們把出席的賓客總數稱作「餐席」。舉例來說：餐館或餐廳最多有85個餐席（賓客）；某個雞尾酒會可有250個餐席（賓客）；這張餐桌可設6個餐席（賓客）。

2. 擺設餐桌時，根據餐食型態和所提供的服務，有各種不同的餐具，我們將這種餐具的擺設稱做「餐席」，換句話說，餐席表示擺設特殊餐食所需的利器餐具、扁平餐具、陶瓷餐具、玻璃器皿及布巾類等餐位餐具。

　　擺設餐席時，有兩個服務的基本考量，一是用餐的利器餐具和扁平餐具在每道菜上菜之前擺放的位置，二是用餐的利器餐具和扁平餐具要在所有要上的菜餚上菜之前擺設。第一個方法叫做單點餐席，第二個方法叫做套餐餐席。

單點餐席

　　單點餐席的原則是在供應每一道菜之前才擺設該道菜所需的餐具。因此下面所述的傳統餐席表示典型菜單中上菜順序的第一道菜－開胃菜（hors-d'oeuvre）的餐席，現在這種類型的服務有很多不同的擺設方法，包括只使用大型裝飾性餐盤，或以肉刀及肉叉代替魚刀和魚叉。

　　◆ 魚盤

- ◆ 餐巾
- ◆ 魚刀
- ◆ 魚叉
- ◆ 邊盤
- ◆ 邊刀
- ◆ 酒杯

套餐餐席

　　這種餐席的原則是在上第一道菜餚之前即將所有需要的餐具擺設好。以下所列是傳統餐席,當然,這個方法也可稍做變化,譬如,將甜點叉匙省略不放。

- ◆ 餐巾

圖5.17　單點餐席

- ◆ 湯匙

- ◆ 魚刀

- ◆ 魚叉

- ◆ 肉刀

- ◆ 肉叉

- ◆ 甜點匙

- ◆ 甜點叉

- ◆ 邊盤

- ◆ 邊刀

- ◆ 酒杯

圖5.18　套餐餐席

擺設餐桌

若餐桌舖好枱布，則應為準備上菜擺設好餐席。

◆ 若單點餐席已擺設好，則魚盤應為第一個擺設在餐桌上的項目，並放在每個餐席的中央。

◆ 若套餐餐席已擺設好，則餐巾或邊盤應為第一個擺設在餐桌上的項目，並放在每個餐席的中央。

◆ 若邊盤已擺設在每個餐席中央，則擺設所有利器餐具及扁平餐具時，需將邊盤移到餐席的左手邊。先在餐席中央擺設東西的目的是為了確保餐席恰好相對，並且每個餐席的餐具都保持一樣的距離。

◆ 利器餐具和扁平餐具應從圓托盤或服務餐盤上擺設到餐桌上，此外，也可利用服務巾將要擺設的項目在上桌前做最後一次擦拭。

有時候用來放置利器餐具和扁平餐具的推車在各餐桌間穿梭，用服務員的臂巾擦拭餐具之後，將其擺設到餐桌上。

擺設套餐餐席時，餐具應由內而外擺設，這麼做可確保餐席的間距相同，並且減少必須處理擺設項目的機會。

擺設餐席的順序如下：

套餐餐席	單點餐席
口布	魚盤（餐席中央）
大餐刀	魚刀
魚刀	魚叉
湯匙	邊盤
肉叉	邊刀
魚叉	口布

甜點叉	巴黎高腳杯
甜點匙	
邊盤	
邊刀	
巴黎高腳杯	

當上述的餐席都已擺設好，即可擺設其他附屬品：

◆ 調味瓶

◆ 若該營業場所可吸煙，則顧客索取煙灰缸時再提供

◆ 桌號牌架

◆ 桌飾

服務員必須確保所有餐具擺設在距離桌緣1.25公分（1/2英吋）的位置，餐席上面擺設帶有店徽的陶器餐具，擦拭過的玻璃杯應擺設在餐席的右上角，並將杯子倒放，一旦餐席擺放好，則該桌的配料應依照顧客的需要擺放在桌上。

若為單點餐席，則餐具依照顧客所點的菜一道一道擺放上桌。換句話說，在用餐時，不可將非該道菜餚使用的餐具擺放上桌。

若裝飾用的餐位餐盤用做單點餐席之用，通常是將第一道菜餚的餐盤置於其上，用畢時，第一道菜和餐位餐盤一起收走。

若為套餐餐席，則顧客點菜後，服務員須將不必要的餐具收走，並擺放其他菜餚需要餐具，這表示顧客在開始用餐前，該次用餐所需的餐具就以擺放在桌上。

擦拭玻璃餐具

1. 以下是擦拭玻璃餐具所需的器具：

◆ 一盆沸水

◆ 乾淨的乾抹布

◆ 需要擦拭的玻璃器具

2. 利用玻璃杯的底部來做清潔，握住高腳杯，讓沸水的蒸氣充滿在杯子裡（見圖5.19（a））。

3. 握住杯子的底部，轉動酒杯使蒸氣在杯子裡循環。

4. 用乾淨的乾抹布握住酒杯底部。

5. 另一隻手放在抹布下面，準備擦拭酒杯。

6. 將負責擦拭的那隻手的大拇指放進杯中，其他手指放在外面輕輕抓住酒杯的碗狀部位，用握住底部的手轉動酒杯（見圖5.19（b））。

7. 完全擦事後，在光線下檢查是否擦拭乾淨。

8. 確定杯子底部也是乾淨的。

附屬品

無論是單點餐席或套餐餐席，附屬品都要在餐席擺設好之後才上桌，需要的附屬品如下：

圖5.19　擦拭玻璃器具

（a）讓蒸氣充滿整個杯子　　　　（b）一邊轉動杯子，一邊擦拭

◆ 調味瓶：鹽、胡椒、芥茉和芥茉匙

◆ 煙灰缸（在吸煙區時）

◆ 桌號牌架

◆ 花瓶

　　這些都是完成餐桌擺設所需的基本項目，在某些店裡，一些特定的外加配料會在上菜之前擺在餐桌上，以完成所有的擺設，這些外加的附屬品包括：

◆ 餐包籃

◆ 脆烤薄麵包片

◆ 穀物棒

◆ 胡椒

◆ 牛油塊

　　若這些外加附屬品擺放在桌上，對特定營業場所來說是很獨特的，值得注意的是，在最高級的服務裡，小餐包、脆烤薄麵包片和穀物棒不會事先擺放在餐桌上，除非顧客已就座。當客人全部就座，牛油才上桌——理由是，若太早將牛油放在桌上，它會因溫度上升而開始融化，也會喪失香味。辣椒和胡椒則是一些特定菜餚的配料，若沒有點這些菜餚，就不應該上桌。

自助餐枱和櫃枱式長桌的準備

自助餐枱服務

　　自助餐包括刀叉自助餐、叉子自助餐、手指自助餐。在建置這個房間時，特定場合和主人希望的需要會決定精確版式，無論爲何種性質的場合，仍有些基本原則要遵守，如下所列：

1. 自助餐枱應建置在醒目的位置。

2. 須有足夠的空間建置自助餐枱，以供展示及陳列。

3. 自助餐枱應接近備餐間及洗碗間的入口，並在不打擾顧客的情況下，將自助餐枱補滿食物及清理使用過的餐具。

4. 有足夠的空間供顧客流通。

5. 準備足夠的桌椅，以備不時之需。

6. 房間應佈置得吸引人並營造的用餐氣氛。

建置自助餐枱

建置自助餐枱的房間時，視該場合的性質來決定所需的設備（參閱第9.4節）。

用一條合適的枱布舖在自助餐枱上，枱布邊緣離地面的距離需在1.25公分（1/2英吋）之內，若使用兩條以上的枱布，皺摺要排好，枱布重疊的地方應朝向房間入口的另一邊。自助餐枱的尾端應為起褶的「盒狀」，從而給自助餐枱一個更美觀的呈現。

為了整齊清新地完成整個過程，應盡可能少去碰觸枱布。

以下列方法完成舖設枱布的程序：

◆ 橫過餐枱將摺成螢幕摺的枱布打開（圖5.20（a））

◆ 站在餐枱的對邊將枱布打開，讓枱布整個覆蓋餐枱，枱布邊緣距離地面不可超過1.25公分

◆ 站在桌前，將大拇指壓著枱布前面的一角，另一手拿著對面的一端，將其以一個半圓往回移（圖5.20（b）），這麼做可以使枱布的邊成水平

◆ 桌面的摺會像一個三角形（圖5.20（c）），將三角形的部分朝餐枱的側邊拉，確定摺邊剛好在餐枱側邊上（圖5.20（d））

◆ 利用手背將摺弄平

◆ 在餐枱的另一邊重複以上動作

所有皺摺應該都相同，並在桌面舖上襯布。

圖5.20　舖設自助餐枱的枱布

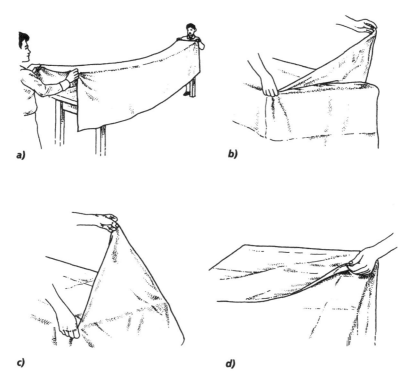

a)

b)

c)

d)

櫃枱式長桌服務

櫃枱式長桌服務是由顧客拿著托盤沿著餐枱選擇要食用的菜餚，結帳並拿取適當的餐具（可參閱圖1.9中另一種形式的櫃枱式服務）。

菜單上有很豐盛的菜色，有冷熱點心、飲料以及單價，若為套餐菜單，則視主菜為何來定價格。

自助餐廳或食物供應區的入口應有菜單供顧客參閱，他們就

可以知道要點什麼菜，這麼做可以節省時間並加快顧客的翻枱率。餐枱一端設有托盤架，顧客可沿著餐枱挑選菜色。

餐枱上菜餚如何排列是最重要的部分，通常是依照菜單上的順序排列：開胃菜、果汁、雞尾酒、冷盤和沙拉、麵包、牛油、湯、熱的魚類菜餚、熱的肉類菜餚、熱的蔬菜、熱的甜點、冷的甜點、冰淇淋、各種三明治、蛋糕及派餅、飲料、冷飲。像這樣有邏輯的排列，可以讓顧客方便取用各種食物。

冷食的陳列是自助餐枱重要的一環，由於衛生的因素，冷食必須蓋著並保持適當的溫度。

這種形式的服務可以先裝盤或只將主菜裝盤，其他的配菜如洋芋、蔬菜、醬汁及配料等，則根據顧客的選擇才裝盤。若為前者，可確保各服務據點更快速的翻枱率，且所需的桌面空間較少。若為後者，則會因所需的洋芋、蔬菜、醬汁及配料的服務而使得翻枱率降低，當然，也需要更多桌面空間來保持即將上菜的蔬菜、洋芋、醬汁及配料的熱度，這種型態的服務需要更多工作人員，也會使得餐食的成本增加。

櫃枱式長桌自助餐枱通常依照菜單所列的菜色來決定長度，但不可太長，否則會限制上菜的速度。在餐枱的末端應設置收銀枱，在顧客回座用餐前就先依所挑選的菜餚收費，而餐具架應設置在收銀枱之後，以免顧客忘了拿餐具而折回餐枱時會打斷其他顧客取用食物。

進行櫃枱式長桌自助餐服務時，使用份量控制的器具來使每一客菜餚的份量都合於標準，這些器具包括鏟子、杓子、碗、牛奶及冷飲的分配器，通常牛油、糖、果醬、奶油、乳酪、餅乾都已預先分配好。

若在某個時段顧客翻枱率特別高，則可在自助餐廳（櫃枱式

長桌自助餐枱）類型服務上做一些變化，即使用一些單獨的（錯開的）服務餐枱（階段性服務），每一個服務餐枱供應不同的主菜及搭配的蔬菜、醬汁和配料，有些餐枱供應冷熱甜點、飲料、三明治、蛋糕、糕餅及各種食品。顧客可在入口處的菜單上先看想吃什麼，然後立刻到合適的服務餐枱取用，因此，若只需要一個三明治和一杯熱飲，就不會因選擇全餐而阻礙。

只要每個服務餐枱有組織地配置，人員也適當地配置，菜餚短缺時馬上補充，那麼這種方法可以加速服務的速度。而座位則依下列各點配置：

◆ 餐飲區的大小及外觀

◆ 使用之桌椅的設計

◆ 可讓推車行進的通道寬度

◆ 營業場所的型態

以標準而言，考慮餐桌空間、通道與餐枱之間的距離，每個人需要2 1/2-4平方公尺（10-12平方英呎）。

核對清單

準備熱食餐枱、沙拉吧、用餐區及外帶服務時，核對清單的設計要點如下：

熱食（餐枱準備）

1. 將熱食餐枱打開，讓它有足夠的時間增溫至正確的溫度。

2. 確定當日所需的餐盤數已備妥：

◆ 放在熱食餐枱上

◆ 如同備用盤放在熱食餐枱下面

3. 將熱食從爐上移到熱食餐枱上。

重要：（a）使用爐灶專用的布巾來拿取熱食，以避免意外和

溢出食物。

（b）一律使用托盤來運送熱食，以避免意外和溢出食
物。

4. 檢查熱食菜單，並確定服務開始前在熱食餐枱上，以放置當日
菜單所列之菜餚。

5. 確定所有熱食都用蓋子蓋著，以防止熱氣流失及變質。

6. 準備清潔用品來擦拭溢出的菜餚。

7. 確保熱食餐枱上的每一道菜，都有適當的器具供顧客取用食
物：

◆ 大湯匙，可用在像義大利蔬菜麵之類的菜餚。

◆ 有孔的大湯匙，可用在水煮蔬菜（可排出多餘水分）。

◆ 長柄杓，可用在海鮮用的白乳酪醬和 Aloo Brinjal Bhajee。

◆ 鉗子，可用在炸大蕉和加勒比雞肉。

◆ 分魚刀，可用在素食比薩。

8. 當服務未執行或不合時宜時，別忘了將菜餚放回熱食餐枱上指
定的位置，這麼做可以避免在未執行服務時，突然忙碌造成混
亂。

沙拉吧（餐枱準備）

1. 打開沙拉吧，讓它有足夠的時間降溫至正確的溫度。

2. 確定當日所需供沙拉、肝醬、冷食肉類、乳蛋餅和果餡餅、冷
派、乳酪和希臘紅魚子泥沙拉之用的沙拉碗和餐盤夠用：

◆ 拉沙碗只供沙拉使用

◆ 餐盤供其他冷食使用

無論何時，在冷食餐枱上應有足夠的沙拉碗和餐盤供顧客取
食之用，在沙拉吧下面也要放置備用盤。

3. 確定下列器具已準備好並放在指定的位置：

◆ 沙拉鉗，可用在像生菜沙拉之類的乾沙拉。

◆ 大湯匙，可用在像香蕈之類的濕沙拉。

◆ 煎魚鍋產，可用在肝醬、冷食肉類、乳蛋餅或果餡餅、冷派。

◆ 大湯匙，可用在希臘紅魚子泥沙拉。

◆ 鉗子，可用在切片的法式長棍麵包及雜糧麵包。

4. 準備清潔用具，以維持餐枱的美觀及潔淨。

5. 將準備好的各項沙拉，從廚房移到沙拉吧上。

6. 服務前先用蓋子蓋好。

用餐區 （準備）

1. 準備乾淨的桌椅。

2. 擦拭每張餐桌。

3. 確定當日所需的乾淨餐具已準備好，且數量足夠。

4. 確定有乾淨的托盤，並且有足夠數量在托盤架上以供顧客取用。

5. 確定鹽、胡椒等調味瓶已補充，每張餐桌上都擺放鹽罐和胡椒罐，若為小包裝的鹽及胡椒，並需確定收銀枱上有兩個碗，分別裝有鹽包及胡椒包。

6. 裝滿飲水罐，將其置於指定的位置，或確認飲水機是可用的。

7. 確定自動餐巾機已補充。

8. 確定推車已清理，有襯裡的容器也在適當的位置。

9. 準備清潔用品來擦拭服務期間使用過的餐桌及托盤。

外帶服務 （準備）

關於外帶服務的準備有一些不同的考慮：

1. 確定所有器具已打開並正確地運轉。

2. 檢查所有溫度控制器的器具。

3. 確定調味料包、餐巾、餐盤有足夠的數量。

4. 檢查外帶菜單及價目表是否已完全展示。

5. 察看是否準備足夠的食物和飲料,來確保收到訂單時,最少的耽擱。

6. 也許以「整批烹煮」為基準的食物,可確保產品的品質。

7. 察看在所有準備範圍內,必要的制服是否磨損,譬如帽子、工作服和圍裙。

8. 為了安全起見,必須準備烤箱布巾、擦拭杯盤用的抹布、托盤等。

9. 準備並分發宣傳單,來幫忙突顯形象。

10. 準備清潔用品來擦拭乾淨,並防止食物溢出。

11. 是否所有服務用具都隨手可得。

12. 察看是否每樣物品都在指定的位置,並容易找到,這麼做可以協助良好的工作方法。

13. 廢箱子可裝上清潔塑膠袋。

14. 確定所有工作枱╱服務枱表面都很乾淨,並且在服務前也已使用清潔用品擦拭乾淨。

注意:若為外帶服務,必須隨時注意產品、衛生、包裝、標籤和溫度控制。

5.5 餐桌服務順序

用餐服務的程序

從顧客進入營業場所開始,一直到顧客離開該店,為便於進行,所有的服務順序以要點列表,表上所列為建議的順序,應該

注意的是這個順序可因營業場所、菜單型態及所提供的服務的不同而修改。盡可能從左邊上菜，從右邊服務酒精飲料及無酒精飲料，另外使用過的餐具也從右邊清理。有一兩個例外情況，舉例來說，餐桌的位置和顧客坐在該桌的位置會影響上述原則。同樣，邊盤放在餐席的左手邊，便於從左邊清理，也可避免在顧客前面伸出手。

　　餐飲服務工作人員應該在服務開始之前，留有足夠的時間做好下列各項：

◆ 檢查工作枱裡的器具是否足夠服務之用。

◆ 檢查餐桌的擺設是否正確。

◆ 檢查菜單，了解當日菜餚、烹煮方法、裝飾、正確的餐席、配料和服務模式。

◆ 了解服務區域和其他工作職責的分配。

◆ 領班須檢查所有人員是否正確穿戴該營業場所的制服。

　　當顧客來到該營業場所時，應做下列程序：

1. 顧客進到店裡，應由接待處服務員領班迎接，核對他們是否有預先訂位，若無，則為他們安排一張餐桌。

2. 接待處服務員領班應詢問顧客是否要用餐前酒，並詢問要在酒廊或接待區用，還是用餐時再飲用。

3. 領顧客入座，接待處服務員領班指明該服務區域的服務員，然後讓他接手服務。該服務員隨侍在側並協助顧客入座。

4. 該區服務員為顧客打開口布，並將之放在顧客膝上。

5. 侍酒員到該桌提供餐前酒的酒單供賓客選擇，並接受顧客點酒。

6. 供應餐包和脆烤麵包片，在餐桌上擺放牛油。

7. 提供菜單給主人和其他賓客觀看，留一點時間給他們決定要點

的菜色。

8. 主人的決定是最重要的。

9. 該區服務員領班接受宴會主人的點菜,領班須站在主人左邊,並給予主人點菜的建議或解釋菜單上的項目。

10. 侍酒員到該桌詢問賓客是否需要佐餐的酒,經由主人點酒,侍酒員應該建議適合特定菜色的佐餐酒。

11. 服務員為顧客更換餐席以便上第一道菜。

12. 擺放餐盤,上第一道菜並給予適當的配料。

13. 按照規定收拾第一道菜。

14. 擺放餐盤以便上魚類菜餚。

15. 若酒要與魚類菜餚一起上,則於桌上擺放酒杯。

16. 向主人獻酒並開酒,讓主人試酒,確認後,為其他賓客倒酒,從女士先倒,主人最後(主人可請另一位賓客試酒,則主人及該位賓客最後才倒酒)。半瓶酒大約可倒三杯,一瓶酒大約可倒六杯;葡萄酒須先冷藏後再服務,葡萄酒則於室溫下服務。

17. 擺放魚盤並上菜。

18. 收拾魚類菜餚。

19. 擺放主菜的餐席。

20. 若有點主菜的佐餐酒,則擺放正確的酒杯,並將先前使用過的酒杯收走。

21. 向主人獻酒並開酒,讓主人試酒,確認後,為其他賓客倒酒,從女士先倒,主人最後。

22. 擺放肉盤並上主菜,該區服務員領班必須確定在主菜服務開始前所有必要的器具都在工作怡裡,否則服務會被打斷,菜餚也會因此而變冷。所有冷食應在熱食前服務完畢。

23. 蔬菜類菜餚及沙司船應擺放在底盤上；所有熱食必須滾熱上桌並用熱餐盤裝盛；服務洋芋、蔬菜、熱醬汁及配料後，可服務肉類菜餚，裝盛在距離顧客最近的餐盤上，即爲餐席6點鐘方向的餐盤。

24. 必要時，侍酒員應將酒杯擺正，並由該區服務員領班服務更多餐包、脆烤麵包片、牛油等，詢問顧客是否滿意各項服務。

25. 收拾主菜，包括邊盤、邊刀、調味瓶、牛油盤、穀物棒和配料，每一項都按照規定收拾。

26. 刷清桌面。

27. 若有必要，換新煙灰缸。

28. 提供菜單讓顧客點餐後甜點。

29. 擺設甜點餐席及附屬品。

30. 侍酒員清理酒杯及酒瓶。

31. 服務甜點，冷盤須在熱盤之前服務。

32. 清理甜點盤。

33. 接受顧客點咖啡。

34. 侍酒員展示酒類推車，並服務需要的利口酒。

35. 將咖啡服務需用到的整套餐具擺放在桌上，服務咖啡，並在適當時機提供更多咖啡。

36. 出示帳單，付款給服務員，由服務員交由收銀員開立收據，然後將收據連同找回的零錢一起交給顧客。

37. 由該區服務員領班目送顧客離開該店。

38. 清理餐桌，若有需要則重新擺放。

接待顧客

餐飲工作人員的個人技術對於推銷該店，以及讓顧客有賓至如歸的感覺和輕鬆自在的氣氛有很大的幫助，這方面的服務經常被忽視，並且所有僱主都應該使員工牢記在固定期間與顧客聯絡接觸的重要性；令人愉快的款待能夠贏得顧客，卑微的態度將失去顧客。第一印象是很重要的。

移除備用餐席

在許多情況下都會為賓客的聚會保留桌子，譬如到場的人數比當初預定的少一位時，聚會仍應照常開始，此時服務員必須移走餐桌上多餘的餐席，服務員必須根據桌子的實際位置來判斷移走哪一套餐席。必須注意的是，所有顧客都要在場。多餘的餐席應以正確的方法使用服務盤或圓托盤來移走。當多餘的餐席移走後，其他顧客的餐席應視需要而調整，並將附屬品重新放置，多餘的椅子也應移走。

重新擺設餐桌

在忙碌的餐館或餐廳常常重新擺設餐桌，以應付川流不息的顧客，首先將餐桌上的所有器具移開，刷清桌面，若枱布髒污，應將枱布放在上面，並按照規定重新擺放。

這個步驟應盡速完成以確保在有限服務時間內最大的顧客翻枱率，並達成最大的銷售額，而在營運良好的營業場所理則表示有更多的利潤。

5.6　接受顧客點菜

接受點菜的方法

有四種基本接受點菜的方法，如圖5.21所示。

　　所有的點菜方法都以這四個基本概念為基礎，甚至最複雜的電子系統也以其中二或三個方法為基礎，即使無法寫下實際單據，但可以透過電子儀器直觀顯示部件（VDUs：visual display units）或由列印機印出。

圖5.21　餐飲服務的點菜方法

方法	內容
三聯單法	接受點菜；第一聯送至供應處；第二聯送至出納，以便結帳之用；第三聯由服務員於服務期間留存，以茲證明
二聯單法	接受點菜；第一聯送至供應處；第二聯由服務員留存，以利服務及結帳
隨點即服務	接受點菜；顧客依照所點的菜色在服務後立即付款，譬如吧檯服務或外帶服務
預點式	（1）個別點菜，譬如客房服務的早餐（參閱第7.2節） （2）醫院的托盤系統（參閱第7.4節） （3）集會（參閱第9章）

三聯單法（Triplicate checking method）

在大多數的中型和大型高級營業場所裡，三聯單法是一個控管系統，照字面看來，可知此法包括三份複本。

為確保有效地控管，服務員必須在點菜單的四角填寫必要資訊：

- ◆ 桌號
- ◆ 餐席數
- ◆ 日期
- ◆ 接受點菜的服務員簽名

接受點菜時，應由點菜單的上方開始填寫，若為套餐菜單，則顧客最初只點第一道菜和主菜，但套餐的定價需記在點菜單上，並畫圈做記號。

第二聯點菜單是用來點甜點的，當顧客用完主菜後再點。第三聯用來點餐後飲料，如咖啡等。

單點菜單的點菜法也很類似，即使顧客是依他們所需要的一道一道點菜。需注意的是，所有的點菜單都應該寫清楚，並且將每道菜的價格填在點菜單裡。

點菜時可用縮寫，只要縮寫可被了解，廚房不會誤解而做出錯誤的菜，造成上菜時的延誤即可。

食物點單

1. 第一聯應送至廚房，並在熱食區交給控菜員。
2. 第二聯送至收銀枱，以便顧客結帳。
3. 第三聯由服務員留存於所屬餐具櫃中，以茲證明。

所有點菜單或帳單若要取消，應由領班或主管在單上簽名，另外，點菜單和帳單也應變更。

圖5.22　點菜單：點菜前後的不同

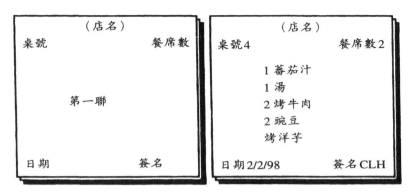

圖5.23　點菜單：Suivant（續）

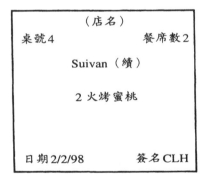

在某些特例中，必須將特殊註記寫出來，譬如：

◆ 當必須使用超過一張點菜單時，例如主菜上完之後需點甜
　 點時。此點菜單的標頭應寫上 Suivant，此字表示「續
　 頁」，由此可知，此桌已有一張點菜單了。

◆ 當廚房出的菜份量不夠，顧客另外加點一客時，此點菜單

在標頭必須註明Supplement（追加）（如圖5.24所示），且通常是無須付費的（n/c），但需視該營業場所的規定而定。

◆ 點錯菜而必須退回廚房更換時，必須填寫特定的單子（如圖5.25所示），若為單點菜單，則退回及更換菜餚的價格都需填寫，標明Retour（退回）者和退回的菜餚一起送至

圖5.24　點菜單：Supplement（追加）

（店名）

桌號4　　餐席數2

Supplement（追加）

1 豌豆 N/C

DAN

日期2/2/98　　簽名CLH

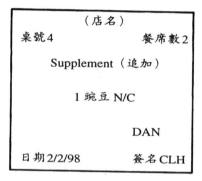

圖5.25　點菜單：Retour（退回）／En place（更換）

（店名）

桌號4　　餐席數2

Retour（退回）

1 烤雞

En place（更換）

1.水煮雞肉

DAN

日期2/2/98　　簽名CLH

圖5.26　點菜單：Accident（意外）

```
           （店名）
桌號4              餐席數2

        Accident（意外）

        1 洋芋 N/C

                    DAN

日期 2/2/98        簽名 CLH
```

廚房，標明 En place（更換）者和更換的菜餚，則為即將
上菜者。

◆ 有時服務員在服務時發生意外，例如打翻蔬菜，這些都需
更換新菜給顧客而無須收費，此單需註明 Accident（意
外），並註明需要份量，此單應由領班或主管簽名，以示
負責。

現在趨向於以加蓋的方式上菜，因此在上菜前確認何人點何
道菜，就顯得愈發重要。

有一個無須常常將菜餚蓋子掀起就能確認顧客收到正確菜餚
的方法，即在點菜單上註明顧客正在用的菜餚，此種點菜單如圖
5.27所示，這些加蓋的菜在熱食區時就先在點菜單上註明。

二聯單點菜法

二聯單點菜法常用於較小的飯店、平價餐館、咖啡館以及百
貨公司的餐飲部，通常用於套餐菜單，極少用於單點菜單。

圖5.27　服務員可確認特定菜餚的點菜單設計

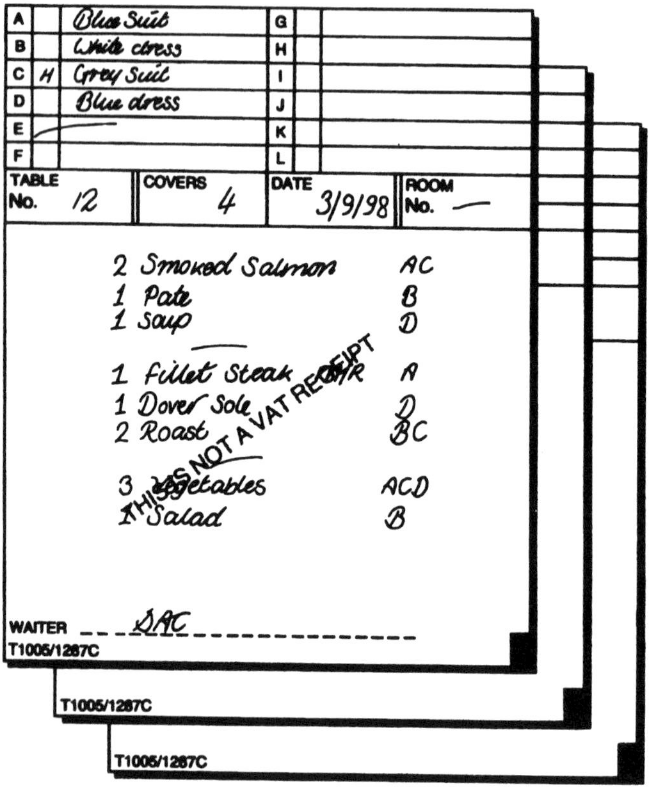

照字面來看，每一份點菜單都有兩聯，每一組有一個序號，通常每本點菜單或帳單有50或100組點菜單，點菜單的第一聯通常為可複寫，若不能複寫，則每次寫新單時須在第一聯和第二聯之間放一張複寫紙。

為了控管方便，第一聯可印上服務員的編號或字母，管理部及會計部應告知每個職員所屬編號為何，同樣地，在每一本點菜

圖5.28　二聯單範例

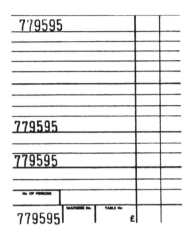

單上應印刷序號。

　　有時點菜單的第一聯由穿4-5孔的騎縫線製成，點菜單的下方可填入桌號，有時上聯有價格欄可填入所點菜餚的價格，但若非如此，服務員必須個別填入特定菜餚的價格於第二聯上。

　　我們可用另一種有騎縫的單子來寫下每道顧客所點的菜，服務員必須記得在單子上寫出餐席數及每道菜的價格，將每張單子送到熱食區前，檢查在第二聯上填寫的菜名和價格是否相符，由於二聯單即為顧客的帳單。因此，服務員必須確認每一項服務應收的費用。

　　當開始上菜時，服務員撕下點菜單第一聯，以便服務第一道菜，將此聯送到熱食區，並準備所需的盤子，當一切就緒，叫菜員會撕下單子下端的服務員編號，並放在要出菜的盤子上，這麼一來，即可知每個盤子的負責服務員，若單子上沒有服務員編號，則將單子和點菜單一起留下，讓適當的服務員收取，叫菜員

會留著單子,來告知要上的菜。第一道菜上菜後,留足夠的時間給顧客用餐,並開始準備第二道菜,將第二道菜的單子送到熱食區,以此類推。

當第一聯的單子不夠寫下顧客的需求時,通常服務員會照自己的意思服務飲料,並將顧客需求填在另一張單子上,若單子不夠時,可使用追加點菜單(supplement check)。

其他開單方法

如同前面提過的,基本的二聯單控管系統有很多變化,因此以下提出三種非常簡單的方法以供參考:

菜單及顧客帳單合一

此法將菜單及顧客帳單合而為一,並分給每一位顧客,顧客將所需份量寫在價格欄旁,舉例來說,若兩位賓客需要2份濃湯、1份蘑菇蛋捲、1份炸鱈魚塊,則點菜單如圖5.29所示。

圖5.29　快速服務:菜單及顧客帳單合一

Soup 　　　Cream soup	2.60	2
Hot Dishes 　　　Omelette served with chips 　　　or Bowl of salad 　　　Plain		
Cheese Ham Mushroom Tomato	4.50	1
Fried Cod and Chips	4.75	1

掌上電腦點菜機（Electronic hand held check pad）

　　服務員使用掌上電腦點菜機點菜，菜單裡的每一道菜都有一個按鍵。

　　當顧客點菜時，服務員鍵入所點的菜，並按下「傳送（send）」鍵，則點菜單會在廚房直接印出。

單張點菜單（Single order sheet）

　　單張點菜單，如圖5.30所示是一種更簡單的點菜單型式，可使用於咖啡館、翻枱率高的餐館和百貨公司，在不同型態的外賣營業場所也很適用，並且便於控管。

圖5.30　平價餐飲店使用的單張點菜單範例

WAITER		Table No.	NUMBER OF CUSTOMERS		£	
WIMPY	CHEESE BURGER	EGG BURGER	BENDER ROLL	CHICKEN IN A BUN		
KING SIZE	QUARTER POUNDER	CHEESE QUARTER POUNDER	HALF POUNDER	KETCHUP SACHET		
WIMPY GRILL	WIMPY SPECIAL GRILL	QUARTER POUNDER SPECIAL GRILL	FISH GRILL	INTER-NATIONAL		
SPICY BEAN BURGER	BACON IN BUN	BACON & EGG IN A BUN	BACON, EGG, TOM. & CHIPS	EGG & CHIPS / 2 EGG & CHIPS		
ROLL & BUTTER / EGG ROLL / FLAPJACKS / HOT APPLE PIE	SIDE SALAD / CHILDS MEAL 1/2/3	WHIPPED CREAM / SOUP / DOUGHNUT RING / TEA CAKES	BREAKFAST 1/2/3 / ORANGE JUICE	CHIPS PORTION / SPARKLING DRINKS		
TEA	CHOCOLATE	ICE CREAM	BROWN DERBY	CHOC NUT SUNDAE		
COFFEE	PERC COFFEE	THICK SHAKE	KNICKER BOCKER GLORY.	FRUIT SUNDAE		
MILK		SODAS or FLOATS	BANANA BOAT	STRAW-BERRY SUNDAE		

V.A.T. No. 346 5158 46
WIMPY
123 WEMBLEY PARK DRIVE, WEMBLEY
£

№ 33883

這種點菜單通常菜色非常有限,服務員在顧客所點的菜名做記號,到熱食區叫菜,當顧客結帳時,服務員須將價格標上,並交由顧客於收銀枱結帳,這種點菜單只有一聯,是點菜單和帳單的結合,為便於控管,在顧客結帳後此聯由收銀員留存。

接受點飲料

一個有效率的系統運作必須確保以下幾點:

◆ 將正確的飲料送至正確的餐桌。

◆ 帳單上的標價正確。

◆ 從吧枱出的飲料紀錄須留存。

◆ 管理者能夠估定一個財政週期的營業額,並加以比較。

常用的控管系統為二聯點菜單,可以為粉紅色或白色,但通常為粉紅色,點單的顏色可協助收銀員及管理部和會計部快速區分食物單(白色)和飲料單(粉紅色)的差別。(如圖5.31所示)

圖5.31 點酒單

第一聯送至吧檯

(店名)	
桌號10	餐席數3
2 香甜雪利酒 @1.20	2.40
1 淡啤酒 @1.00	1.00
1/2 × 16 @6.50	6.50
1 × 40 @11.75	11.75
	£ 21.65
日期 2/2/98	簽名 C£H

若顧客點用酒類，則寫在第二聯，葡萄酒服務專員必須記住在點菜單的一角填入以下四項資訊：

◆ 桌號或房號

◆ 餐席數

◆ 日期

◆ 簽名

點菜時可用縮寫代表，只要縮寫能夠讓吧枱服務員及收銀員了解即可，當只點儲酒箱號的酒時，所需瓶數也應註明。

儲酒箱號可協助吧枱服務員和酒窖服務員在供應顧客所需的酒時，不延誤。酒單裡的每種酒都有一個儲酒箱號，而每種酒也都有自己的價格，在點菜單下方，應將帳款總數寫下，並須先檢查所有的價格是否正確。

葡萄酒服務專員接受顧客點用酒類後，應將點菜單送交吧枱服務員準備所點的酒，並將第二聯和所點的酒放在一起，這麼做可讓葡萄酒服務專員來拿取他們的酒時知道哪一杯是他的。服務完畢時，將第二聯交給收銀員。

接受兒童點菜

接受兒童點菜時必須特別注意以下幾點：

◆ 是否有兒童餐及其選擇性為何。

◆ 兒童餐的內容。

◆ 兒童餐的份量，譬如香腸的數量。

◆ 每個人頭的費用。

◆ 對於特殊要求須特別注意，譬如不要烤豆子。

◆ 先上兒童的餐時，因為當其他人開始上菜而他們未上菜時，他們通常變得較為好動。

◆ 杯子、碗、玻璃杯切忌裝得太滿。

◆ 將營業場所的小禮物送給兒童，讓他們有事做，譬如給一張著色墊。事實上，這麼做也可刺激消費。

◆ 確定兒童的食物為溫熱而非滾燙，以免發生意外。

特殊需求

有特殊需求的顧客須特別照顧，譬如聽障或視障的顧客（參閱第5.2節），以下幾點應考慮：

◆ 點菜時，面對該顧客，讓他可以看到服務員的整張臉。

◆ 正常說話，但須清楚。

◆ 盡量少描述。

◆ 說明特定菜餚的「修飾詞」，譬如開胃菜的「調味汁」或烤牛排的熱度。

◆ 覆誦所點的菜加以確認。

其他特殊需求，如速食者、特殊宗教或文化限制者，以及特殊飲食需求等（參閱第3.1節）。

5.7　餐桌服務

在餐桌服務和輔助服務裡，由左邊上菜而由右邊清理是一種慣例，所有飲料（包括酒精性飲料和非酒精性飲料）都是從右邊服務。隨著餐盤服務的增加，從右邊服務盤裝食物已經成為一件常有的事，同樣地，從右邊清理使用過的餐具及廚餘：通常以右手清理餐盤，左手則用來堆疊收拾的餐盤。這麼做可以確保堆疊的餐盤在顧客身後，如果餐盤打翻，會掉落到地板上而不會掉到顧客身上。在餐盤服務裡，食物附加的餐盤同樣也托在坐著的顧

客身後。

　　另一個慣例是在上熱食前先上冷食（無論由誰作東）。可以確定的是，一旦服務熱食，服務冷食時，顧客不須等待即可馬上用餐，並在正確的溫度進餐。記住，在禮節上沒有顧客會等到所有的菜都上完之後，才開始用餐。

湯的服務

　　湯在服務之前須裝盤，從工作枱裡的湯鍋或旁桌或個別的湯鍋裝盤，如圖5.32所示。服務員須在遠離顧客的地方盛湯，底盤的作用就像一個油滴盤，防止菜餚溢出到枱布上。

　　清燉肉湯通常以清燉肉湯底盤上的清燉肉湯杯裝盛，底盤下在襯已於盤。傳統上是以甜點匙來食用這種型態的湯，因為清燉肉湯原本是在聚會之後，將要回家前用，作為暖身的飲料。原本以大杯子裝盛，附一甜點匙，但不加任何裝飾，使用甜點匙的傳統延續下來，但湯匙亦可。

扁平餐盤服務 （肉類／魚類）

1. 在服務所點的菜之前先擺設正確的餐席。

2. 服務巾整齊摺好，當作隔熱的保護。

3. 服務巾的摺子應在指尖處。

4. 從廚房出菜時，將菜呈現給顧客，讓他可以看見整盤菜，並展現廚師要傳達的藝術效果。

5. 服務時應握著熱的大肉盤的前緣，菜餚與熱的大肉盤的邊緣稍微重疊。

6. 肉類食物置於熱大肉盤「6點鐘」的位置（即最靠近顧客的位置）。

圖5.32　個別湯碗的銀器服務

（a）

（b）

7. 供應第二客時，應該在服務巾上轉動扁平餐盤，則下一客肉類食物會最靠近顧客。

8. 注意，服務的肉類食物置於離賓客最近的餐盤上，使盤子上有足夠的空間來服務洋芋和其他蔬菜，並加以呈現。

9. 若蔬菜以個別的盤子服務，則肉類食物應置於盤子中央。

洋芋和蔬菜的服務

1. 一般說來，服務蔬菜之前先服務洋芋。

2. 無論服務洋芋或蔬菜，盤子應置於墊有餐巾的底盤上，這是為了呈現的目的。

3. 使用餐巾的目的是為了防止服務時蔬菜盤在底盤上滑動。

4. 單獨的服務叉匙應視服務不同型態的洋芋而定。

5. 再次注意，服務巾用來隔熱，使蔬菜盤在扁平底盤上更容易轉動。

6. 肉類食物已盛在正確位置時，應該將洋芋放在最靠近熱大肉盤的位置。

7. 第一道洋芋放在肉盤較遠的一邊，當服務員服務其他菜餚時，向著自己的方向服務，也可美觀地呈現食物。

8. 服務洋芋泥時，將叉子和湯匙疊在一起，叉子在內，挖一勺洋芋泥，然後在顧客的餐盤上輕輕移動叉子，此時洋芋泥會落在盤子上。

注意（圖5.33）：

1. 在蔬菜下放置底盤。

2. 如何使用較大的底盤，同時服務不同的蔬菜。

3. 如何使用服務巾來保護並預防底盤滑動。

4. 服務叉匙的正確拿法。

圖5.33　蔬菜的銀器服務

5. 服務不同蔬菜時，搭配的服務叉匙。

6. 從左邊開始服務。

調味醬的服務

1. 調味醬應裝盛在沙司船裡，並置於底盤上，附上一支調味醬杓。

2. 從沙司船舀出醬汁時，應動作俐落。

3. 調味醬杓的下面應在沙司船的邊緣輾過，以防止醬汁滴落在枱布或熱肉盤邊緣。

4. 調味醬應覆在以服務的肉類菜餚上，或顧客想要的位置。

煎蛋捲（omelette）的服務

1. 在服務之前先擺設正確的餐席。

2. 此處餐席為將一支肉叉擺設在座位右邊，即熱魚盤右邊（開胃菜）。

3. 煎蛋捲從廚房出菜時，應先向顧客呈現。

4. 用兩支服務叉做此項菜餚的服務較使用一套服務叉匙為佳。這兩支服務叉應整齊地放在底盤上並撐住煎蛋捲，直到需要上菜時。

5. 穩住裝盛蛋捲的熱底盤，握著熱的大肉盤的前緣，煎蛋捲與熱的大肉盤的邊緣稍微重疊。

6. 煎蛋捲最靠近熱魚盤的一端，應以服務叉背切整齊。

7. 底盤應在服務巾上轉向，並將另一端切整齊（在服務煎蛋捲前先將兩端切整齊的目的是因為煎蛋捲的這個部分乾得特別快，即使只擱置在保溫板上一會兒）。

8. 應放一支服務叉在蛋捲下方，以確定煎蛋捲不會沾黏在底盤上。

9. 將兩支服務叉分別擺好，小心地從服務盤拿起。

注意：為了讓煎蛋捲能在餐盤上完美地呈現，可在服務時以平底鏟代替兩支服務叉。

餐桌之外的服務

餐桌之外的服務包括在自助餐枱和櫃枱的推車服務，可參閱第7.4節托盤服務及第8.2節旁桌服務。

完成這些服務最重要的準則是不可用手處碰到食物。食物推車應置於服務員和顧客之間，如同在商店裡一樣，另一個重點是

食物通常不以服務叉匙的技巧服務，以兩手分持服務用具，不在自助餐枱的餐盤上，也不在顧客拿著的餐上服務。

甜點推車及乳酪推車

以顧客的觀點來看，甜點推車及乳酪推車應擺設得很誘人，並在後面為服務員擺設好，使用過的餐盤應放在推車後，服務員應在推車後向顧客解說各項菜色，也可站在推車旁或餐桌邊解說，但不可站在推車前。

當顧客挑菜時，餐盤應放在靠近菜餚的位置，然後一手持服務匙，一手持服務叉（或持糕餅鏟等等），糕餅或乳酪應先分好，並俐落地放到餐盤上，且應由顧客面前的餐盤右方開始擺放，在較大型的聚會裡，需要兩名服務員：一名點菜及擺放餐盤

圖5.34 甜點推車／乳酪推車

在顧客面前，另一名站在推車旁及分菜至顧客餐盤裡。

　　爲了控制溫度，應在每項服務之前先補充甜點推車的冰袋。

自助餐枱及櫃枱式長桌

　　假如食物沒有預先排好如同以上所述的程序服務，食物不應在餐盤上攪動，但可一手持服務匙（或其他服務工具，譬如洋芋鏟），另一手持服務叉，俐落地將食物放到顧客的餐盤上，其他菜餚應適當地在餐盤上排好，且不可疊在其他已再餐盤上的食物。

櫃枱式長桌
檢查清單

　　典型的清單是服務員在服務期間執行工作遵循的「標準」，相關的熱食櫃枱長桌、沙拉吧及用餐區如下所示。

熱食（櫃枱式長桌服務）

1. 一旦開始服務，即不可將熱食服務櫃枱棄之不顧，因爲會造成服務流暢性的混雜。

重要：若服務員必須離開負責的服務區域，須安排另一位服務員接替。

2. 立刻將溢出的菜餚擦乾淨，若溢出的湯汁留在熱食枱太久會變硬，並造成之後清理的困擾。

3. 服務時，須遵循份量控制說明書。

4. 當熱食只剩三分之一時（若店裡很忙碌），通知廚房需要更多份量，絕不能在服務期間讓食物耗盡，若已近服務尾聲，須請示主管。

5. 確定餐盤的存貨足夠，若服務櫃枱的餐盤所剩無幾，須立即從

熱食櫃枱下方的預備餐盤拿出補充。

沙拉吧（櫃枱式長桌服務）

1. 保持沙拉吧的食物水準。

2. 不要在櫃枱邊補充碗或餐盤裡的食物，將沙拉碗或餐盤拿到廚房補充。

3. 若顧客將服務匙、服務鏟等放在他們各自的碗或餐盤裡，應將其放回原位。

4. 立刻將湯漬擦乾淨。

5. 保持沙拉吧的整齊，良好的安排，完美的呈現。

6. 注意沙拉碗和餐盤裡食物的供應。

7. 記住：從貯備的餐盤（冷食櫃枱下方）補充餐盤之前不可讓沙拉碗及沙拉盤的供應用玩，在服務的尖峰時，難免會阻礙服務的流暢性。

用餐區（櫃枱式長桌服務）

1. 確定清潔區已準備好，其清單為：
    ◆ 排好的櫃子
    ◆ 櫃子的襯裡
    ◆ 清潔用具
    ◆ 抹布
    ◆ 頂枱推車

2. 注意餐桌的狀況；確定餐桌隨時整潔，定時更換餐桌的餐席，或在需要的時候更換，亂七八糟的餐桌會引起顧客不悅。

3. 用餐區服務應由顧客自行清理，亦即顧客被要求以托盤裝盛使用過的餐具並送回清潔枱，若顧客沒有自行清理，則服務員應立即收拾。

4. 在清潔枱：

◆ 空盤放在排好的直立櫃中

◆ 用適當的清潔用具將托盤擦乾淨

5. 將預先清潔好的托盤放回托盤架，放回之前，在每個托盤上放一張襯紙。

6. 確定飲水罐中，有足夠的水。

7. 確定餐巾架上，有足夠的餐巾。

8. 確定餐具有足夠的存貨。

注意：服務期間，要隨時補充托盤架上的托盤，以備顧客之用。適當的清潔用具包括噴霧式消毒殺菌劑、抹布及熱水。

5.8　酒精飲料及雪茄的服務

吧枱或出酒吧枱可說是一家店的靈魂，因為顧客在商務及社交事件之前，這裡常常作為會面地點，所以吧枱給人的第一印象在往後的銷售佔有重要的一席之地，因此吧枱人員的表演和有充足的材料、有組織、有效率的吧枱，是提供顧客良好服務的首要之務，吧枱人員必須具備專業技術、知識和社交技巧來滿足顧客的需要。

餐前酒的服務

餐前酒（apéritif）涵蓋大部分可在用餐前飲用的酒類，大多數的餐前酒，必須儲存在吧枱裡來滿足多數的味覺。

侍酒員或葡萄酒師應在牛油擺放上桌及提供顧客小餐包和脆烤薄麵包之前，立刻提供酒單給主人參閱，在第一道菜上菜前，有時間讓侍酒員服務餐前酒，並讓顧客享用，當然，也可在酒廊或接待區服務餐前酒，此二區的服務員應在該區內接受點用酒

類，但若餐桌已爲第一道菜的服務做好準備，應帶顧客至餐桌入座。

調酒的服務

在服務之前應以適當大小的杯子裝盛降溫，並視該店規定加上正確的杯飾、吸管、裝飾用小雨傘。很多雞尾酒還是以傳統的V型杯裝盛，但若爲長飲（long drink），則像Slim Jim這種大的玻璃杯較爲適合。這裡主要的考量是顧客在視覺上的整體表現。

有關調酒的其他資訊請參閱第4.6節。

葡萄酒的服務

點完餐時之後，要立刻提供酒單給主人點用佐餐的葡萄酒，葡萄酒師或侍酒員應在適當時機提供主人建議，侍酒員須具備列在酒單上各種酒類的知識，這代表他們銷售的經營技巧。

侍酒員寫點酒單時必須清晰易讀，第一聯送至吧枱，第二聯送至收銀枱，記住，紅葡萄酒在室溫下服務，白葡萄酒和玫瑰紅酒須冷藏，氣泡酒須冰凍。服務一整瓶酒時，應依照下述基本程序。

白葡萄酒

1. 從出酒吧枱取酒。
2. 以冰桶裝瓶送至餐桌。
3. 向主人展示酒瓶上的標籤（如圖5.35（a）所示）。
4. 確認餐桌上已擺放正確的酒杯。
5. 檢查冰桶的把上，是否附有乾淨的服務巾。
6. 割開包裝的箔紙，將其移除，並以服務巾將軟木塞頂擦乾淨

圖5.35　白葡萄酒的服務

（a）展示

（b）切錫套

（c）拔瓶塞

（d）倒酒

（如圖5.35（b）所示）。

7. 以一般公認的方式將軟木塞移除，聞軟木塞的味道，以防葡萄酒帶有「軟木塞味」。若葡萄酒被有瑕疵的軟木塞影響，產生了軟木塞味，這瓶酒就不能服務了，移除軟木塞後將其置於冰桶裡（如圖5.35（c）所示）。

8. 若爲酒莊出產的瓶裝葡萄酒，則軟木塞通常放在主人餐席的邊盤上，軟木塞上應印有出產的酒莊名和葡萄酒的年份。

9. 用服務巾將瓶口內擦乾淨。

10. 將瓶身擦乾。

11. 倒酒時，扶住瓶身，讓標籤露出，用摺好的服務巾擦拭滴出的酒液（如圖5.35（d））。

12. 由主人試酒，從右邊開始倒起，他應該表示酒是否合適－正確的味道、香味及溫度。

13. 女士優先服務，再服務男性賓客，最後服務主人，一律從主人右邊開始服務。

14. 倒酒時，將酒杯倒滿至三分之二，其他的空間可供酒香的鑑賞。

15. 將酒瓶放回冰桶內，需要時再倒酒至杯中。

16. 若需要新的酒，則應更換新的酒杯。

17. 倒酒時，當酒液停止留下，馬上旋轉酒瓶，同時提高瓶口，這可防止酒液滴灑在枱布上。

紅葡萄酒

紅葡萄酒的軟木塞應儘早取下，讓酒可以自然地變成室溫，無論何時都不應將酒放在保溫器或水浴盆裡來加速得到所需的酒溫。若要開瓶的紅葡萄酒還是新酒，則酒瓶可以用底盤或杯墊墊

著立在餐桌上開瓶，基本的開瓶程序和服務白葡萄酒相仿，若紅葡萄酒已成熟並且（或者）可能有大量的沉澱物，則應醒酒。將紅葡萄酒放進酒籃裡向賓客展示，將酒瓶放在酒籃裡可以讓酒瓶平放，並確保沉澱物不會被搖起，在酒籃裡將葡萄酒開瓶，並將葡萄酒倒進乾淨的醒酒瓶，以單一的光源，例如蠟燭，在倒酒時用來觀察酒的情形，當沉澱物看起來已接近瓶口，應停止倒酒，為什麼葡萄酒應該將酒瓶放在酒籃裡服務，並沒有任何技術上的原因，但有些店家以此來達到展示的目的。

　　除了上述幾個重點之外，葡萄酒的開瓶和服務的基本程序與前述白葡萄酒無異。

氣泡酒

　　一提到氣泡酒，首先想到的一定是香檳，而所有氣泡酒的開瓶法都一樣。氣泡酒應先冰凍過再服務，才能得到酒瓶內第二次發酵完全的作用，亦即氣泡和香味。香檳酒瓶裡的壓力是由於其成熟，第二次發酵的壓力應大約在 $4.928\,kg/cm2$（$70lb/in2$），持瓶時須特別注意不可搖晃瓶身，否則會使瓶內壓力加大，曾有許多意外因此而發生，所以必須特別注意。

　　向主人展示酒瓶後，應放回冷酒器，在開瓶的過程中，酒瓶瓶口應保持指向天花板的方向，避免軟木塞突然射出傷到顧客。侍酒員的大拇指壓在軟木塞上，其他手指握住酒瓶的頸部，小心地鬆開鐵絲，用服務巾握住軟木塞和塞冠，緩慢地轉動瓶身，鬆開軟木塞。

　　氣泡酒應以鬱金香造型的酒杯服務，從每個顧客的右手邊開始服務，另外也可將酒杯從餐桌拿起以便更容易倒酒，並減少酒的泡沫。

葡萄酒中的沉澱物

紅葡萄酒和白葡萄酒酒瓶中的沉澱物有兩種來源，這些是由酒石酸形成的酒石酸鹽，自然存在於葡萄酒和鈣或鈉，只有紅葡萄酒和白葡萄酒的顏色看來不同。糖是葡萄酒的天然原料，不會在酒裡形成結晶，因此沉澱物不是糖，即使白葡萄酒裡的沉澱物結晶很像赤砂糖結晶。

服務葡萄酒時，軟木塞的碎屑可能會浮在酒杯裡，這是開瓶時將軟木塞刺穿的結果，並不是常被誤解的「帶有軟木塞味」的酒，帶有軟木塞味的酒請參閱第4.8節。軟木塞的碎屑應以茶匙移除，再享用葡萄酒（若軟木塞的碎屑很細小，需用乾淨的薄細棉布過濾酒液）。

服務時的酒溫

◆ 紅葡萄酒：15.5-18°C（60-65°F）。

◆ 有些年份較少的紅葡萄酒也可降溫至12.5-15.5°C（55-60°F）時飲用。

◆ 白葡萄酒：10-12.5°C（50-55°F）。

◆ 飯後甜酒、香檳及其他氣泡白葡萄酒：4.5-10°C（45-50°F）。

酒杯

下述葡萄酒應以指定的酒杯服務：

◆ 香檳和其他氣泡酒：深錐形高腳杯（flute。

◆ 德國葡萄酒及阿爾薩斯葡萄酒：德國酒杯（German wine glass）。

◆ 白葡萄酒：中型酒杯。

◆ 玫瑰紅酒：深錐形高腳杯（flute）。

圖5.36　葡萄酒及其適用的酒杯

◆ 紅葡萄酒：大葡萄酒杯。

啤酒的服務

　　啤酒應在12.5-15.5°C（55-60°F）的溫度下服務，淡啤酒服務的溫度通常比其他啤酒低，約在8.0-10.5°C（48-51°F），許多不同的瓶裝啤酒也在冰凍後才服務。生啤酒從桶裝啤酒桶到唧筒的過程中，通常會經過低溫組件，生啤酒應附有酒沫在上面，吧枱人員以少量的酒沫來確定服務的啤酒量是否正確，而非以大量酒沫來補足需要的量。須注意的是，良好的啤酒狀態為是否有啤酒沫冠緊附於杯子內壁。

　　倒瓶裝啤酒時，應將杯子稍微傾斜，緩慢地倒進杯中，尤其重要的是若不緩慢小心地倒酒，啤酒會倒太多且很快製造大量酒沫，譬如英國產金氏黑啤酒（Guinness）和烈性黑啤酒（stout）。

　　所有使用的酒杯應乾淨不油膩，不可留有手印、油脂或唇印在上面，否則將啤酒倒進髒的酒杯中，會使啤酒很快就走味。在熱天倒啤酒時須特別注意，因為炎熱的天氣會使啤酒過度發酵。

倒酒時，瓶頸不應放在啤酒裡，尤其是用同一隻手拿酒瓶及倒酒。若瓶裝啤酒有沉澱物，倒酒時須留一些在瓶底，使沉澱物留在剩下的酒瓶中。

啤酒杯的種類

◆ 適合生啤酒的半品脫／一品脫附把手的大啤酒杯
◆ 適合生啤酒的一品脫平底杯
◆ 所有瓶裝啤酒都適用的平底杯
◆ 適合 Bass／Worthington／Guinness 的 34.08 毫升（12 液量盎司）矮腳啤酒杯
◆ 適合淡啤酒用的淡啤酒杯
◆ 黃啤（brown ale）／低度啤酒（pale ale）／用的 22.72, 28.40, 34.08 毫升（8, 10, 12 液量盎司）佐餐酒杯（Paris goblets）

利口酒的服務

利口酒（Liqueurs）（香甜烈酒）通常由利口酒推車服務，侍酒員應該在顧客用完甜點時立刻展示推車，方能確保需要的利口酒能在服務咖啡的時候服務。侍酒員必須對利口酒及其基酒和香味、正確的服務方式有豐富的認識，傳統上所有利口酒都以艾爾金型（Elgin shape）利口酒杯服務，但現在有很多替代品可用。

若有人要利口酒凍飲（frappé），則應以大酒杯裝碎冰服務，碎冰應裝至三分之二滿，再倒入一份利口酒，放進兩支短吸管，然後服務，例如薄荷奶油凍飲（Crème de Menthe frappé）。

若利口酒需要加鮮奶油，以茶匙背靠在選定的利口酒上，緩慢地將鮮奶油倒在茶匙背上，不必混合，絕不可將利口酒和鮮奶

油混在一起，例如Tia Maria with cream。

利口酒推車的基本用具如下所列：

- 各種利口酒
- 各種酒杯－利口酒／白蘭地／波特酒
- 排水架
- 服務小圓托盤
- 高脂厚奶油罐
- 茶匙
- 吸管
- 雪茄
- 火柴
- 雪茄刀
- 酒單和點酒單簿

圖5.37　利口酒服務用的酒吧推車

利口酒推車亦服務白蘭地（由葡萄酒蒸餾出的蒸餾酒）和波特酒（一種增加酒精成分的利口酒），服務時，白蘭地為每份25毫升，波特酒為每份50毫升。

雪茄的服務

銷售雪茄煙也是葡萄酒師的工作之一，但現在有一些餐館已不作此項銷售服務。

哈瓦那（Havana）產的雪茄煙被視為最好的手工雪茄煙，聞起來有好酒的香味；牙買加（Jamaican）雪茄煙雖為次等，但味道不若哈瓦納雪茄濃烈，而且較為便宜；機器製的荷蘭（Dutch）雪茄、英國（British）雪茄及Whiffs價格更低，但味道也更淡。

精純的雪茄應保持在15-18°C之間（60°F到65°F之間），55%

到60%的相對溼度之間。雪茄會吸取空氣中的氣味和濕氣，也可能乾掉，抽起來像火種。

保存雪茄在良好情況下最安全的方法是以軟管裝，這些軟管是密封的，因此，可長時間保持在良好的狀態。

雪茄有各種大小，三種最重要也最受歡迎的雪茄為：

◆ Corona 長雪茄煙（14.5公分）（5½吋）

◆ Petite Corona（13公分）（5吋）

◆ Très Petite Corona（11.5公分）（4¼吋）

有一些進口商製造特殊的盒子來裝上述三種雪茄煙，每盒最多可裝十支。

有固定翻枱率的餐館，最好的呈現及保存雪茄的方法是將其置於保濕煙盒。這是一種擦拭得很乾淨的盒子，裡面分隔成六個空格，分別放以不同尺寸及類型的雪茄，蓋子內側有一個保濕的襯墊，但不可太濕，用來保持盒內的溼度。

無論雪茄是否以軟管、保濕煙盒或特製的煙盒保存，盒子或襯裡都是以西洋杉木（Cedar wood）製成。因為西洋杉木的氣味可以跟雪茄的香味良好的融合，加上西洋杉木透氣性較強，可以讓雪茄呼吸，雪茄盒裡的空氣流通是很重要的因素。

外觀

雪茄的外表應該很滑順、很結實，甚至觸感很好。放在雪茄盒裡時，大小顏色應一致，雪茄煙的外捲煙葉應該有著健康的光澤，切口應該滑順平整。

抽雪茄

◆ 雪茄在點燃前應將繫帶拆掉。

◆ 若雪茄沒有預切口，則應附上 V 型剪，這可使雪茄更容易

圖 5.38　雪茄展示

抽出。

◆ 雪茄不可刺穿，因為會引起不當的氣流，口中也會留下苦味。

◆ 雪茄必須以安全火柴或瓦斯打火機點燃，不可使用會影響雪茄口感的汽油打火機。

5.9　無酒精性飲料的服務

茶和咖啡

茶和咖啡的服務需要下列幾種用具：

茶盤（Tea tray）

- 托盤或小圓托盤
- 托盤巾
- 茶壺
- 熱水瓶
- 冷奶盅
- 餐桌上盛殘渣的淺碟（slop basin）
- 濾茶器
- 茶壺架及熱水瓶架
- 糖罐及夾糖鉗
- 茶杯及襯碟
- 茶匙

咖啡盤（Coffee tray）

- 托盤或小圓托盤
- 托盤巾／口布
- 茶杯及茶碟
- 茶匙
- 糖罐及夾糖鉗或茶匙（視提供何種糖而定）
- 咖啡壺
- 熱奶盅或鮮奶油盅
- 咖啡壺架及熱奶盅架

　　以上幾種基本器具端看提供茶或咖啡的型態而定，而擺設茶或咖啡托盤的要點如下：

- 均勻地在托盤上擺放各項器具使其平衡。
- 以顧客的便利性作為擺設的考量：面對顧客時，飲料擺放

在顧客的右手邊，倒飲料比較方便。

◆ 飲料最後擺上托盤，方可於服務時仍為滾熱。

注意

1. 服務咖啡時，服務員務必詢問顧客是否需要牛奶或鮮奶油。

2. 有些特定的咖啡在沖泡過程中加入調味香料：

◆ 土耳其清咖啡（Turkish coffee）—香草

◆ 法式咖啡（French coffee）—菊苣

◆ 維也納咖啡（Viennese coffee）—無花果

實用技巧：餐桌及輔助服務時的咖啡服務

咖啡服務的佈置

1. 假設服務一張四位顧客的餐桌，需要的器具在小圓托盤上擺放的位置如圖5.39（a）所示。

2. 午餐或晚餐後的咖啡服務使用小咖啡杯，容量為9.5毫升（1/6品脫）。現在漸漸不用小咖啡杯了，宴會時除外。

3. 利用服務員只需從工作枱走到餐桌一趟的方式。

4. 注意，為每位顧客服務咖啡時，將墊著襯碟的小咖啡杯放在邊盤上，咖啡匙以與咖啡杯手把成正確的角度放在襯碟上。

5. 整套咖啡餐具放在顧客右手邊的餐桌上，因為最後咖啡會從右手邊開始服務。

6. 整套咖啡餐具放在顧客右手邊，咖啡杯的把手朝右，咖啡匙放在把手旁。

7. 這程序一直重複直到所有的咖啡餐具，都已為需要用咖啡的顧客擺設好（如圖5.39（b）所示）。

咖啡的服務

1. 咖啡一律從顧客右手邊開始服務。

圖5.39（a）咖啡服務：服務前圓托盤的擺設

（b）服務第二位顧客時的圓托盤擺設

2. 手掌上墊一摺疊整齊的服務巾托住圓托盤，這樣轉動托盤時會更順手，無論要服務什麼都可以最靠近咖啡餐具。

3. 服務員須詢問顧客是否需要糖，通常先將糖上桌。

4. 將所需的糖放在小咖啡杯裡。

5. 在服務巾上轉動圓托盤，讓熱咖啡壺和鮮奶油盅在服務的正確位置。

6. 詢問顧客是否需要牛奶或鮮奶油。

7. 保持圓托盤水平，以圓托盤當作基部，讓熱咖啡壺傾斜，以服務咖啡。

8. 稍微轉動托盤，讓鮮奶油盅在最佳服務位置。

9. 再次保持圓托盤水平，以圓托盤當作基部，讓鮮奶油盅傾斜，以服務鮮奶油。

10. 咖啡服務完成後，咖啡餐具小心地移到顧客方便的位置。

11. 服務員應適時返回餐桌，巡視顧客是否需要更多咖啡。

服務咖啡的其他方法為：

◆ 熱咖啡放在餐具櫃上的保溫版，牛奶或鮮奶油及糖擺放在餐桌上。

◆ 一手持熱牛奶（或鮮奶油），一手持咖啡壺，同時服務，糖放在餐桌上讓顧客自行取用。

◆ 宴會中需服務較多數量時，熱牛奶（或鮮奶油）及糖放在餐桌上，咖啡裝在一公升以上（one litre plus）的真空保溫瓶裡服務，真空保溫瓶放在服務員的工作怡裡，因應顧客需要隨時補充，這表示服務咖啡時，需確保咖啡隨時都是滾熱的。

吧枱的飲料

無酒精飲料的吧枱分為五大類，即：

◆ 碳酸水（Aerated water）

◆ 天然泉水或礦泉水（Natural spring water or mineral water）

◆ 果汁汽水（Squashes）

◆ 果汁（Juice）

◆ 糖漿（Syrup）

為了讓顧客能充分享受點用的飲料，正確的服務是很重要

的，有經驗的酒吧人員確定飲料有正確的杯飾，並以正確的溫度及正確的杯具服務。

服務
碳酸水

服務：所有的碳酸水都可單飲，冰凍之後裝在Slim Jim平底無腳杯、佐餐酒杯、高球杯或34.08毫升（12液量盎司）矮腳啤酒杯裡，端視顧客的需求和營業場所的規定而定，碳酸水也可以和其他飲料混合，例如：

◆ 威士忌和乾薑酒（Whisky and dry ginger）

◆ 琴酒和通寧水（Gin and tonic）

◆ 伏特加和苦味檸檬（Vodka and bitter lemon）

◆ 蘭姆酒和可口可樂（Rum and Coca Cola）

天然泉水／礦泉水

服務：天然泉水或礦泉水通常為了醫療的目的而單飲，但是如同之前提過的，有些礦泉水可以跟其他酒類飲料混合，變成刺激食慾的飲料。在飲用前應先冰凍至大約7-10℃（42-48°F），若單飲水，應以18.93毫升（6 2/3液量盎司）的佐餐酒杯或Slim Jim平底無腳杯服務。

礦泉水的品牌如下：Apollinaris、Buxton、Malvern、Perrier、Saint Galmier、Aix-la-Chapelle。

果汁汽水

從酒吧服務：果汁汽水應倒在裝有冰塊的平底無腳杯或34.08（12液量盎司）矮腳啤酒杯，用冰水或蘇打汽水來添加，杯口應用水果切片作杯飾，並附上吸管。

從酒廊服務：由侍酒員或酒廊服務員以圓托盤服務才會有效

率，這些項目包括：

◆ 平底無腳杯或34.08毫升（12液量盎司）矮腳啤酒杯內裝
　一份果汁汽水

◆ 吸管

◆ 一壺冰水

◆ 小型冰桶和夾冰夾

◆ 蘇打水瓶

◆ 杯墊：在酒廊裡用來墊玻璃杯

　　杯墊應放在酒廊的邊桌，裝有果汁汽水的杯子放在杯墊上，服務員加入冰塊後，並詢問顧客要加冰水還是蘇打水，若需要吸管，則在即將服務時才插入吸管。此外，將冰水及冰桶放在邊桌上，供顧客取用，並將其放在底盤上。

果汁

　　服務：所有果汁都應以14.20毫升（5液量盎司）的高腳杯冰凍後服務。

蕃茄汁

　　應以14.20毫升（5液量盎司）的高腳杯裝盛冰凍後，置於有襯墊的底盤上，並附一茶匙，配料為搖過的伍斯特醬，將蓋子拿掉，放在底盤上服務，傳統上在高腳杯緣放一片檸檬切片作裝飾。

鮮果汁

　　若在酒廊裡服務鮮果汁，則服務方式和酒廊的果汁汽水服務相仿。只有一點不同，即應以一個小碗裝細白沙糖和茶匙一起放在底盤上服務。

糖漿

　　糖漿不作單飲，只當作添加香料加在雞尾酒、水果飲料、長

飲及奶昔中。

第4.4節中有更多關於非酒精性飲料的資訊。

5.10　用餐中的餐桌整理

清潔方法

圖5.40是餐飲業中可見到的清潔方法。

餐館中餐桌的清潔

在菜餚之間及顧客在客房中的清潔程序如下：

餐盤的清潔

圖5.40　清潔方法

方法（系統）	內容
手動（1）	服務員收取使用過的餐具，並送至洗碗室。
手動（2）	由服務員將使用過的餐具收取置推車上並排好，再送至洗碗室。
半自助清潔法	顧客將使用過的餐具放在用餐區內規定的推車上，由服務員送至洗碗區。
自助清潔法	顧客將使用過的餐具放在輸送帶上，或托盤收取運輸系統等機械輸送裝置上，送至洗碗室。
自助清潔及strip	顧客將使過用過的餐具放在洗碗輸送籃裡，直接通過洗碗裝置清潔。

（Corner's Catering 提供）

　　正確清理的專門技能，可確保清理餐桌時的速度和效率，並避免意外發生，且盡量不造成顧客的不便。此外，也可將使用過的餐具整齊堆疊在工作枱上，正確的清潔技巧可以在較短的時間內清理完畢，在工作枱和餐桌間的來回次數也較少。就長遠來看，這麼做可以加快進餐程序並增加翻枱率。

　　所有的清潔技巧由兩種主要的手的姿勢發展出來，根據要清理的物品，技巧是從底部開始疊起，記住，熟能生巧－因此需常練習。

清理餐盤

◆ 使用過的餐盤一律從顧客右手邊開始清理。

◆ 服務員應以朝向側面的站姿站在桌邊。

◆ 如圖5.41（a）所示，之前提過的兩種主要的手的姿勢之一，清理第一個共同盤。

◆ 殘盤以大拇指、食指、中指拿穩，並朝大拇指、食指及中指之間的關節推去。

◆ 注意利器餐具及扁平餐具的位置：以大拇指壓緊叉柄尾端，餐刀刀刃置於餐叉下壓好。

◆ 所有的食物殘渣及碎屑應推到最靠近持盤這隻手由刀叉及盤緣組成的三角形內。

◆ 圖5.41（b）顯示清理第二個餐盤時放在手上的位置。

◆ 圖5.41（c）顯示第二對刀叉正確的擺放位置及由上方餐盤清理食物殘渣到下方餐盤的方法，當服務員要清理第三個餐盤時，必須做此動作。

◆ 圖5.41（d）顯示手持的餐盤上已經被清理的項目及預備放置下一個殘盤的餐盤，也已清理。

◆ 圖5.42顯示來回餐具櫃及餐桌間單趟清理時餐盤及麵包盤

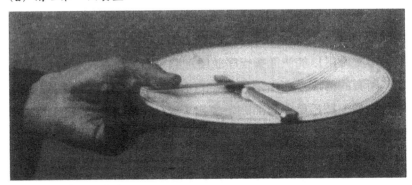

圖5.41　清理餐盤

（a）清理第一個餐盤

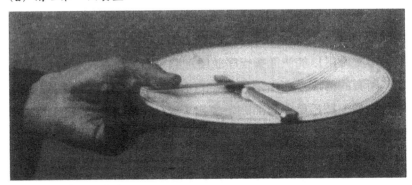

（b）清理第二個餐盤

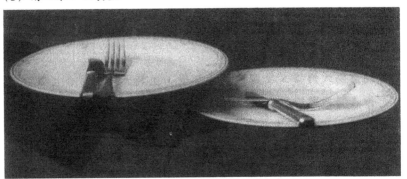

（c）由上方的盤子清理食物殘渣

（d）準備清理下一個使用過的盤子

圖5.42 單趟清理餐盤及麵包盤

的正確堆疊法，這麼做可以代替分兩趟清理餐盤及麵包盤。

清理湯盤

1. 殘盤一律從顧客右手邊開始清理。
2. 服務員應朝向側面站在桌邊。
3. 端起裝有湯盤的底盤，這個站姿可以讓服務員將殘盤從主清理手挪到持盤的手上。

4. 利用以下幾個步驟讓殘盤遠離餐桌及顧客，將發生意外的機率減至最低。

◆ 圖5.43（a）顯示手的姿勢及第一個清理的湯盤。

◆ 以大拇指、食指、中指拿穩裝有湯盤的底盤。

◆ 很重要的一點是第一個湯盤必須拿穩，因為它是堆疊其他湯盤的基礎，亦即必須承受相當大的重量。

◆ 圖5.43（b）顯示清理第二個附底盤的湯盤放在手上的位置。

◆ 圖5.43（c）顯示第二個在持盤手上的位置，下方湯盤裡的湯匙移到上方湯盤裡放置。

◆ 圖5.43（d）顯示上方湯盤連同兩支湯匙堆疊到下方湯盤，上方剩下一個底盤。

◆ 第三個附底盤的湯盤從顧客右手邊收拾，放到持盤之手上方的底盤上，重複以上步驟。

圖5.43　清理湯盤

（a）清理第一個湯盤

（b）清理第二個湯盤的第一個步驟

（c）清理第二個湯盤的第二個步驟

（d）清理完第二個湯盤準備清理第三個

清理麵包盤

使用小圓托盤或大餐盤來清理邊盤，可以有較大空間放置清理的邊刀及食物殘渣。

◆ 圖5.44（a）從上方邊盤清理食物殘渣到下方托盤或大餐盤的方法。

◆ 圖5.44（b）顯示清理四個邊盤及正確安全堆疊食物殘渣在持盤之手上的方法。

圖5.44　清理麵包盤

（a）從麵包盤清理廚餘到服務盤上

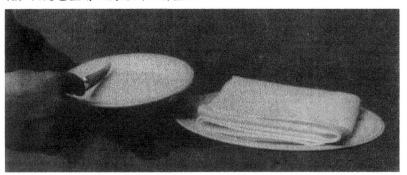

（a）從麵包盤清理廚餘到服務盤上

服務員通常利用這個方法單趟來回餐具櫃及餐桌之間，卻可以清理更多殘盤，特別是用在宴會場合。

整理桌面

刷清桌面（crumbing down）通常在顧客用畢主菜並已清理餐盤之後，服務甜點之前進行。整理桌面的目的是要將所有碎屑或食物殘渣從枱布上移除（如圖5.3所示）。

刷清桌面的器具如下：

◆ 服務盤（共同盤上墊有服務巾）

◆ 服務員臂巾或服務巾

假設套餐餐席已事先擺設好，在整理桌面之前，應將甜點叉匙放在餐席上方。若一開始就擺設好單點餐席，則在主菜用畢收拾完餐具之後，進行整理桌面。而在整理桌面之前，餐桌上不應有任何餐具。

1. 整理桌面從第一位賓客的左手邊開始，服務盤放在桌緣下方，用摺疊的服務巾將碎屑刷到餐盤上。

2. 以上動作做完後，將甜點叉從餐席上方移到餐席左手邊。

3. 服務員走到同一顧客右手邊，刷清此部份桌面。

4. 將甜點匙從餐席上方移到餐席右手邊。

5. 甜點叉匙移到賓客用餐的正確位置後，服務員持盤之手墊著服務巾持服務盤。

6. 完成一次整理桌面的步驟，服務員應站在刷清下一個桌面的正確位置，亦即站在下一位賓客的左方。

整理桌面的方法可確保服務員在任何時刻，都不應該為了準備服務甜點，而在賓客面前伸展手臂。

更換使用過的煙灰缸

　　只要服務員認為時機恰當，在用餐間隨時可更換使用過的煙灰缸。

◆ 圖5.45（a）為餐桌上使用過的煙灰缸。

◆ 圖5.45（b）：一個乾淨的煙灰缸拿在使用過的煙灰缸上方。

◆ 圖5.45（c）：乾淨的煙灰缸倒著放在使用過的煙灰缸上。

圖5.45　清潔使用過的煙灰缸

（a）使用過的煙灰缸　　　　（b）步驟一

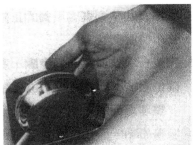

（c）步驟二　　　　　　　　（d）步驟三

◆ 將兩個合在一起的煙灰缸從餐桌上移走，蓋著的煙灰缸需確保沒有雪茄屑或煙灰被吹到枱布上.。

◆ 蓋著的煙灰缸移到手上的服務盤。

◆ 將乾淨的煙灰缸擺在餐桌上（圖5.45（d）所示）。

5.11　結帳程序

圖5.46為七種基本的結帳方法。

作為點菜單的帳單

二聯單系統或帳簿系統

圖5.46　結帳方法

方法	內容
作為點單的菜單	點單第二聯當作帳單使用
獨立帳單	二聯單帳單，並呈給顧客
和點單一起的帳單	同時點菜及開帳單，例如吧檯或外帶
預付	顧客事先購買票券或儲值卡，針對特定餐食或儲值卡
兌換券	顧客有由第三方為特定餐食或特定儲值發行的信用額度，例如午餐兌換券或由旅行社發出的兌換券
免付費	顧客無須付費—信用交易
延遲付款	例如與宴會有關的餐飲活動帳單是由主辦者支付費用

顧客需要帳單時，服務員檢查食物點單及飲料點單第二聯是否已記下所有的項目，再進行加總，如同之前提及的步驟成帳單給顧客。現在有兩種付款的方法，顧客可以在收銀枱付款或直接付款給服務員，由服務員結帳後找回零錢給顧客。收銀員通常會保留帳單，但若顧客希望拿收據，則須寫特定的帳單並將收據交給顧客。

根收據使用的系統，服務員可由帳單簿存根將細項寫入帳目條，然後將帳目條、帳單存根及現金交至管理及會計部門。

若服務員填寫帳單並呈給顧客，當顧客離店時在收銀枱付款，收銀員會填寫總表或分析表來表示該日的收入，分析表可看出每個服務員的進款。

管理及會計部門經由每一位服務員對吧枱、備餐間及廚房發出的餐飲點單實現控管的目的。

獨立帳單

通常這種帳單方法是與三聯單式帳單系統同時作業，二聯單式帳單及三聯單式帳單之間的基本差別列表於圖5.47。

當收銀員從服務員那裡拿到點單第二聯時，收銀員應根據點單上的桌號開一式兩份的帳單，為了管理，所有的帳單都有一個序號。當收銀員從食物服務員或酒類服務員那裡拿到點單時，收銀員將顧客所點的食物或飲料寫入帳單，並填入正確的價格。當這些完成後，將帳單及點菜單釘在一起，放在特定的帳冊或檔案中，這些帳冊或檔案的頁碼都有該廳的桌號，當收到另外的點單時，在帳單上填入細項，再將點單和其他的帳單釘在一起。

當賓客要求看帳單時，服務員必須從收銀員那裡收取帳單，而收銀員必須先檢查，並將所有細項及價格填入帳單，正確地計

圖5.47　二聯單及三聯單帳單系統的差異

差異	二聯單	三聯單
營業場所型態	以套餐菜單為主的平價餐館、咖啡館、百貨公司等 極少用於單點菜單	通常用於大量單點菜單的高級營業場所
點單聯數	二聯	三聯
帳單	由服務員填寫的二聯點菜單或點酒單	收銀員所填寫一式兩份的帳單
帳單之付款	顧客可直接付款給收銀員或服務員，端視營業場所的規定	顧客將款項交由服務員結帳，服務員再將收據及零錢交給顧客
服務尾聲	服務員點單簿上的帳目條或存根必須和收到的款項一起交給收銀員，收銀員完成總表並將總表、所有帳款、二聯帳單及點單一同送至管理會計部門	收銀員完成總表並將總表、所有帳款、二聯帳單及點單一同送至管理會計部門

算總價：就服務員而言，可再檢查一次。把帳單的第一聯放在邊盤上呈給賓客，而此聯必須對摺。當賓客付款時，服務員將帳單及帳款送至收銀枱，收銀員會收訖帳單及款項，再將帳單第一聯及找回的零錢交由服務員送還顧客。將收執聯和點菜單釘在一起，然後從特定的帳冊或檔案中取出放在一邊，直到完成所有服務。

圖5.48　電子銷售帳單機及管理系統（Remanco Ltd提供）

和點單一起的帳單

這種開帳單的方法根據營業場所的需要及要實現的管理控制資訊的深度，可有各種型態。

以第5.6節的例子而言：

◆ 點菜菜單及顧客帳單

◆ 單張點菜單

這種開帳單的原則也可以用在吧枱，顧客所點的項目可在預設的鍵盤上輸入。這裡的每一個鍵都對應一項特定的飲料及價格，另外有一個螢幕供顧客於點用酒品及付款時觀看，當點菜完成時，螢幕上會顯示總金額。當收到應收金額時，「系統」會經由螢幕告知應找回的零錢，再將零錢交給顧客，有必要的話，應將收據或列出細項的帳單交給顧客。

這個系統使顧客結帳速度加快，也允許溢收金額再找錢，並且控制所有的存貨。

預付

這種開帳單的方法用於為特定場合或大事而預付的時候，並允許主辦人在宴請賓客之前先確定準確的數目。在這個例子中，特殊活動到來時，會將入場券或食物券交給參加者。

餐券

若顧客已持有由第三方或老闆發行的午餐餐券，可用此餐券換取想要的東西、食物及非酒精飲料，可換取此券指定的最大數量。若兌換的數量少於券上標明的可換數量，不得將不足的數量兌換「現金」，但若顧客兌換的數量超過券上標明的數量，則必須補足差額。

同樣地，餐券可設計為兌換特定數量，作為商品或服務的交換，這些「點券」是商品或服務供應商向發行餐券的老闆、公司行號或代理商要求未付款之點券帳款的依據。

免付費

免付費是指對收到商品或服務的顧客不收取任何費用，顧客只需簽名以示收到商品或服務，帳單則寄送至提供招待的公司行號。

有時顧客必須提出正式文件或信函證明的確已用過餐。

簽帳

在簽帳中，餐飲服務確實已由個人、公司行號使用，所有服

務的帳單在提供服務完畢之後，會寄送至所屬組織團體，並由其支付費用。這個方法的付款通常和宴會有關。

5.12　餐後的餐桌整理

清潔清單

餐桌服務及輔助服務

主管應確認所有的清潔工作都已適當地完成，清潔工作包括：

1. 將冷食自助餐枱上的食物清理至儲藏室；收取所有的切割刀並清洗乾淨；協助清理餐廳。

2. 收取所有乾淨或使用過布巾；檢查數量是否正確。口布應十條一束，布巾放在布巾籃，並連同布巾清單一起送回布巾室。

3. 將出菜保溫區關掉；清理剩下的銀器餐具；重新補足乾淨的瓷器。

4. 以餐具推車將所有銀器餐具送回銀器室，依照櫃子上的標籤，整齊排放銀器餐具。

5. 收取所有調味瓶及配料；將它們放回正確的儲藏位置；將醬汁等放回適當的容器。

6. 檢查所有工作枱是否淨空。出菜保溫區開關必須關掉，放置使用過布巾的間格也應淨空。

7. 清理吧枱表面；將所有器具收好；清洗並擦淨使用過的杯子。這些必須放回正確的儲藏地點；清掉所有空瓶；完成消耗及庫存表；上鎖。

8. 丟棄所有使用過的器具；清空所有的咖啡壺和牛奶罐；清洗並

收好。容易腐壞的原料應該儲存在正確的地點。蒸餾器和牛奶壺應該洗淨，並裝滿冷水置於架上。

9. 清空所有推車，將它們推回適當的位置。所有推車裡未用到的食物應送回必要的部門。推車上使用過的銀器餐具應該清理乾淨，並送回銀器間。

10. 清空利口酒推車；將存貨送回吧枱的櫥櫃；從酒窖補足吧枱的庫存。吧枱的門應鎖好。

清理櫃枱式長桌

1. 將熱食櫃枱的電源關掉。

2. 清理熱食櫃枱，將剩下的食物送回廚房。

3. 關掉烤箱的電源。

4. 清理烤箱裡剩下的食物。

5. 重要：在日報表上寫下每一種要丟棄的再生食物的數量，這個動作對於數量的控制及監督非常重要，也可看出大眾化或獨特的菜色。將日報表交給主管決定菜色的去留，然後放進分析的簿冊中。

6. 清理所有廚房用具，像在當天用於熱食準備及服務的服務匙、杓子、分魚刀、刀子和托盤等。清理後將其擦乾。

7. 將所有清理擦淨的廚房用具送回適當的儲藏地點，以備隔日的服務使用。

8. 檢查隔日熱食服務需用到的餐盤存貨。記住：若存貨不夠，必須補足。

服務工作完成之後

當服務完成時，有一些須由所有的餐飲服務人員完成的善後

工作。這是為了確保所有區域的安全、清潔，並為隔日的服務做好準備。

下列的清單中列出相關的例子。

領班／主任

1. 確定瓦斯和電源的開關已關閉，插頭也已從插座上拔掉。
2. 將特殊器具送回適當的工作區。
3. 關緊窗戶，檢查火災逃生出口。
4. 檢查在工作人員輪班前，所有工作是否都以符合要求的方式完成。

服務區服務員

1. 根據餐具櫃清單擺設餐具櫃裡的所有器具。
2. 將餐具櫃及推車擦乾淨，使用過的器具送至洗碗室。
3. 清理餐桌並整理桌面，重新舖設枱布和布套。
4. 關掉餐具櫃上的出菜保溫區，並清理乾淨。
5. 將特定器具送回適當的工作區域。
6. 將多餘的瓷器和銀器送回儲藏的櫥櫃。
7. 拔掉所有插頭，並將插座的電源關閉。
8. 將食物飲料點單簿和菜單放回服務員領班的辦公桌抽屜。
9. 由領班或主任陪同檢查權責所在區域。

吧枱人員

1. 將所有工作枱面擦乾淨。
2. 確定所有器具都已洗淨擦乾，並放在正確的位置以備日後使用。
3. 檢查玻璃器具是否清洗乾淨，擦乾後正確地存放。

4. 清空酒類推車和垃圾桶，在垃圾桶內放入新的垃圾袋。

5. 將剩下的橙片或檸檬片放在盤子上並覆上保鮮膜，存放在冰箱裡。

6. 掃地及拖地。

7. 將利口酒推車推回吧枱。

8. 將洗杯機裡的水排掉。

9. 關掉冷凍的燈光。

10. 結束控制系統。

11. 補充吧枱存貨。

12. 吧枱保全。

13. 由領班或主任陪同檢查權責所在區域。

備餐間

1. 確定麵包、牛油、牛奶、茶包及磨好的咖啡正確地存放。

2. 將所有工作枱面擦乾淨。

3. 清潔整理備餐間的冰箱，並檢查運轉溫度。

4. 檢查所有器具是否乾淨，並存放於正確的地點。

5. 剩下的食物存放在乾淨的容器中。

6. 剩下的配料存放在適當的罐中，將蓋子擦乾淨。

7. 關閉所有電源。

8. 檢查托盤是否擦乾淨，並正確堆疊。

9. 剩下的茶壺或咖啡壺之類的物品存放在適當的區域。

10. 由領班或主任或接班的服務員陪同，檢查權責所在區域。

第六章

早餐及下午茶的服務

6.1　早餐的服務

　　早餐在傳統上是英國式的餐食而非大陸式餐食，其起源於私人家族聚會時的服務。這個時期的早餐是很豐盛的餐食，由六或七道菜組成，包括排骨、肝臟、野味，甚至牛排（或是蘇格蘭的燻鮭魚和粥），用來作為早餐的主要部分。對歐洲人來說，大陸式早餐的量比較少，以小吃的形式呈現，因為他們的午餐通常吃得比英國更早、更豐盛。

　　然而英國在過去十年間，早餐的份量都很少，例如雞蛋和培根。目前的趨勢為旅館在房價中附一份大陸式早餐，和一份額外計價的正式英式早餐。

　　早餐的服務可以在旅館的餐館或餐廳、早餐室、客房來進行。客房中的早餐服務如第7.2節所述。

　　早餐通常使用樓層及餐館的雙重檢查系統。

全套式咖啡

　　在歐洲大陸，大陸式早餐廣泛使用咖啡作為飲料，同樣地，茶也用來作為飲料。

單點式咖啡或茶

單點式咖啡或茶是單獨點飲料（咖啡或茶），而不吃東西。

正式早餐菜單

正式或英國式（或蘇格蘭式、愛爾蘭式、威爾斯式或不列顛式）早餐菜單可包括二到八道菜，菜單的範圍和種類取決於在營業場所時服務的方式。

為了滿足現今顧客的需要，正式早餐的「菜單內容」趨向更多不同的選擇以迎合所有的口味。今天我們可在正式菜單看到新鮮柳橙汁、新鮮水果、優格、穆茲利（碾碎的穀物、堅果、乾果等混合而成的瑞士風味的早餐食品）、大陸油酥、自製果醬、人造奶油、低咖啡因咖啡和礦泉水。

大陸式早餐菜單

傳統大陸式早餐包括熱可頌、奶油蛋捲或吐司、牛油和果醬，飲料為咖啡。

目前大陸式早餐的菜單趨向於提供各式各樣的選擇，包括麥片、水果、果汁、火腿、乳酪，而飲料的選擇也更為廣泛。

早餐菜單

冰果汁

柳橙汁、鳳梨汁、葡萄柚汁、蕃茄汁

燉水果

燉梅乾、燉洋梨、燉蘋果、燉無花果

穀類

全品牌穀類

魚

燻鱈魚、烤鯡魚、燻鯡魚

煎鮭魚或烤鮭魚、煎胡瓜魚

煎歐鰈或烤歐鰈

印度燴飯

蛋

煎蛋、水煮蛋、炒蛋、熟蛋

蛋捲或香辣蛋捲

肉類

煎培根或烤培根

煎豬肉香腸或烤豬肉香腸

腰子、蕃茄嫩煎洋芋

冷式自助餐

約克火腿、牛舌、早餐香腸

麵包

吐司、小餐包、可頌、奶油蛋捲、 Ryvita

Hovis and Procea

果醬

橘子果醬、蜂蜜、洋李果醬、櫻桃果醬

飲料

茶、咖啡、巧克力、香草茶

早餐餐具

早餐餐具可分為兩種類型：

◆ 正式早餐餐具

◆ 大陸式早餐餐具

正式早餐餐具

正式早餐通常有三或四道菜，每一道菜的選擇如同上述的正式早餐菜單上所顯示，因此餐具包括下列所示的其中幾樣或全部：

◆ 擺設的餐具為桌菜所用，無湯匙。
◆ 每一項餐具的擺設位置─以顧客方便為主擺設在右邊。
◆ 大塊肉專用的刀叉。
◆ 魚刀和魚叉。
◆ 甜點匙和甜點叉。
◆ 奶油刀。
◆ 麵包盤。
◆ 早餐杯、襯盤和茶匙。
◆ 泔水盆。
◆ 濾茶器。
◆ 壺裝冷牛奶。
◆ 糖罐和夾子。
◆ 茶壺／咖啡壺和熱水罐／熱牛奶罐用的架子或底盤。
◆ 用底盤裝盛的奶油盤和奶油刀。
◆ 用墊著襯巾的底盤裝盛的果醬盤和果醬匙。
◆ 鹽、胡椒。
◆ 白砂糖。
◆ 煙灰缸（視該店可否吸煙而定）。
◆ 口布。
◆ 用底盤裝盛的吐司架。

圖6.1　正式早餐菜單—Forte Posthouse, Aylebury 提供

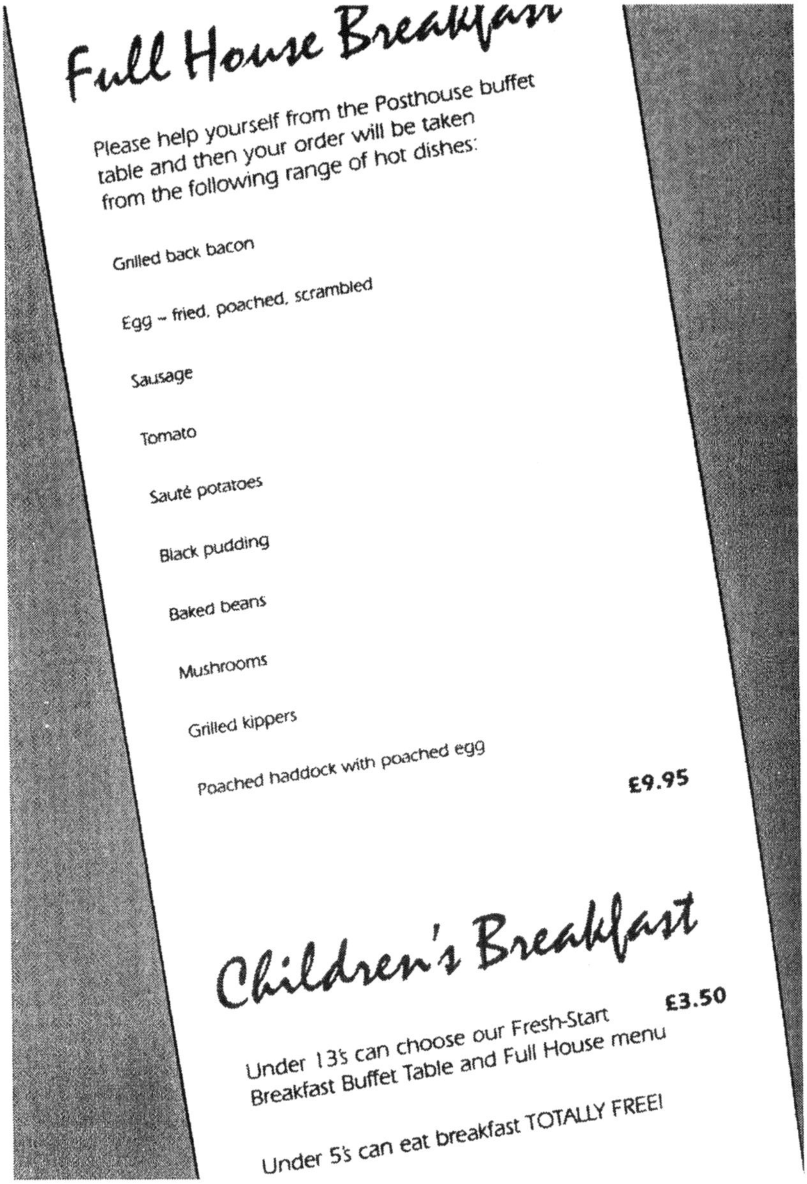

Full House Breakfast

Please help yourself from the Posthouse buffet table and then your order will be taken from the following range of hot dishes:

Grilled back bacon

Egg ~ fried, poached, scrambled

Sausage

Tomato

Sauté potatoes

Black pudding

Baked beans

Mushrooms

Grilled kippers

Poached haddock with poached egg

£9.95

Children's Breakfast

£3.50

Under 13's can choose our Fresh-Start Breakfast Buffet Table and Full House menu

Under 5's can eat breakfast TOTALLY FREE!

圖6.2 正式早餐餐具

◆ 桌號牌架。

◆ 裝盛可頌或奶油蛋捲的麵包船,以餐巾保溫。

大陸式早餐餐具

◆ 奶油刀。

◆ 麵包盤。

◆ 裝盛可頌或奶油蛋捲的麵包籃,以餐巾保溫,或是用底盤
  裝盛的吐司架。

◆ 用墊著襯巾的邊盤裝盛的奶油盤和奶油刀。

◆ 用墊著襯巾的邊盤裝盛的果醬盤和果醬匙。

◆ 早餐杯、襯盤和茶匙。

◆ 茶壺/咖啡壺和熱水罐/熱牛奶罐用的架子或底盤。

◆ 煙灰缸（視該店可否吸煙而定）。

◆ 桌號牌架。

◆ 糖罐和夾子

若以茶作為飲料，則另外需要下列各項：

◆ 泔水盆

◆ 濾水器

◆ 壺裝冷牛奶

　　在顧客入座之前，就應該把兩種類型的早餐列表中的多數項目當作前置作業的一部分並擺設在餐桌上，但有些項目則是在顧客入座後才擺設，這些項目包括：

◆ 牛油盤、牛油和其他替代品

◆ 裝有果醬的果醬盤

◆ 壺裝冷牛奶

◆ 裝有吐司的吐司架及／或裝有熱餐包的熱麵包籃

早餐服務的順序

1. 每位顧客點餐所適用之正確的餐具

2. 上第一道菜

3. 當第一道菜用完收走之後：

◆ 飲料

◆ 可頌、奶油蛋捲、小餐包、吐司

◆ 牛油

◆ 果醬

4. 主菜（裝盤）和配菜

5. 檢查是否有其他需求

餐廳內的早餐服務

以前對於早餐服務的基本前置作業通常在前一晚完成,即在晚餐服務完成之後。爲了避免這些前置作業在輪早餐班的僱員來之前沾染灰塵,可以折起桌巾角覆蓋在這些前置作業上。在早餐的實際服務開始之前,即爲接下來的早晨做好準備。這些包括以正確方法呈現早餐杯,以及擺設常用來當作第一道菜的早餐自助餐枱,譬如冰果汁、麥片和糖煮水果,及正確服務所需的杯、盤和餐具。在早餐自助餐枱亦可發現果醬和奶油等選擇,冰水壺和杯子應該準備在自助餐枱上,尤其爲美國旅客備辦的營業場所。果醬現在通常爲罐裝果醬。

將顧客帶位至特定桌子就坐,並提供早餐菜單供其選擇。

將所點的菜寫在點菜單上並送到廚房,所點的飲料寫在另一張送到配膳室的點菜單上。當點菜單送到各部門處理時,服務員必須記住將不需要的刀叉和扁平餐具從餐席中移走,並將新的刀叉和扁平餐具以及所需的配料一起放在餐桌上,例如,第一道菜是蕃茄汁時,需要的配料爲伍斯特醬,然後上菜。

當顧客用完第一道菜,且將之收走後,就可服務飲料。茶壺和熱水壺或咖啡壺和牛奶壺應該放置在專用架或底盤上,並置於女士的右邊(若有兩位以上女士,則置於年長者右邊);若在一個全部爲男性參加的宴會,則置於年長者右邊。飲料壺的手把應該置於最方便取用的位置,在上主菜之前,應該將剛烤好的熱吐司和/或小餐包跟果醬一起上桌。

早餐的主菜通常以裝盤的方式上菜,而所需的配料應該在上菜前就置於餐桌上。在收走主菜後,服務員應該將顧客面前的麵包盤和餐刀移走,並詢問是否還需要吐司、牛油、果醬或飲料。

服務早餐時，下列要點應該特別注意：

◆ 服務麥片粥時，應該提供牛奶或奶油

◆ 一般服務燉水果時，並不提供奶油，除非顧客要求

自助式早餐

所有飯店裡的餐食，看起來早餐服務是最令人頭痛的，或許是因為大多數的顧客在用早餐時都在短時間內要求快速的服務，但是即使是設計好的服務流程，突然湧入的人潮仍會引起混亂，這種狀況會造成服務員不足。為了克服這個問題並滿足顧客的需求，有些飯店在近幾年引進自助式早餐枱，用以提供快速的早餐服務。

早餐服務時，當顧客入座後即提供菜單供其選擇，不論是自助式或其他型態的早餐皆可。自助式早餐應該由顧客自行至自助餐枱取用，除非另外加點蛋或其他需要烹煮的食物及飲料。

6.2　下午茶的服務

英國傳統下午茶在下午四點進行，目前已漸漸式微，並趨向於只有茶和點心，其地點從飯店酒廊轉變為咖啡吧或咖啡廳，而在車輛不可進入的購物區，也可發現供應茶點和茶水的露天飲食店。

然而下午茶在許多營業場所裡仍然存在，而其種類可分為三種主要類型：

◆ 高級飯店裡的正式下午茶。

◆ 大眾化餐廳或咖啡廳裡的英式下午茶。

◆ 接待處或自助餐的茶。

正式下午茶菜單

正式下午茶菜單通常包含下列項目中的一些或全部，一般是以下表的順序來服務。注意，飲料先服務。

菜單

塗上奶油的熱吐司或烤過的茶點或煎餅

下午茶用什錦三明治

醃燻鮭魚、小黃瓜、蕃茄、沙丁魚、蛋、其他佐料

黑麵包或白麵包和牛油

水果麵包和牛油

塗上奶油的司康烤餅

覆盆子果醬或草莓果醬

蛋糕和酥皮點心

英式下午茶菜單

英式下午茶是除了正式下午茶之外另一個選擇。英式下午茶通常是制式的單點形式，除了一般正式下午茶的菜單外，還提供：燒烤、烘焙點心、魚和肉類、沙拉、冷甜點、冰淇淋。肉類菜餚通常包括派和酥皮點心，而魚類菜餚則通常為炸魚或烤魚。

下列配料（合適的醬汁）偶爾會在英式下午茶時提供：

◆ 蕃茄醬

◆ 伍斯特醬

◆ 紅醬（即 HP）

◆ 醋

◆ 芥末

下午茶餐具

下午茶餐具可分為兩種類型：

◆ 正式下午茶餐具
◆ 英式下午茶餐具

正式下午茶餐具

服務正式下午茶時應擺設下列餐具：

◆ 邊盤

◆ 餐巾

◆ 奶油刀

圖6.3　正式下午茶餐具

◆ 點心叉

◆ 茶杯、底盤和茶匙

◆ 泔水盆

◆ 糖罐和夾子

◆ 茶壺和熱水壺架或底盤

◆ 冷牛奶壺

◆ 用底盤裝盛的果醬和果醬匙

◆ 煙灰缸（視該店可否吸煙而定）

注意：冷牛奶壺和果醬罐應該在顧客入座後上桌，而非前置作業的一部份。

英式下午茶餐具

英式下午茶的餐具包括：

◆ 餐巾

◆ 餐刀和餐叉

◆ 麵包盤

◆ 奶油刀

◆ 調味瓶：鹽、胡椒、芥末和芥末匙

◆ 茶杯、底盤和茶匙

◆ 糖罐和夾子

◆ 泔水盆和濾茶器

◆ 茶壺和熱水壺架或底盤

◆ 冷牛奶壺

◆ 用底盤裝盛的果醬和果醬匙

◆ 煙灰缸（視該店可否吸煙而定）

注意：如同正式下午茶餐具，冷牛奶壺和果醬盤應該在顧客入座後

圖6.4　英式下午茶餐具

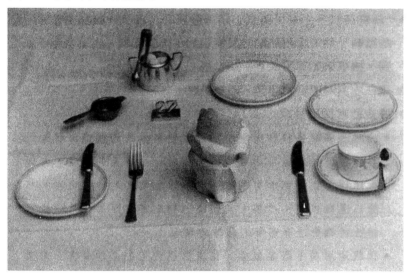

才上桌，而非前置作業的一部份，其他所需的餐具則是依照單點項目送上桌。

英式下午茶的服務順序

1. 飲料
2. *熱點心─麵包和牛油（有時是沙拉）
3. 熱烤
4. 三明治
5. 塗上奶油的司康烤餅
6. 麵包和牛油
7. 果醬
8. 蛋糕和酥皮點心

注意：

1. *單點英式下午茶：英式下午茶服務時，應該先服務由顧客所點的飲料，然後服務熱點心及麵包和牛奶的配料。當這些用畢收走時，接下來如同正式下午茶服務

2. 現在冰淇淋更受歡迎了，通常是最後才服務

3. 檢查通常採用雙重方法：

   ◆ 吐司、茶點蛋糕和煎餅使用以底盤裝盛的湯盤或深盤和銀器服務。另外也可用鬆餅盤，這是一種有蓋的銀盤，內部有襯裡，在底部加有熱水。服務塗上奶油的熱吐司時，移除三邊麵包皮，並將吐司切成一指之寬，而每一片一指寬的吐司都要連著部份未移除的麵包皮。

   ◆ 三明治用扁平銀盤裝盛，在服務前先置於自助餐檯上司康烤餅和什錦奶油麵包用墊著餐巾的扁平銀盤裝盛，並置於自助餐枱上。

   ◆ 果醬放在單獨的壺裡或果醬碟，兩者皆用墊著襯布的底盤裝盛，並附以果醬匙。

   ◆ 蛋糕和酥皮點心用墊著襯布的扁平銀盤或托盤裝盛，或是酥皮點心專用推車。

注意：酒廊裡亦可服務下午茶（參閱第7.3節）

茶會

茶會僅僅在特別集會和私人聚會時提供，如同字面的意思，食物和飲料是於自助餐枱服務，而非個別的餐桌。自助餐枱應該建置於房間裡的顯著位置，並確定有足夠的空間讓顧客們做選擇。和顯著位置一樣，自助餐枱到配膳室和洗碗室應該有簡便的通路，讓自助餐枱的補充和清潔可以在不打擾顧客的情況下完

成。

　　建置自助餐枱時必須確定有讓顧客流通的充分空間，並且在房間周圍放置一些桌椅，這些臨時餐桌可以用清潔硬挺的桌巾覆蓋，並將插有花的小花瓶和煙灰缸置於其上 （視該場合可否吸煙而定）。

建置自助餐檯

　　標準的下午茶餐具，瓷器、餐巾和集中放置的茶杯、底盤、茶匙應該沿著自助餐枱的前面放置，糖罐和夾子可放在自助餐檯上或放在房間周圍的臨時餐桌上。茶應該在沿著自助餐檯的各個下午茶供應點用保溫的銀甕服務，牛奶應該用白銀牛奶壺單獨服務，有時亦可提供合成奶油和糖包。

上菜

　　在接待期間部分服務和補充食品飲料的服務員必須在自助餐枱後面就位。其他人應該在配有食物的房間裡穿梭巡視，並清除用過的餐具。隨著自助餐枱上菜餚的消耗，他們應該正確迅速地補充，使得自助餐枱看起來整齊清潔。

第七章

服務的特定型式

7.1　前言

在第一章（請參閱第1.7節），我們將服務方式分為五類，前四種服務方式（A：餐桌服務，B：輔助服務，C：自助式服務，D：單點服務）是顧客到提供餐飲的地方，第五種服務方式（E：特殊服務）是將食物和飲料送至顧客處，也就是說，在原處（in situ）服務。然而在非設計為服務的領域中，我們也可見到服務的發生。

這個服務方式的分類包括在醫院及飛機上可看到的托盤法（tray methods），偶爾亦可見於外燴服務，像酒廊服務（lounge service）、客房服務（room service）、家庭外送服務（home service）。在這一章中，此種服務類型提供了一些資訊，並且指明與特殊服務有關的附加任務及職責。

7.2　樓層／客房服務

樓層服務或客房服務是從客房內煮茶或煮咖啡的設備，如迷你吧枱，變化為每一樓層的自助販賣機或客房裡各種餐食的服

務。依據營業場所的性質,客房的服務範圍會有所變化。在五星級飯店裡,二十四小時的客房服務被視為理所當然,但是在二星級或三星級的飯店,客房服務僅止於配合客房裡煮茶、煮咖啡等設備的大陸式早餐服務。

全套客房服務及部分客房服務

圖7.1是一份客房服務的菜單,此飯店提供全套客房服務,客房服務部門的員工在菜單指定的時間內提供服務。

服務起始於各樓層的備餐間,可能各樓層都有一個備餐間,也有可能二到三個樓層共用一個。另外,所有的食物和飲料都來自於中央廚房,並且藉由電梯送至特定樓層,然後儘可能由專送熱食的手推車送到客房。

樓層服務部門的員工必須有很豐富的經驗,因為他們必須面對各種餐食的服務。此外,他們也需要處理各種酒類服務,因此對賣酒的規定也要有深入的了解。樓層服務部門的員工上班採輪班制,以便提供全天候的服務。

房客若需要客房服務,可按下走廊上的色燈或代表房間號碼的儀表板,亦可直接打電話給該樓層的備餐間或接待處及餐廳,告知他們所需要的服務。

食物或酒的核對清單可以對顧客的需求一目了然。萬一有特別服務的午宴或晚宴,清單可以給主辦人簽核,表示已接受清單中所列出的服務。最重要的一點是,當客人離開宴會時,可將已由宴會主人簽核的服務單呈給客人看,以免有任何客訴問題。所有的核對清單一經顧客簽核後,應立刻轉呈接待處或管理部,以便向該顧客收取服務費用。所有點單通常會作成三聯,第一聯交給提供餐飲的部門,第二聯交給管理部或接待處(在顧客簽名

圖7.1　客房服務清單範例—The Carlton Hotel, Bournemouth提供

後），第三聯由樓層服務員保留，以茲證明。

　　樓層服務員工作的備餐間可以比擬為迷你的食品儲藏室，並且擁有可調配服務任一餐所需的設備。這些設備包括：

◆ 水槽

◆ 熱盤

◆ 冰箱

◆ 直達中央廚房的升降梯

◆ 烤板

◆ 煤氣爐

◆ 小型蒸餾器或其他咖啡機

◆ 砧板

◆ 餐刀

◆ 櫥櫃

◆ 瓷器

◆ 古典刀叉、扁平餐具、中凹銀器

◆ 玻璃器具

◆ 醬料瓶、英國醬油、糖等等

◆ 布巾類

◆ 旁桌推車

◆ 煤油燈和蘇捷特（Suzette）平底鍋

◆ 酒類服務設備、冰酒桶、籃架等

◆ 托盤

有充分的設備才能隨時提供充分且高水準的服務。

在用餐前，服務員必須完成所有的前置準備作業（mise-en-place），包括檢查醬料瓶，若有不足，則需補充；準備早餐托盤；換桌巾；擺設餐桌；清洗玻璃杯，並擦拭乾淨；清洗托盤等等。有些店會提供不同款式的瓷器供用餐服務之用。

在店裡，樓層服務員必須跟其他服務員合作。樓層服務員必須確保所有的房間在用餐結束時就已清理完畢，以免在開始清理房間時造成妨礙。

早餐服務

　　某些飯店只提供早餐，此服務通常由房務服務員兼任。圖7.2是一張早餐菜單。

　　這張菜單也可做點菜單使用，填畢後，掛在客房外即可。菜單的下方設計成可撕開，點用早餐後，將此聯送至帳房，以便將早餐的費用計入帳單。而上方那聯則送至樓層服務的備餐間或中央廚房，在特定時間內，就會把早餐送至客房。

　　大部分客房的早餐點菜都可預先知道，並可根據點菜單來擺設托盤。擺設早餐托盤的步驟與在餐廳裡擺設全套英式或大陸式早餐相同，其中只有些許差別。

　　主要的差異如下：

◆ 檯布換成了托盤布

◆ 為了節省空間及減少重量，底盤通常會省略不擺出

◆ 在托盤上沒有桌號，也不會擺設煙灰缸

圖7.2　客房服務用的早餐菜單和點單—Holiday Inn Crowne Plaza, Leeds提供

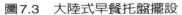

圖7.3　大陸式早餐托盤擺設

　　為了因應客房早餐持續點餐，托盤應該在前一天晚上就在備餐間擺好，並蓋上乾淨的布；而飲料、吐司、小餐包、第一道菜、以及果醬和其他配菜則根據點菜單由當班的樓層服務員準備；主菜則在廚房裝盤由服務專用電梯送至該樓層。在送托盤到每個房間之前，最重要的就是檢查是否有任何遺漏，並確認熱食是否是熱的，因此飲料和吐司應該最後裝盤。

　　托盤裡的餐具如何擺設是很重要的，餐具應該擺放在客人伸手可及並容易傳遞的位置，也就是說，飲料杯、早餐杯、襯盤和茶匙須放在托盤中央靠右的位置，除了有平衡托盤的作用，這也是斟茶或咖啡的正確位置。所有必需的醬料應該放置平穩，以免端餐盤時發生意外。在房間門口，服務員應大聲敲門，等候客人應門，進入房間後，將托盤放在床邊桌上。

圖7.4　客房服務用的餐桌

　　如果房間裡有兩個以上的客人用早餐，則需要擺設一張餐桌
或推車，如同在餐廳一般服務客人，在約45分鐘後，服務員須回
到該房間，敲門並等候應門，進入房間後詢問客人是否可將托盤
收走，有一點相當重要，房間和走廊上的托盤和推車應該儘快清
理乾淨，否則會妨礙房務服務員的工作，也會造成房客的不便。

　　當早餐服務結束之後，所有器具必須在備餐間清洗乾淨，像
牛奶、鮮奶油、牛油、小餐包、果醬等食物應該放回冰箱或櫥
櫃，接著清理備餐間，而一天的前置作業也就緒了。

房間內的設施

迷你吧

　　圖7.5是一張迷你吧的內容明細，房客亦可利用這張卡自己

圖7.5　迷你吧菜單範例—The Holiday Inn Crowne Plaza, Leeds提供

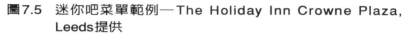

結帳。迷你吧每天都需補充，並使其消耗量與出納室（billing office）相符。

煮茶器及煮咖啡機

　　煮茶及咖啡的標準用具包括茶杯、茶匙（每人一支）、茶壺或咖啡壺（或兩者兼具）、水壺（自動開關），以及可自由選擇的茶、咖啡、糖、巧克力、鮮奶油、代糖，有些飯店甚至會提供餅乾，這些材料應該使其標準化，並且每天由房務管理員更換。

7.3　酒廊服務（Lounge Service）

　　酒廊服務涵蓋了大陸式早餐服務、晨間咖啡、午餐後點心、

下午茶、晚餐或宵夜的酒精飲料，雖然酒廊服務主要與飯店有關，但我們也可在酒館、酒吧和遊艇上看到。圖7.6是酒廊服務的菜單。

圖7.6　酒廊服務菜單範例──the Carlton Hotel, Bournemouth提供

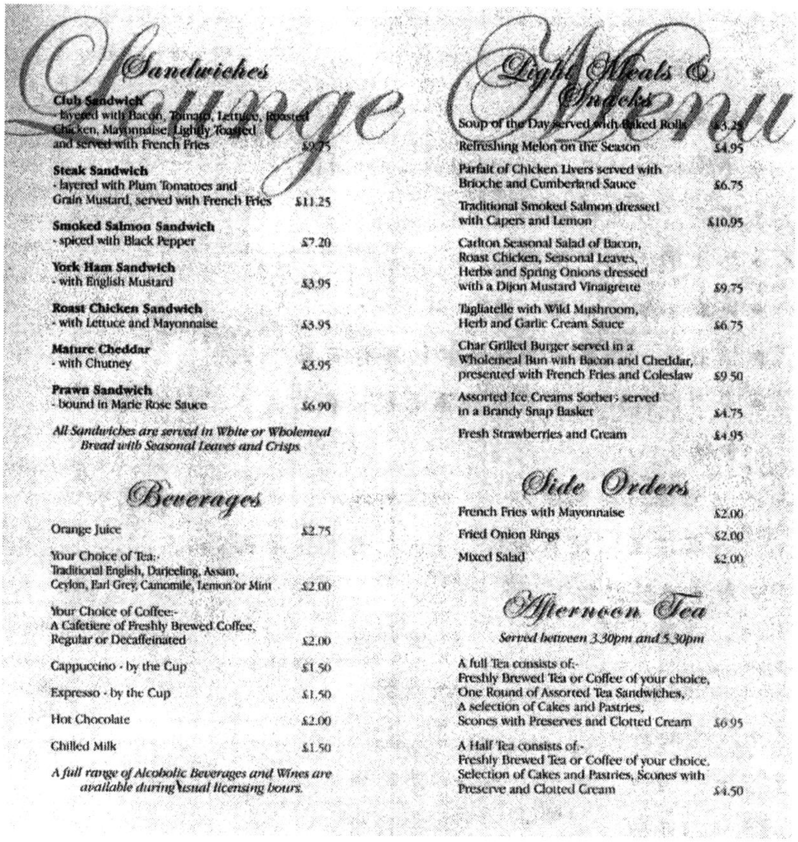

Lounge Menu

Sandwiches

Club Sandwich
- layered with Bacon, Tomato, Lettuce, Roasted Chicken, Mayonnaise, Lightly Toasted and served with French Fries £9.75

Steak Sandwich
- layered with Plum Tomatoes and Grain Mustard, served with French Fries £11.25

Smoked Salmon Sandwich
- spiced with Black Pepper £7.20

York Ham Sandwich
- with English Mustard £3.95

Roast Chicken Sandwich
- with Lettuce and Mayonnaise £3.95

Mature Cheddar
- with Chutney £3.95

Prawn Sandwich
- bound in Marie Rose Sauce £6.90

All Sandwiches are served in White or Wholemeal Bread with Seasonal Leaves and Crisps.

Beverages

Orange Juice £2.75

Your Choice of Tea:
Traditional English, Darjeeling, Assam, Ceylon, Earl Grey, Camomile, Lemon or Mint £2.00

Your Choice of Coffee:
A Cafetiere of Freshly Brewed Coffee, Regular or Decaffeinated £2.00

Cappuccino - by the Cup £1.50

Expresso - by the Cup £1.50

Hot Chocolate £2.00

Chilled Milk £1.50

A full range of Alcoholic Beverages and Wines are available during usual licensing hours.

Light Meals & Snacks

Soup of the Day served with Baked Rolls £4.25

Refreshing Melon on the Season £4.95

Parfait of Chicken Livers served with Brioche and Cumberland Sauce £6.75

Traditional Smoked Salmon dressed with Capers and Lemon £10.95

Carlton Seasonal Salad of Bacon, Roast Chicken, Seasonal Leaves, Herbs and Spring Onions dressed with a Dijon Mustard Vinaigrette £9.75

Tagliatelle with Wild Mushroom, Herb and Garlic Cream Sauce £6.75

Char Grilled Burger served in a Wholemeal Bun with Bacon and Cheddar, presented with French Fries and Coleslaw £9.50

Assorted Ice Creams Sorbets served in a Brandy Snap Basket £4.75

Fresh Strawberries and Cream £4.95

Side Orders

French Fries with Mayonnaise £2.00

Fried Onion Rings £2.00

Mixed Salad £2.00

Afternoon Tea

Served between 3.30pm and 5.30pm

A full Tea consists of:-
Freshly Brewed Tea or Coffee of your choice, One Round of Assorted Tea Sandwiches, A selection of Cakes and Pastries, Scones with Preserves and Clotted Cream £6.95

A Half Tea consists of:-
Freshly Brewed Tea or Coffee of your choice, Selection of Cakes and Pastries, Scones with Preserve and Clotted Cream £4.50

酒廊編制

　　最高級的飯店裡，酒廊服務員可能在他們自己的服務備餐間工作。然而大多數的場合，酒廊服務員和備餐間或配給櫃枱合作並保持聯絡，因應任何一種飲料的需求，不論含不含酒精。酒廊服務員有一個小型的服務枱，且只有該服務員有鑰匙，櫃子裡有一定存量的所需物品以防緊急事件發生。這些所需物品如下所示：

◆ 小布巾

◆ 煙灰缸

◆ 小圓托盤

◆ 璃杯（各個種類）

◆ 熱飲用的杯子及襯盤

◆ 乾貨：咖啡、茶、糖

◆ 核對單、帳單、酒精飲料的庫存表單

◆ 當酒吧打烊後需要服務酒廊裡顧客的基本庫存酒精飲料，
　　包括：

　　—烈酒（蒸餾酒）　　—白蘭地　　　　—礦泉水

　　—餐前酒（開胃酒）　—利口酒（香甜酒）

◆ 雞尾酒裝飾物：

　　—洋蔥　　　　　　　—鹹花生　　　　—醃黃瓜

　　—櫻桃　　　　　　　—橄欖　　　　　—起士條等等

◆ 其他飲料：

　　—好立克　　　　　　—保衛爾牛肉汁　—可可亞

　　—阿華田　　　　　　—青草茶　　　　—巧克力

　　酒廊服務員必須準備下列服務：

◆ 晨間咖啡

◆ 午餐前的開胃酒和雞尾酒

◆ 午餐後的咖啡、利口酒和白蘭地

◆ 下午茶

◆ 晚餐前的開胃酒和雞尾酒

◆ 晚餐後的咖啡、利口酒和白蘭地

◆ 宵夜飲料服務，包括酒精飲料和不含酒精者

◆ 依營業場所型態而定的全天候供應之點心

　　顧客在被服務之後才結帳是很正常的，但長期住房的房客可能不希望這樣。因此，酒廊服務員必須確保客人在帳單上簽名，而且帳單上必須有該房客的房號；當房客辦理退房時，他必須將未付清的帳款結清。所有的帳單都是三聯式的，第一聯送至供應部門，也就是備餐間，或酒吧；第二聯應該由酒廊服務員暫時保留，如果他們必須開帳單給顧客或接待處及管理部，那麼就可將此聯給他們，並依據此聯來收費；第三聯由酒廊服務員保留，以茲證明。

　　某些特定項目的存貨盤點應該定期作臨時性的抽查，存貨單應該每天完成，並且以「日消耗表」的形式方能表示每日銷售量及現金收入。對照存貨單檢查已領貨的訂單。

　　酒廊服務員從一早就開始準備，確認整個酒廊都已清理過，包括用吸塵器打掃地毯、將咖啡桌擦淨、清理煙灰缸、桌子擺在正確的位置、黃銅製品已擦亮，並且服務內容裡的每一項都已準備安當。在忙碌的店裡，一旦開始服務之後，忙碌就會持續一整天，因此，隨時保持酒廊的整潔，像桌面的清理和煙灰缸的乾淨等等，是酒廊服務員的責任之一。

　　午餐及晚餐之前，開胃點心應該放在咖啡桌上，而午餐之

後，必須準備下午茶的服務。酒廊通常為店裡的第一線，因此服務標準應該嚴格制定，表現出應有的專業，這個責任取決於酒廊服務員，他們必須表現精明、有效率，並且對顧客招待得十分周到，他們應該對餐飲服務有深入的了解，特別是對賣酒許可的法律規定，以及對顧客和管理的義務。

自助餐枱

像下午茶之類的酒廊服務，自助餐枱要將供應的食物陳列出來。換言之，通常以旁桌提供酒廊內客人不同的食物選擇。

7.4 醫院供餐服務

醫院餐飲服務的發展要從1947年國家健康法案（the National Health Act）說起，在這之前，所有醫院都需依靠病人的診療費、私人捐款、園遊會的收入等等。因此，每家醫院的餐飲服務變化相當大，而且普遍都每下愈況，也很少考慮到是否提供具吸引力的餐食、正確的營養價值、多樣性的食物供應，或提供熟食和剛煮好的食物。

1947年的法案產生了深遠的影響。1947年之前，醫院餐飲服務初期的拙劣計劃和緩慢的成長發展顯示出為達成主要餐飲服務的目標花費了一些時間，也就是說，所有的餐食都應迅速地送達病人，使它們看起來開胃，並且有正確的營養價值。為達此目的，1964年發展出一套美國Ganymede供餐系統。

病患

在醫院裡，病患的喜愛與否越來越重要，而這是餐飲部人員

不可忽視的一個重要因素。患者可分為六類：

1. 內科：長期住院者

2. 外科：短期住院者

3. 老年患者：需住院治療及特殊需要的年長者

4. 整形科：非正常生理疾病但需要協助方能移動之患者

5. 婦產科

6. 小兒科：兒童

用餐時間

病患的用餐時間通常依照以下的形式：

早餐	7.30－8.00pm
午餐	12 noon
茶	3.00－6.30pm
晚餐	6.00－6.30pm
晚間熱飲	8.00至10.00pm之間

供餐服務

　　舉例來說，Ganymede系統就是一些醫院餐飲服務可用的商業供餐服務理論之一。基本上，個別病患的供餐服務是根據病患的預定而準備，用不同的方法來使這份食品保持冷或熱，範圍從冷熱丸子到特殊隔離的供餐服務。當供餐服務準備齊全，就被送到周圍的病房，在呈送給病患之前，可在護理站附加飲料。

　　此系統的優點有：

◆ 病患拿到的是令人開胃的裝盤和滾熱的食物

◆ 可減低勞工和管理的成本

◆ 原本浪費在病房裝盤的時間現在可藉由完成其他職責而有更佳的利用

◆ 病患可由給定的菜單中選擇需要的餐食

病患在前一天拿到菜單，選定隔天想吃的早午晚餐，稍後，這些表格會統一送至餐飲部經理處，所有的點菜單在整理之後，制定出生產排程。

在服務時間，為避免有人要求加量，常會根據菜餚的類型來作增加，病患也可在點菜單上針對要增量或減量的菜餚作記號。單人病房的菜單選擇較主要病房更多更具變化性，而且這種病房的服務與飯店的客房服務很類似。

在醫院裡也常使用微波爐，以便在特定時間內提供快速加熱食物的設備，所有需要的菜色皆可於離峰前在中央廚房急速冷凍，隔天當需要某道菜時，即可迅速將餐食準備好。

由此可見此系統由持續給病患可口的食物、極具吸引力的裝盤和滾熱的食物來提昇病患的士氣，同時，在一週或兩週之後，病患可以選擇不同的菜色。

7.5　餐點外送

餐點外送的雛形可能出現在地方機關當做福利活動的服務，這也是最為人所知的餐點外送。最近，餐點外送服務已經成為營業部門的一部份，服務範圍從印度與中國的外送到餐廳所提供的全套餐食（熱食或供顧客再加熱的冷食）。有一些連鎖店專門提供餐點外送的服務，比薩專賣店就是基於此一美國的觀念。

餐點外送的理論很多樣，而餐點外送理論力圖保溫，最複雜

的就是快餐車（Meals on Wheels）服務，這是為了滿足顧客需要的本質（初期），而營養價值是最重要的考量。最簡單但仍有效的就是比薩餐點外送系統利用具有內部皺摺狀的瓦楞紙來保持比薩的熱度，保溫所需要的時間受限於遞送地區的範圍。當然，比薩店盡量在30分鐘內完成遞送。

7.6　航空公司的餐飲服務

　　機上的餐飲服務最早見於一盒總匯三明治加一瓶水，而這也是「拿或不拿」的一個例子。現在飛機上都有一個物資供應所，其用途包括餐飲服務、客艙要求、保稅倉庫、清潔和其他的旅客需求。現在普遍來說，當有短程飛行時，只提供點心或三明治和飲料，當有較長時間飛行時，則空服員有時間做更多的餐飲服務。

　　以經濟或旅行的飛行來說，所有的餐食要同樣份量，每一部份要完全相同，餐食是以個別的容器裝盛，封口後冷凍，貯存至需要時。商務艙和頭等艙的旅客通常吃的是像頂級飯店或餐廳一樣的餐飲，只有一些份量上的控制。頭等艙服務可以如此做，當切菜的推車在中央走道行進時，可以在推車上將大塊的帶骨肉切開，並且用適當的蔬菜及裝飾服務旅客，加上優質的骨瓷、玻璃器皿、鍍銀鑲金的餐具，在上餐時製造一種滿足的氣氛。經濟艙的餐食通常都以塑膠或三聚氰胺製成的托盤，再加上可拋式的襯墊、刀叉、餐具和餐巾，喝任何飲料也都用可拋式的杯子，並且大量使用預先分裝好的鹽、胡椒、芥茉、糖、鮮奶油、乳酪、餅乾、和果醬。

　　當所有食物都準備好時，每一道菜所需要的份量會被裝在托

盤上，而且會放在保溫的櫥櫃裡，並保持它的熱度，直到送上飛機或需要用餐時，否則一直放在餐飲組件中並冷凍，必要時，可在飛機上再加熱，每家航空公司會提供專屬的設備，像餐具、瓷器、玻璃製品。

高速爐可在20分鐘內加熱餐食，隨後連同整份餐食的餐飲送到乘客面前的摺疊桌上。整份餐食還包括茶、咖啡、餅乾和蛋糕、冷飲。如有特殊餐食，例如素食餐、兒童餐或病患的特殊餐，這些都是可得的。菜單和酒單作成彩色附有裝飾的樣子，圖7.7即為一例。

所有酒精飲料和香煙都是從免稅店中領出的，且免除關稅及貨物稅。當飛機起飛後，由訓練有素的機組員來提供旅客各種服務，有時候他們的工作非常困難，尤其在40-60分鐘的短程飛行間必須上餐，而飛行中是無炊的。

7.7　鐵路餐飲服務

在火車上的餐飲服務主要是傳統餐廳、售票亭、推車的操作，在臥舖車則提供有限的服務，然而這些服務是在離開基地和供應者的移動中提供。

鐵路餐飲中有些托盤系統的操作方法跟航空公司類似，食物和飲料以托盤送至每個旅客的座位，但是不包括附有餐桌的餐車。

圖7.7　班機上的菜單及酒單範例─Virgin Atlantic Airways Plc提供

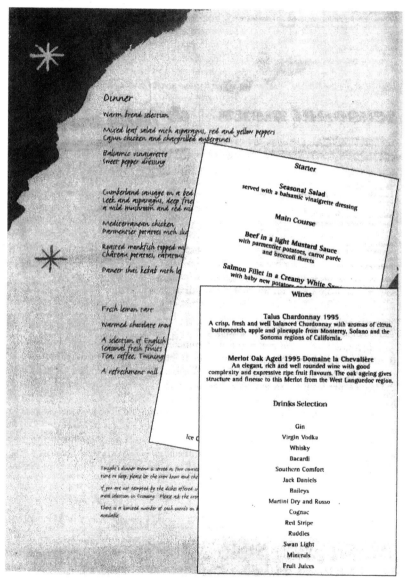

圖7.8　鐵路餐廳菜單範例—Virgin Trains提供

The restaurant
Experience the pleasure of dining in the comfort of our restaurant car as we speed you through the countryside of Britain.

seasonal menu

Stilton and Bacon Salad
Pieces of ripe stilton cheese and orange segments with crisp, fried bacon and croutons on a bed of mixed leaf salad with a balsamic dressing   £4.95

Soup of the Day   £3.95

Moules Marinière
A large bowl of mussels cooked with white wine and herbs and served with crusty bread   £6.95

Salsicotto and Pesto Mash
Grilled Italian style pork sausages served on a bed of pesto flavoured mashed potato topped with a rich tomato sauce   £10.50

Confit of Duck with Fried and Sauté Potatoes
A traditionally preserved leg of duck served on a bed of thyme flavoured sauté potatoes and frisé salad with a sharp blackcurrant vinaigrette   £12.50

Roast Fillet of Cod with Braised Fennel, Leek, Bacon and Sauté Potatoes
An oven roasted fillet of cod on a bed of braised fennel with leek, bacon and lobster stock served with sauté potatoes   £11.95

Fillet Steak with Mustard Butter, Frites and Salad
A prime Scottish fillet steak grilled to your liking and served with frites and a dressed salad   £13.95

Fresh Pasta Bowl
Your choice of fresh penne or fusilli topped with one of the following sauces:
Creamy tomato and basil
Sun dried tomato and basil
Pepper, caper and sun dried tomato,
finished with vegetarian parmesan cheese and parsley   £7.95

Cheese Platter
A selection of regional cheeses offered with celery, grapes and biscuits   £4.95

Tarte Tatin
An upside down puff pastry tart topped with caramelised apples and served with crème anglaise   £3.75

Side Order
Mixed leaf salad   £2.00
Seasonal vegetables   £2.00
Sauté potatoes   £1.75
Frites   £1.75

Freshly brewed coffee or tea   £1.50

The restaurant
Experience the pleasure of dining in the comfort of our restaurant car as we speed you through the countryside of Britain.

drinks menu

Soft Drinks

Soft Drinks
Virgin Ginger Beer
Virgin Lips Orange   65p
Virgin Lips Lemon Lime   65p
Virgin Cola   65p
Virgin Diet Cola   65p
                                                                         65p

Fruit Juices and Mineral Waters
Orange Juice
Apple Juice   85p
Tomato Juice   85p
Sparkling Malvern Water   65p
Volvic Water (still)   85p
                                                                         65p

Beers & Spirits

Beers, Lagers & Cider
Stella Artois
Guinness Original   £1.95
Bass Draught Ale   £1.90
Carlsberg Lager   £1.85
McEwans Export   £1.75
Strongbow Cider   £1.75
                                                                         £1.75

Spirits
Martell Medallion VSOP Cognac
Johnnie Walker Black Label Whisky   £2.90
Bacardi Rum   £2.85
Bell's Extra Special Scotch Whisky   £2.80
Gordon's Gin   £2.70
Virgin Vodka   £2.70
Mixers   £2.70
                                                                         70p

include 17.5% VAT

Virgin Trains

第八章

桌邊服務

8.1　前言

　　桌邊（guéridon）的定義為可移動的服務桌或推車，可在上面切肉、切片、火燒或準備、上菜。換言之，桌邊就是一台滿載可供手邊作業器具的可移動工作枱，萬一急需某種餐具，桌邊也有備用的可提供；另外桌邊也應該放置所有必須的特殊餐具。桌邊可自行變化，舉例來說，專為此目的而製造的液態丁烷推車、平台推車，甚至是小餐桌都是。

　　桌邊服務的起源很難追溯，它包括桌邊切割、沙拉的準備、切片、新鮮水果的準備等等。這種服務型式通常可在高級營業場所的單點菜單及服務裡看到，價錢也個別計算，因此平均售價較套餐昂貴。高價位的另一個原因，為點菜型態的餐食需要服務技巧，而此種人才的人力成本較高，所以價格也包括了顧客必須支付的成本。此外，使此種服務有效率完成的設備具有更昂貴、更精緻的型態，必須有更多空間的區域讓推車便於移動。

　　火燒式（Flambé）菜餚開始普及於愛德華時代（the Edwardian era），而聲稱是第一道桌邊烹調菜餚的蘇捷特可麗餅（Crépe Suzette），據稱是由亨利・夏彭提耶（Henri Charpentier）

在蒙地卡羅的巴黎咖啡館（Café de Paris）當助理員的時候發明的（1894）。

特殊設備

火焰燈（Flare Lamps）

這是桌邊烹調服務的基本設備，且用於烹調及桌邊烹調（flambéing）的菜餚。火焰燈的保存很重要，而且應該非常小心地完成它，並確保每個部分都正確地安裝在一起，使燈的壽命發揮到極至，使意外發生的可能性降低至最小。

目前加熱用燈主要以下列三種方式補充燃料：

甲基化酒精（methylated spirits）

這種燃料燃燒效果很好，但調整燈芯時要注意，燈芯可幫助避免燃燒產生煙。另外，所有成分必須融合良好，如果甲醇漏出，會引起火災。

可燃凝膠（flammabled gel）

這是一種乾淨且裝填安全的燃料。凝膠裝在單獨的容器裡，可直接加入加熱用燈中或由容量大的容器分裝，但是這種燃料的火焰相當微弱。

液態丁烷氣體（Calor gas）

這種加熱用燈因直接置換罐裝瓦斯，所以非常普遍。這種液態氣體是無味的，而且火焰也很容易控制，常用於生火的推車。這種推車把加熱用燈裝置其上，因此使得工作高度皆與推車枱面同高，這麼做比較安全，且發生意外的機會較小。

保溫鍋或蘇捷特平底鍋

真正的保溫鍋現在已經很少見了，它很深、有蓋，用來配合

單獨加熱的組件。現在使用的淺平底鍋叫做蘇捷特平底鍋，它跟油炸用平底鍋在外型及尺寸上很類似，直徑約20-30公分（9-12吋），有的有嘴，有的無嘴，鍋嘴通常在左手邊。這種平底鍋通常以鍍銀的銅製成，可使受熱平均。

保溫盤

保溫盤主要的功用為—將食物呈送給顧客之前保持食物的熱度。保溫盤經常放在櫥櫃上，但偶爾在餐具櫃或旁桌上都可見到。保溫盤的尺寸很大，可用瓦斯、電力或酒精來加熱，因此，就像火焰燈，在清理、填裝、調整燈芯時必須注意安全。無論是保溫盤或火焰燈的燈芯，都應該有足夠的長度，並且足夠完成整個服務。

桌邊服務車（液態丁烷氣體）

桌邊服務車可結合瓦斯燈和液態丁烷桶，如同瓦斯燈一般平坦的桌邊服務車面已將高度降低了，這種變化使得在這桌上烹飪或做所有火燒工作時更為安全。桌邊服務車通常也有瓦斯燈的開關；供其他服務之用的抽屜；做桌邊烹調時用的砧板；較下層的托盤有酒精架或利口酒架；在推車桌面有凹槽可放其他物品。

設備的保護及保養

有很多因素使得桌邊服務的衛生安全顯得很重要。透過法定且具前瞻性的各種法案和規則的實施來約束個人，使其為衛生安全事件負責。這些法案包括1990年食品安全法案（The Food Safety Act）、1974年工作健康安全法案（The Health and Safety at Work Act）。

當我們在準備食物時，應該記住一點，這是一種視覺的表

圖8.1 桌邊服務車

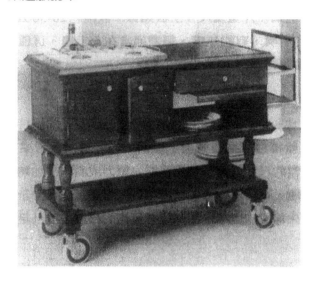

演，會吸引很多人的注意。因此，所有動作都應該符合衛生安全的最高標準，而這些都可以藉由良好的計劃和組織來達成。

桌邊烹調時，應該注意下列幾點：

◆ 衛生和外觀應出於最高標準（參見1.8節）。

◆ 所有設備應該潔白無暇，並每日擦拭乾淨。

◆ 禁止徒手觸碰食物。

◆ 確定推車在每次使用後，都擦拭乾淨。

◆ 禁止將保溫器或加熱用燈放置在車腳之外。

◆ 使用推車時，不可擺設在靠近窗簾或易燃家具旁。

◆ 禁止將酒精放置在熱推車或火焰旁。

◆ 用火焰燈燒菜時，必須小心地操作酒精。

◆ 禁止在餐廳裡移動裝有食物或設備的推車。

◆ 每天都要檢查加熱用燈是否運作良好。

「每日安全檢查及清潔程序」應藉由清潔輪值表或時間表來徹底執行。這項工作由食物服務人員，在正常服務準備期間及高層團隊的監督之下完成。

所有小型器具應列為每日基本檢查項目，並以下列適當的清潔作法為之：

◆ 磨光機

◆ 洗盤粉

◆ 洗銀水

所有大型器具，例如：酒炙燈、蘇捷特平底鍋、保溫盤、推車等，應以適當的洗潔劑來洗乾淨，當然也列為每日基本工作項目之一。記住少用具有磨損力的洗潔劑，否則設備的表面會被刮壞。普遍來說，銅基和鹽的混合物以一些檸檬和醋來處理就綽綽有餘了。

設備中特定部分的特殊保養是必要的，包括在推車的腳輪上油以利移動，甚至是設備上任一可動部分，例如：抽屜的鉸鏈和滾珠，為此，可使用三合一油或WD40。

為了確保此項工作的效率和安全，應該為所有員工列一張核對清單，並在適當時機使用。

核對清單

1. 瓦斯燈：

◆ 檢查所有可動部分是否活動自如。

◆ 確認噴嘴和燈爐口是否被油煙和灰塵堵塞。

◆ 利用適合的作法清潔——Silvo或Goddards洗盤粉——但記住：不可泡在水裡。

2. 燃氣瓶：

更換燃氣瓶時，須注意下列幾點：

◆ 隨時確定燃氣燈附近沒有加熱的設備或火焰。

◆ 遵從製造商的產品說明書，使用正確的螺絲扳手。

◆ 檢查所有的閥門是否都在關閉的位置。

◆ 儲藏燃氣瓶時，應保持低溫。

3. 酒精燈：

◆ 檢查酒精的數量。

◆ 檢查氣孔是否暢通。

◆ 調整燈芯，並檢查燈芯的長度。

◆ 清理所有灰塵和用過的火柴。

◆ 確定所有可動部分活動自如。

◆ 利用適當的作法清潔——但記住：不可浸泡在水中。

◆ 設備上的所有裝飾應仔細檢查，如有必要，可用牙刷清潔。

8.2　桌邊服務

桌邊服務的前置作業

　　桌邊服務車面和架下應以桌布蓋著，這當然需視桌邊服務車本身的性質及其外觀而定。為了工作方便，刀具和扁平餐具的配置應與餐具櫃裡的配置相仿，這麼做可以節省時間並加快服務的速度。由右至左的擺設如下：

◆ 服務叉匙。

◆ 甜點叉匙。

◆ 湯匙、茶匙、咖啡匙。

◆ 魚刀和魚叉。特殊設備包括湯杓和醬料杓。

◆ 大肉刀和邊刀。

　　加熱板或餐桌加熱器通常擺設於服務車面的左手邊，這些加熱器可能是瓦斯、電或酒精。若為後者，則咖啡襯盤應放在燃燒器下面。而在服務車面上也有砧板、刻花刀、切片刀及基本配菜，像油、醋、伍斯特醬、英國芥茉和法國香菜、細白砂糖等。

　　服務車的下半部可放置服務盤、服務托盤、邊盤和一些餐飲服務進行時可供更換的餐盤，另外也應該有一些供蔬菜和醬料用的各式銀器；而杯盤墊布的選擇對於展示醬料和其他調味料是很方便的。其他所需的準備用具，像咖啡襯盤、配菜和餐墊都可在服務員的餐具櫃中找到，另外也有一些備用的服務車設備以供不時之需。

接受點菜

　　首先，記住一點—我們是推銷員，必須推銷跟工作有關的菜餚，建議顧客點何種菜，並利用切割推車和甜點推車來當作視覺的銷售工具。

　　我們必須對菜單有深入的認識，才能對顧客想點的菜有詳盡的描述。認同顧客是很重要的。

1. 站在主人的左邊。每個客人都應該有菜單，包括主人亦同，自己也拿一本菜單做參考用。

2. 不要站在離主人及客人太近的位置，以免引起困窘。

3. 根據主人和客人的年紀、穿著及宴會性質（商務午餐／上館子吃飯／慶祝等等）來估算，這些可提供一些線索供建議點菜時用。

4. 接受主人的所有點菜，並確定一餐有多少時間可供服務，如此可以決定要推銷何種菜餚（亦即點菜菜單），並提醒顧客等候時間。

5. 注意參加宴會的成員是否全為男性、或全為女性，抑或男女皆有。

6. 點菜要盡可能迅速（亦即若接受則馬上告知吧枱）。

服務菜餚的作法

首先向客人展示菜餚，並說明菜名，例如：「夫人，您的多佛鰈魚。」然後放回桌邊，將熱盤放在推車旁邊，要上菜的食物放在保溫器上。上菜的食物若有必要切割或切片，則於完成動作後再放到要上菜的盤子上。桌邊服務是用雙手拿刀叉，而非銀器服務時用單手拿刀叉。

蔬菜和馬鈴薯稍後由服務員擺上餐盤，此時餐盤還在桌邊上，調味醬先放在餐盤上，隨後將餐盤放在客人面前。

需要特別注意的一點是，當有兩個以上的客人同坐一桌時，主菜的上菜方式如上所述，但蔬菜和馬鈴薯的服務是標準的銀器服務，在服務員餐具櫃中的保溫盤準備上菜時需要保溫。在整個流程中，保持服務車的整潔是助理服務員或收拾服務員的職責。

桌邊服務車

在許多使用服務車的店裡，會將桌邊服務車的配置標準化，這是為了確保服務所需的標準，而且安全是所有服務員的首要之務。

目前有各種設計的桌邊服務車可購買，圖8.2是桌邊服務車擺設的基本型式。

圖8.2　桌邊服務擺設的基本型式範例

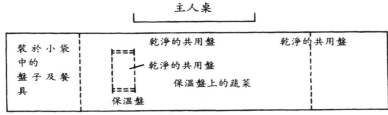

主人桌

| 裝 於 小 袋 中 的 盤 子 及 餐 具 | 乾淨的共用盤 乾淨的共用盤 保溫盤上的蔬菜 保溫盤 | 乾淨的共用盤 |

乾淨的共用盤

通則

1. 桌邊服務基本上就是主廚及助理服務員的服務，因此在他們以及團隊中每個成員之間都要有完全的聯繫和團隊合作。

2. 服務車要用推的，絕對不可用拉的，如此可以避免意外的發生，因為可便於看到要走的路。

3. 當某一桌的服務完成時，必須立刻將桌邊服務車擦乾淨，並且推到下一個要服務的桌次。

4. 上菜時，桌邊服務車應該擺設在同一位置，而非在客人間移來移去。

5. 當服務車有兩個以上的蓋子時，只有主菜是由服務車上菜，馬鈴薯、蔬菜、醬料以及其他配菜則依照一般禮節，這樣可以提高服務效率，一般來說，服務車並無足夠的空間來完成動作。

6. 服務叉匙的使用並非如銀器服務一般，而是一手拿服務匙，一手拿服務叉。當我們在處理要上菜的食物時，這麼做有較好的控制。

7. 從銀器傳遞食物和湯汁至餐盤時，將大肉叉置於餐匙上方，以免湯汁滴下弄髒餐盤。

8. 禁止在銀器上切割食物。要切割食物，請用砧板或共用熱盤；

使用大肉叉切肉時，須將彎曲那面朝下，否則叉尖會將肉戳破。

9. 助理服務員必須隨時保持服務車的整潔。

服務順序

展示菜餚的動作無論是實際的服務開始之前，或將食物適當地放在餐盤上，對每一道菜餚來說都是很重要的，尤其是在切割食物時。

1. 前菜或其他開胃菜（Hors-d'oeuvre or other appetisers）：以正常方式服務即可，除非有必須切成薄片的食物，譬如鵝肝醬（pate de foie gras）。配菜則以一般禮節傳遞即可。

2. 湯（soup）：上湯時，無論是一客份量的有蓋湯盤，或需用杓子的大型有蓋湯盤，一律在桌邊分好之後才端上桌。

3. 魚（fish）：在服務車上切好再上桌。

4. 肉類（meat）：在服務車上切好再上桌。

5. 馬鈴薯及蔬菜（potatoes and vegetables）：以前述方式，和配菜及醬料一起上桌。

6. 甜點（sweet）：在服務車處理過再上桌。

7. 祝消化菜（Savoury）：在服務車處理過再上桌。

8. 咖啡（coffee）：按照一般的銀器服務即可，除非需要特製咖啡。

以下是烹調或酒炙時各種酒類的作用：

類型	目的
烈酒	酒炙
加度葡萄酒	增加甜味

氣泡酒	著色
無泡酒	均衡味道
啤酒	判定正確濃度
蘋果酒	脫去多餘脂肪
糖漿	

8.3　桌邊切割簡介

　　下面所述引自「餐飲管理人（Caterer and Hotelkeeper）」（1987年10月8日，32-34頁）。書中指出，對工作的投入、有經驗和社交技巧及知識，對於突顯切割人員成功的印象是必要的。

　　「一個好的切割人員可以確保上菜給顧客時有良好的呈現。柔軟的肉類是一種味覺上的享受，切割對於餐廳業而言是一種具有實際價值的技能……」。

　　「當小羊排擺在面前，看著它被切割，這是一件多麼美好的事，這比單單呈現一塊肉給顧客要多多了。我們是表演事業，人們有他們自己的喜好，三分熟或五分熟、厚片還是薄片，有了切割專員，人們可以輕易地要求他們想要的，就在他們眼前……」（Willy Bauer）。

　　「肉的外觀和柔軟度是取決於切割的好壞，如果我們用錯作法，這塊肉可能會老得咬不動，或者，不如它應有的柔軟……」（Anton Edelmann。）

　　「如果切肉的時候肉上有纖維，我們必須咀嚼它。將纖維切斷表示纖維較短，就會比較容易入口……」（Francis Edwards）

　　「為了留下專業的印象，除了切割技巧之外，還需要社交技

巧......」（Anton Edelmann）。

　　「我們切肉時，要將刀子向自己的方向拉回，而非如某些人相信的，將刀子往外推去，這麼做會造成我們和肉塊間的不均衡。」（Francis Edwards）。

切割

　　切割肉類是一種需要技巧的藝術，唯有不斷地練習才會臻於完美。下面幾點是應注意的：

◆ 一律使用鋒利的刀子，並確定刀子已經事先磨利了，牢記，我們是要切肉而非削肉。

◆ 我們必須經濟且正確地做切割的動作，同時也要快速。

◆ 肉類要橫斷紋理切割，除了小羊排之外。小羊排有時要在肋骨旁切一個適當的角度。

◆ 切割叉必須穩固地固定住肉塊，這是唯一一次將叉子刺穿肉塊。

◆ 盡可能練習，讓切割技巧臻於完美。

工具的選擇

◆ 對於大部分的肉塊（most joints）而言，需要刀身25-30（10-12吋）長，2.5公分（10吋）寬的刀子。

◆ 對於家禽（poultry）或野味（game），刀身20公分（80吋）長的刀子較合適。

◆ 對於火腿（ham），一支刀身長、厚且富有彈性的切割刀較為合適。

◆ 切割叉也是需要的，可用來固定食物。

切割衛生

　　對於切割人員的清潔標準而言，切割服務時的設備及服務過程中的應用技巧都是極為重要的。針對這個目的，應注意下列所述：

- ◆ 一律穿著潔白且可保護的衣服。記住，我們是在表演自己本身的功夫。
- ◆ 當我們在顧客面前處理各種食物時，必須確認本身的個人衛生。
- ◆ 禁止使用過度的防臭劑或鬍後水。
- ◆ 一律在工作前先檢查工作區和設備，確定一切良好且有足夠的衛生。
- ◆ 禁止過度處理肉類、禽肉和野味。
- ◆ 切割所需份量即可，不要事先切割太多或太早切割。
- ◆ 所有肉類、家禽、野味都須加蓋，無論冷熱，須保持正確的上菜溫度。
- ◆ 利用視覺及嗅覺，時時警覺食物在銷售過程中，惡化的所有徵兆。
- ◆ 每段服務結束時，必須用熱蘇打水徹底清洗，並沖洗乾淨。

大肉塊的準備

　　大肉塊在烹煮前的正確準備工作非常重要，所有會造成切割困難的骨頭應該在烹煮前就先移除。我們應該確定備餐間的大廚對切割設備很熟悉，使食物在成本及消耗上有最大的經濟效益和節約，同時，切割人員必須具備肉類骨骼結構的知識，才能正確地切割而獲得最多客數。

　　因此，切割人員必須能夠：

◆ 識別要切割的肉類、家禽、野味。

◆ 了解要切割的食物其骨骼結構及肌肉纖維。

◆ 知道手頭上要切割的食物需用何種器具，並正確且安全地操控（Handle）切割器具。

◆ 正確地將刀具剛化。

切割作法

所有熱食都必須快速地完成切割動作，才不會讓熱度散掉。

◆ 牛肉和火腿（Beef and ham）：一律切薄片。

◆ 小羊肉、羊肉、豬肉、牛舌和小牛肉（Lamb, mutton, pork, tongue and veal）：切成牛肉薄片和火腿的兩倍厚度。

◆ 熱牛肉和綁緊的肉類（Boiled beef and pressed meats）：切得較烤肉微厚，並且含一些脂肪。

◆ 小羊腰肉（Saddle of lamb）：沿著腰肉切成長條型的厚片。

◆ 羊肩肉（Shoulder of lamb）：這部分的骨頭不太雅觀，切割時由外往內切至骨頭，然後慢慢地翻轉羊肩肉，同時從上到下沿著骨頭切割。

◆ 冷盤火腿（Cold ham）：在骨頭上由外而內切成非常薄的薄片。

◆ 全雞（Whole chicken）：可切成六客的中型鳥類。

◆ 烤肉（Broilers）：通常可切成四客。

◆ 雛雞（Poussin）：可以全上或切成兩客。

◆ 雛鴨（Duckling）：可切成四到六客，包括兩支腿、兩隻鴨翅，鴨胸則切成長條狀。

◆ 火雞（Turkey）：將胸肉切成偶數客薄片，並給每個客人一片烤成褐色的火雞腿肉，再搭配一些填料。

◆ 鮭魚（Salmon）：不論是冷食或熱食，首先要去皮，從骨頭兩邊切片後再上桌，切成10公分（4吋）長，2.5公分（1吋）厚。

◆ 龍蝦類（Lobster and crayfish）：把龍蝦固定好，用堅固的刀子垂直地刺穿，向尾巴和頭的方向切開，把殼撬開，在盤子上用湯匙把殼固定，慢慢地用叉子把肉挖出，將肉斜切片。

◆ 鰈魚（Sole）：首先將兩邊的骨頭都移除，然後用兩支大叉子把魚肉分開，上菜時每客有上下兩片魚肉。

切割推車

切割推車是一項很昂貴的設備，一定要非常小心地保養和使用，以確保切割推車正確地運作。

保養

切割推車應該定期清洗，最後必須將清洗用的洗潔劑清乾淨，以免清潔劑接觸到食物。對於設計複雜的部分可以使用牙刷來清理。

功能

切割推車是用來協助銷售的。銷售人員藉由簡短正確的描述來銷售菜單上的菜餚時，切割推車可以提供視覺上的協助。當服務員點菜時，他可以針對推薦的菜色或特殊的菜餚展示給顧客看。請記住，是推動推車而不是拉推車。

切割推車有兩盞液體酒精爐或固體酒精爐，切割砧板下方的

容器內裝置熱水，此容器附有蒸氣口。無論何時，都不能被蓋住，以免發生危險。

　　注意放熱盤的盤架和兩個裝淋汁及醬汁的容器，當切割推車擺設好準備服務時，這兩個容器應該放置在靠近盤架的位置，以方便上菜。

　　推車上方的擱板不應該放置物品，原因是當切割推車的蓋子在較低位置時，會碰到放在上層擱板的物品而容易打翻，造成服務的延誤，並可能發生意外。下層擱板應用來放置服務盤、備用的刀叉、扁平餐具和乾淨的餐盤。

圖8.3　切割推車

安全考量

在操作切割推車時，須遵循下列幾點：

◆ 確認酒精燈運作正常，燈芯已整理過且裝置酒精，在服務期間必須有足夠的量來完成整個服務。

◆ 確認在點燃酒精燈前，切割砧板下方的容器已裝熱水。

◆ 確認安全閥位於正確的位置，並往下旋緊。在安全閥上有一個小孔，用來引流多餘的蒸氣，這個小孔絕對不能被蓋住。若被蓋住，則推車基部的壓力會增加，使得推車塌陷而引起意外。

推車展示

使用切割推車時，必須以正確的禮節作桌邊展示。推車應停在餐桌邊，介於顧客和服務員之間，這麼做可以讓顧客看見切割人員的每個動作，並欣賞他的技巧。掀切割推車的蓋子時，應往切割專員的方向掀起，安全閥應為在旁邊，並遠離切割人員。後者的做法是為了確保切割人員在工作時，不會燙傷自己。

前置作業

為了在餐廳裡有令人滿意的運作，切割推車上的正確前置作業如下：

◆ 砧板

◆ 切割刀／叉

◆ 醬料杓

◆ 服務匙及服務叉

◆ 放置使用過的餐具及扁平餐具的餐盤

◆ 備用餐巾及服務巾

切割人員必須在切割推車開始服務前，確認其上裝備是正確

的。

8.4 與桌邊服務相關的菜餚

前菜或其他開胃菜

燻鰻魚（anguille fumée）

餐具

魚刀、魚叉及冷的魚肉盤。

配菜

辣根醬—辣椒—手磨胡椒—四分之一個檸檬—黑麵包及奶油。

桌邊服務所需的設備

燻鰻魚—小的利刃及大肉叉—放置魚皮及骨頭的備用盤—放置使用過的餐具及扁平餐具的備用盤—服務叉匙。

上菜

1. 從尾巴開始處理。

2. 切下一段長約10公分（4吋）。

3. 將刀子插入一邊的魚皮和魚肉之間，把魚皮弄鬆。

4. 將叉子的叉尖嵌入魚皮，然後朝著脊骨將魚皮捲起。

5. 環繞著脊骨切割。

6. 將另一邊的魚皮捲起，用刀子切下。

7. 將脊骨上取下的魚肉切成薄片。

8. 將其置於冷的魚肉盤上並上菜。

注意：因為整條鰻魚的長度及切割時需要的空間，這道菜在自助餐台上切割的頻率較在桌邊上高。

燻鱒魚（truite fumée）

餐具

魚刀、魚叉及冷的魚肉盤。

配菜

辣根醬—辣椒—手磨胡椒—四分之一個檸檬—黑麵包及奶油。

桌邊服務所需的設備

用扁平銀盤裝盛的燻鱒魚—服務叉匙—放置使用過的餐具及扁平
餐具的備用盤

上菜

1. 向顧客呈現菜餚—返回桌邊服務推車。

2. 在魚肉盤上擺放鮮嫩的萵苣葉和蕃茄。

3. 在取下魚頭和魚尾之前，先將燻鱒魚裝盛在冷的魚肉盤上。

4. 利用服務叉匙將魚頭和魚尾取下。

5. 將燻鱒魚裝盛在冷的魚肉盤上並上菜。

燻鮭魚（saumon fumé）

餐具

魚刀、魚叉和冷的魚肉盤。

配菜

辣椒—手磨胡椒—四分之一個檸檬—黑麵包及奶油。

桌邊服務所需的設備

燻鮭魚—切割刀及大肉叉—服務叉匙—放置使用過餐具及扁平餐
具的備用盤。

上菜

1. 在切割燻鮭魚之前，將每一薄片中間的黑線移除，並排成V字
   型切口。

2. 將每一薄片切得很薄，每一客放2-3片。

3. 將燻鮭魚薄片嵌入大肉叉的叉尖，用大肉叉將燻鮭魚薄片捲起來。

4. 將燻鮭魚捲移到冷的魚肉盤上，完全展開後上菜。

注意：如同燻鰻魚，燻鮭魚甚少在自助餐台上切割。

魚子醬（鱘魚的魚卵）

餐具

在餐具右手邊放置魚子醬刀—冷的魚肉盤。

配菜

熱的早餐吐司—牛油—四分之一個檸檬—煮熟的蛋白及蛋黃、青蔥末。

桌邊服務所需的設備

底盤裝盛碎冰，將放置魚子醬罐的盤子置於其上—上菜用的甜點匙或兩支茶匙—放置使用過的餐具及扁平餐具的備用盤。

注意：若魚子醬刀取得不易，可用邊刀代替。

上菜

1. 若使用甜點匙，則滿滿一匙大約重30克，即為一客的量。

2. 若使用兩支茶匙，則每一匙的魚子醬有兩茶匙的量，每一客約3-4匙。

3. 直接用魚子醬罐上菜時，通常在上菜前及用餐後各量一次重量，以食用的量來收費。

注意：魚子醬亦可在上菜前先裝盤，或先用銀盤分成要上菜的量，上菜時再利用湯匙裝盛到冷的魚肉盤上。

全瓜（冰瓜 melon frappé）

主要的種類有：羅馬甜瓜、香蜜瓜、夏朗德甜瓜（Charentais）。

餐具

甜點叉匙或甜點叉匙附上小的餐刀（邊刀）（這是為了避免甜瓜
未準備好）—冷的開胃菜盤或魚肉盤。

配菜

薑末—細白砂糖。

桌邊服務所需的設備

裝在盛有碎冰容器中的甜瓜—砧板—鋒利的刀—乾淨的餐巾—裝
盛甜瓜果皮的備用盤—放置使用過的餐具及扁平餐具的備用盤—
裝盛甜瓜籽的湯盤—服務叉匙—用小型銀器或玻璃盤裝盛的雞尾
酒櫻桃—用托架裝盛的取食籤。

上菜

1. 甜瓜應用裝有碎冰的小型容器裝盛。確定在上菜前所有的前置
作業都處理完畢。

2. 用乾淨的餐巾將甜瓜移到砧板上，並將甜瓜的兩端去掉。

3. 將甜瓜豎著，切成所需的客數。運用判斷力決定每一客的大
小，此處提供一個標準，亦即將一個全瓜分成六客。

4. 將切好的甜瓜放在乾淨的餐巾上，並用左手拿穩。用服務匙將
甜瓜中的籽挖出，如果剩下的甜瓜不到半個，就將甜瓜籽直接
挖到湯盤上。

5. 將每一客的底部切除，可使甜瓜垂直地站在冷的魚肉盤上，而
且不會隨意滾動或滑動。

6. 若有需要，可要求服務員將果肉與果皮分開。

7. 用細籤插著雞尾酒用櫻桃裝飾後上菜。

注意：夏朗德甜瓜通常一客的量為半個，並在盤上或餐具右手邊放
一支茶匙。

球狀朝鮮薊（artichaut）

球狀朝鮮薊不論冷熱都可以上菜，也可以當作開胃菜或是一道單獨的菜。

餐具

適當的魚肉盤—在餐具右手邊放置大肉叉—在餐具左上角放置裝有微溫的水及檸檬切片的洗手碗，並放在墊有飾巾的襯盤上—放置使用過的餐具及扁平餐具的備用盤。

配菜

若以熱食上菜：荷蘭酸味蘸醬或溶化的牛油—若以冷食上菜：油醋沙司。

桌邊服務所需的設備

若以熱食上菜，則提供酒精燈—用銀盤盛裝的球狀朝鮮薊—服務叉匙—放置使用過的餐具及扁平餐具的備用盤—用底盤墊著的沙司盅及醬汁杓。

上菜

1. 向顧客呈現菜餚—返回桌邊服務車。

2. 用服務叉匙將朝鮮薊從銀盤移到魚肉盤。

3. 拔出中間的葉子，並排放在魚肉盤的邊緣。

4. 將合適的醬汁倒入盤中的空隙。

5. 上菜前須確定在餐桌上擺放正確的餐具和配菜。

鵝肝醬（Pâté de foie gras）

真的鵝肝醬是由鵝的肝臟製成的，而這些鵝是經過特別飼養並養肥來取牠的肝臟。然而，最為人所知的是自製的鵝肝醬（pâté-maison）—商號或營業場所自製的鵝肝醬—每份食譜會稍微依據準備這道特殊菜餚的人的喜好。

餐具

小型邊刀和甜點叉—冷的魚肉盤。

配菜

熱的切邊吐司，沿對角線切成兩個三角形，用墊著餐巾的邊盤上菜。

桌邊服務所需的設備

鵝肝醬的陶罐（壺）—兩支茶匙—裝盛熱水的銀罐—若可提供本店自製的鵝肝醬，則需要邊刀—服務叉匙—放置使用過的餐具及扁平餐具的備用盤。

上菜

1. 向顧客呈現菜餚—返回桌邊服務車。

2. 若提供鵝肝醬陶罐，則將兩支茶匙放在裝有熱水的銀罐中。

3. 輪流使用兩支茶匙，將茶匙畫過鵝肝醬的表面：可形成螺旋狀的鵝肝醬。

4. 每客份量約四或五個螺旋狀的鵝肝醬，將之裝盛於冷的魚肉盤上。

5. 上菜時用新鮮萵苣及蕃茄切片裝飾。

6. 若提供本店自製的鵝肝醬，則服務員必須常常將使用的邊刀浸到熱水中，而每客份量約二到三刀。如上所述般裝飾後上菜。

注意：在某些實例中須注意到，鵝肝醬應該在貯藏室中就預先分好了，並且將之裝盛在銀盤上，如同銀器服務一般上菜。

海鮮雜拌（cocktail de crevettes）

餐具

茶匙—牡蠣專用匙—貝殼架，並放在墊著襯布的邊盤上。

配菜

黑麵包和牛油。

桌邊服務所需的設備

在銀托盤上放置裝盛食材的小型玻璃盤及茶匙—用來混合醬汁的湯盤—服務叉匙—放置使用過的餐具及扁平餐具的備用盤。

材料

貝類—碎萵苣—搗碎的蕃茄—煮熟的蛋白及蛋黃—美乃滋—蕃茄醬—伍斯特醬—檸檬汁—切碎的荷蘭芹—檸檬切片。

注意：牡蠣叉及茶匙可放在餐具的左邊或右邊，或是放在墊有襯巾的邊盤上，在貝殼架的哪一邊皆可。

上菜

1. 在貝殼架的底部週邊放置碎冰，使貝類能被良好的冷凍。

2. 在貝殼架的底部週邊放置搗碎的蕃茄。

3. 放上貝類，也可以放蝦子，在上面放一些切碎（chiffonade）的萵苣。最後留下一兩隻蝦子做裝飾。

4. 將美乃滋、蕃茄醬、伍斯特醬和少許檸檬汁在湯盤裡混合做成醬汁。

5. 將蕃茄調味的美乃滋覆在貝類上，注意不要放太多美乃滋，以免將其他材料的味道蓋過去。

6. 用煮熟的蛋和切碎的荷蘭芹在上面做裝飾。

7. 將剩下的貝類和檸檬切片擺在貝殼架邊緣後上菜。

湯

用雪莉酒調味的清燉肉湯（consommé aux xérés）

餐具

甜點匙—在底盤上放置用襯盤裝盛的熱清燉肉湯杯

配菜

黑麵包和牛油（供顧客取用）—在檸檬榨汁機中放置四分之一個檸檬，將榨汁機放在邊盤上，並置於餐具的前端—乾酪桿（供顧客取用）—定量的溫雪莉酒，由服務員在桌邊上添加。

桌邊服務所需的設備

一客湯—酌量雪莉酒（或馬德拉白葡萄酒Madeira等等）—醬料杓—酒精燈

上菜

1. 由桌邊服務車上菜。

2. 將湯重新加熱後倒入清燉肉湯杯中，並放在有底盤裝盛的襯盤上。

3. 雪莉酒應該在臨要端出廚房時才加熱添到湯裡，或是在酒精燈上加熱用醬料杓倒進湯裡。

4. 立刻上菜。

魚

烤或裹粉後用奶油煎的鰈魚（sole grillée ou meunière）

餐具

魚刀、魚叉—熱餐盤

桌邊服務所需的設備

用扁平銀器裝盛的鰈魚—服務叉匙—切片用熱餐盤—加熱用燈—放置使用過的餐具及扁平餐具的備用盤—放置廚餘的備用盤。

上菜

作法A

1. 向顧客呈現菜餚—返回熱盤或酒精燈。

2. 將魚從扁平銀器移到熱餐盤上。

3. 利用服務叉匙將兩邊的骨頭移除（圖8.4（a））。

4. 將服務匙的頂端沿著脊骨移動。

5. 將兩隻叉子背對背放在脊骨的上端，向下按壓，叉尖從脊骨上將魚肉刺穿並分開（圖8.4（b））。小心並緩慢地將魚肉從脊骨上分成薄片。

6. 接下來慢慢將叉子移到脊骨的尾端。

7. 將脊骨拉起（圖8.4（c））。

8. 在扁平銀器上將魚肉片回復成原來的形狀。若有必要可再加熱。

9. 用融化的牛油覆於其上，或以配菜取代。然後上菜。

作法B

1. 1-4同上述A。

2. 利用服務叉匙，從魚頭開始，將魚肉分成兩片。

3. 用服務匙將魚肉固定住，以服務叉從魚頭至魚尾將兩面的魚肉和脊骨分開。

4. 重複同樣的動作，將另外兩片魚肉和脊骨分開。

5. 將脊骨拉起。

6. 同A之8/9步驟。

圖8.4　多佛鰈魚的準備

a)　　　　b)　　　　c)

水煮鰈魚（sole pochée）

餐具

魚刀和魚叉—若以主菜上菜則準備熱的魚肉盤或熱餐盤。

配菜

根據配菜而定。

桌邊服務所需的設備

用扁平銀器裝盛之鰈魚—切片用熱餐盤—服務叉匙—兩支大肉叉—酒精燈—放置使用過的餐具及扁平餐具的備用盤。

上菜

1. 向顧客呈現菜餚—返回桌邊服務車。

2. 將鰈魚從熱餐盤移到扁平銀器上。

3. 利用大肉叉將兩邊的骨頭移除。

4. 將服務匙的頂端沿著鰈魚的脊骨移動。

5. 利用兩支大肉叉將魚肉像烤鰈魚般分開，淋上醬料讓魚肉呈現光澤，但醬料要盡可能少量。

6. 在扁平銀器上將魚肉片回復成原來的外型。

7. 淋上醬汁後上菜。

熟炸鰈魚（sole frite）

餐具

魚刀和魚叉—熱餐盤。

配菜

海鮮專用調味料—四分之一個檸檬。

桌邊設備

服務叉匙—切片用熱餐盤—裝廚餘的備用盤—放置使用過的餐具及扁平餐具的備用盤—加熱用燈。

上菜

1. 確定桌邊服務車已經依照前置作業所需擺設。

2. 向顧客呈現菜餚—返回桌邊。

3. 將鰈魚裝盛到熱餐盤上。

4. 如同烤鰈魚（sole grillée）的做法，將兩邊的魚骨移除。

5. 將服務匙的頂端沿著鰈魚的脊骨移動，使其稍微被切開。

6. 將距離尾端約2.5公分（1英吋）的部分予以切除。

7. 將服務匙凹下的一面朝上用手頂住，匙的尖端從魚尾端插入魚肉薄片跟魚骨的中間。

8. 用服務叉將鰈魚固定住，將服務匙朝魚頭的方向推，拉起上面的魚肉薄片。

9. 重複同樣的動作將另一片魚肉拉起，則兩邊的魚肉薄片都跟脊骨分離。

10. 將脊骨移除。

11. 將兩片魚肉疊放在扁平銀器上，重新加熱後裝盛到熱餐盤上再上菜。

12. 用檸檬裝飾後上菜。

水煮鮭魚或烤鮭魚（saumon poché ou grillé）

這種型態的菜餚通常以陶器上菜，因此不需要在熱餐盤上將魚片（橫過魚骨的厚魚肉片）去皮切片。

餐具

魚刀、魚叉—若以主菜上菜，則需準備熱魚肉盤或熱餐盤。

配菜

根據配菜而定，例如荷蘭酸味蘸醬。

桌邊服務所需的設備

服務叉匙—加熱用燈—裝廚餘的備用盤—放置使用過的餐具及扁平餐具的備用盤。

上菜

1. 向顧客呈現菜餚—返回桌邊上的加熱用燈。

2. 用服務叉適當地將鮭魚固定住。

3. 服務匙的凹面朝外，將已取下魚皮的魚片邊緣去掉。

4. 另外也可將大肉叉的叉尖插入魚皮和魚肉之間，沿著魚片的外緣轉動大肉叉，將魚皮拉起。

5. 將服務匙的尖端插入魚肉跟脊骨之間，把魚肉片與魚骨分離。

6. 將魚骨移除。

7. 將兩片魚肉片裝盛到熱魚肉盤或餐盤上，小心勿把魚肉弄裂。裝飾後上菜。

藍鱒魚（truite au bleu）

餐具

魚刀、魚叉—若以主菜上菜，則需熱魚肉盤或熱餐盤。

配菜

荷蘭酸味蘸醬或溶化的牛油。

桌邊服務所需的設備

魚刀、魚叉—服務叉匙—加熱用燈—放置使用過的餐具及扁平餐具的備用盤—裝廚餘的備用盤。

上菜

1. 確認桌邊服務車已經正確擺設。

2. 向顧客呈現菜餚後返回桌邊。這道菜應該從廚房以個別的銅製魚壺呈現。

3. 將其取出，裝盛在可排水的盤子上。

4. 將切片的紅蘿蔔跟洋蔥移除。

5. 利用魚刀的尖端從魚頭到魚尾沿著邊緣的細線劃一道，但是只將魚皮劃開，不可劃到魚肉。

6. 用刀子把這條線下面的魚皮舉起。

7. 將魚翻面，重複同樣的動作將另一邊的魚皮取下。記得取下魚鰭。

8. 將鱒魚小心地裝盛在熱魚肉盤或熱餐盤上，用幾片紅蘿蔔和洋蔥做裝飾，再淋上一些湯汁。

9. 上菜時附上適當的配菜。

奶油醬火燒蝦（scampi à la crème flambée）

餐具

魚刀、魚叉—若以主菜上菜，則需準備熱魚肉盤或熱餐盤

配菜

手磨胡椒。

桌邊服務車所需的設備

加熱用燈—用底盤裝盛的平底鍋—服務盤及服務叉匙—放置使用過的餐具及扁平餐具的備用盤。

材料

切片的蘑菇、洋蔥和一份裹粉的蝦子—酌量雪莉酒、白酒、苦艾酒或烈酒，例如根據不同菜色所添加的白蘭地、威士忌等—牛油、油、調味料：鹽、手磨胡椒、辣椒粉和辣椒醬—裝盛稀奶油的沙司盅。

作法

1. 將牛油放在平底鍋裡用慢火融化，並加進一點油。

2. 將洋蔥稍微炒一下，加進蘑菇。

3. 放入蝦子後悶一下，加入調味酒。

4. 用鹽、手磨胡椒、辣椒粉和辣椒醬調味。

5. 當蝦子煮熟時，迅速地火燒，並加進酸奶油調味。

6. 讓奶油的量減少並且使醬汁變濃稠。

7. 裝盛在熱的魚肉盤或餐盤後上菜。

8. 將蝦子以雜燴飯的方式上菜，亦是很好的主意。

注意：

1. 使用不同的調味酒或火燒用酒會使這道菜呈現不同的味道。

2. 這道菜可以跟新鮮水果做結合來提供另一種精巧的協調—新鮮黑
　　葡萄、鳳梨片、桃子等等。

3. 其他的變化包括用來加進茴香酒（Pastis）或可麗餅（Crepe）
　　的Scampi Boulvarde。

牛排

雙份牛肋排（entrecôte bouble）
（取自牛上腰部份帶骨的肉）

餐具
牛排刀和大肉叉—熱餐盤。

配菜
英式和法式芥末。

桌邊服務所需的設備
用扁平銀盤裝盛的雙份肋排—可把牛肉分成多份的砧板—鋒利的
切割刀—服務叉匙—兩個邊盤，用來擠出末端的汁液—放置使用
過的餐具及扁平餐具的備用盤—加熱用燈—平底鍋。

上菜
1. 向顧客呈現菜餚—返回桌邊。

2. 將雙份肋排從扁平銀盤移到砧板上。

3. 將末端去掉。

4. 斜切成兩份，放回扁平銀盤並置於加熱用燈上。

5. 在兩個邊盤之間擠壓被切掉的末端，讓擠出的汁液淋在兩份牛排上。

6. 將牛排裝盛到熱餐盤上並加以裝飾，使其看起來誘人。然後上菜。

注意：請記住這是一道需要兩人同時點的菜餚。當顧客點了這道菜，服務員必須詢問顧客希望如何處理，若其中一位顧客希望半熟（rare），另一位希望熟一點（medium），則從廚房取出半熟的牛排，分成兩份之後，其中一份必須在桌邊的加熱用燈上以平底鍋煎久一點。

雙份菲力牛排（Chôteubriand）

Chôteubriand有個很普遍的名稱—菲力牛排（double fillet steak），它的份量卻足以讓兩位、三位、四位甚至五位顧客食用。

桌邊服務車烹調所需的餐具、配菜、設備以及上菜作法都和雙份

圖8.5　雙份菲力牛排的切割

牛肋排（entrecôte bouble）相同，只有一點例外：

◆ 當我們將菲力牛排（Châteubriand）分成適當份數時，通常會切割成二或三片，每片厚13公分（1/2吋），而不是像雙份牛肋排般一整塊地上菜。

丁骨牛排／上等腰肉牛排 (「T」bone steak／Porterhouse steak)

這道牛排是由一部份沙朗肉及一部份菲力所組成，由脊骨連結在一起，而菲力跟沙朗肉則由肋骨分界。

餐具

牛排刀和大肉叉—熱餐盤。

配菜

英式或法式芥末。

桌邊服務所需的設備

裝盛上等腰肉牛排的扁平銀盤—砧板—利刃—裝盛廚餘的備用盤—放置使用過的餐具及扁平餐具的備用盤—加熱用燈。

上菜

1. 向顧客呈現菜餚—返回桌邊。
2. 將其從扁平銀盤移到砧板上。
3. 將丁骨部分的肉切割成兩份：一份為沙朗，一份為菲力。
4. 將這兩塊肉放回扁平銀盤：迅速再加熱。
5. 利用配菜在熱餐盤上做裝飾使其看起來誘人。
6. 若有超過一人食用上等腰肉牛排，則切割的作法同雙份菲力牛排（Châteubriand）。

韃靼牛排 (steak tartare)

餐具

大肉刀及大肉叉─冷餐盤。

配菜

辣椒─手磨胡椒。

桌邊服務所需的設備

湯盤─服務叉匙─裝盛廚餘的備用盤─放置使用過的餐具及扁平餐具的備用盤─裝有各種材料的容器。

材料

一份切碎的生菲力牛排，在蛋糕模型中成型，放在圓的扁平銀盤上─一顆蛋─切碎的醃小黃瓜、醃續隨子花蕾、荷蘭芹、青蔥─油、醋─手磨胡椒─鹽─法國芥末─伍斯特醬。

注意：生菲力牛排必須從中間讓整個蛋湧出，才能支撐它。在此，我們只使用蛋黃。

上菜

1. 確認桌邊在開始製作醬汁之前，已經做好所有必要的前置作業。

2. 在湯盤裡放入鹽、胡椒和法國芥末做成的調味料，並充分混合。

3. 將蛋白和蛋黃分離，將蛋黃放進湯盤，蛋白則放進備用容器中。

4. 用服務叉（大肉叉）將蛋黃打散，並使蛋黃和調味料混合。

5. 加入醋和上述混合物，再依據所需的量加入少許的油。

6. 因為這道菜完成時會微濕，但不是水分過多或太濕，所以必須注意製作醬汁的量。

7. 加進切碎的醃小黃瓜、醃續隨子花蕾、荷蘭芹、青蔥，將所有的材料混合完全。

8. 加入切碎的生菲力牛排和少許的伍斯特醬，讓醬汁和菲力牛排

混合完全。

9. 做成圓形的扁平塊狀，放在冷餐盤上，然後上菜。

狄安那牛排（Steak Diane）

餐具

牛排刀和大肉叉—熱餐盤。

配菜

英式和法式芥末。

桌邊服務所需的設備

加熱用燈—用底盤裝盛的平底鍋—服務叉匙—茶匙—放置使用過的餐具及扁平餐具的備用盤。

材料

盤中裝盛碎牛排—碎青蔥—碎荷蘭芹—研磨過的調味用芳草—辣椒和手磨胡椒—調味瓶—油和牛油—伍斯特醬—酌量白蘭地—罐裝高脂厚奶油。

上菜

1. 確認桌邊已依照所有的前置作業正確擺設。

2. 詢問顧客其牛排要如何處理。

3. 在平底鍋中放一些牛油和少許油，並使其融化。油可避免牛油燃燒。

4. 用調味瓶、辣椒和手磨胡椒將牛排調味。

5. 將碎青蔥放進平底鍋，使其煮到褪色。

6. 將牛排放進平底鍋中煮到顧客所要求的程度。

7. 加入一點伍斯特醬，並灑一些碎荷蘭芹和研磨過的調味用芳草。

8. 加入酌量白蘭地並點火燃燒。

圖8.6　狄安那牛排的設備擺設

9. 從平底鍋取出放到熱餐盤上，並立刻從桌邊上菜。

10. 若有需要，在上菜之前可用一些高脂厚奶油做成濃醬汁。煮到將沸騰即熄火。

11. 若有製作醬汁，則牛排必須放在加熱板上的熱餐盤，當醬汁準備好就淋上。

12. 牛排淋上醬汁之後即上菜，但需確認其為滾燙的。

注意：狄安那牛排的做法有很多種，每家店的傳統烹調法或特製品是依據服務員自己獨特的技巧而定。

猴腺牛排（Monkey gland steak）
餐具
熱餐盤—大肉刀及大肉叉。

配菜

芥末─拌過的沙拉。

桌邊服務所需的設備

火焰燈─用底盤裝盛的平底鍋─用服務盤裝盛的服務叉匙─放置使用過的餐具及扁平餐具的備用盤─用大托盤裝盛的茶匙／以雞肉、蝦等為材料放入模型焙製的餡餅。

材料

裝在盤子上的菲力牛排─碎青蔥─碎荷蘭芹─罐裝高脂厚奶油─大蒜（可選擇）─調味瓶／手磨胡椒／辣椒─油和牛油─伍斯特醬─芥末（法式和英式）─酌量威士忌。

作法

1. 確認桌邊已依照前置作業正確擺設。

2. 社交技巧─為顧客解釋調味料。

3. 將融化的牛油放到平底鍋裡並加入一些油。

4. 將牛排攤開並用芥末在兩面調味。

5. 將青蔥炒到像珍珠般：若有必要，可加入蒜頭。

6. 將牛排煎到要求的程度。

7. 用伍斯特醬調味。

8. 用威士忌酒炙。

9. 最後，淋上奶油並灑上碎荷蘭芹。

10. 裝在熱餐盤上菜，放在顧客面前。

11. 提供芥末。

斯德洛格諾夫式牛排（fillet de boeuf stroganoff）

餐具

熱餐盤─大肉刀和大肉叉。

配菜

無。

桌邊服務所需的設備

加熱用燈—用底盤裝盛的平底鍋—用服務盤裝盛的服務叉匙—放置使用過的餐具及扁平餐具的備用盤—用大托盤裝盛的茶匙／以雞肉、蝦等爲材料放入模型焙製的餡餅（放在大的扁平銀盤上）。

材料

切成棒狀的菲力牛排—碎青蔥—碎荷蘭芹—切片蘑菇—碎印度甜酸醬（由芒果做成）—罐裝高脂厚奶油—辣椒／手磨胡椒—調味瓶—油和牛油—伍斯特醬—酌量白蘭地—蒜頭（選擇性）—炒飯。

作法

1. 確認桌邊已依照前置作業正確擺設。

2. 社交技巧—爲顧客解釋調味料。

3. 將融化的牛油放到平底鍋裡並加入一些油。

4. 將牛排調味。

5. 將青蔥煎到像珍珠般：若有必要，可加入蒜頭和蘑菇。

6. 將牛排煎到要求的程度：用伍斯特醬調味。

7. 加入芒果口味的印度甜酸醬到所要的味道。

8. 用白蘭地酒炙。

9. 最後，淋上高脂厚奶油並灑上碎荷蘭芹。

10. 裝在熱餐盤上菜，放在顧客面前。

11. 若要上炒飯，則將炒飯做成巢狀，並將斯德洛格諾夫式牛排置於中央。

瑞典犢牛肉片（escalope de veau suédoise）

餐具

大肉刀和大肉叉─熱餐盤。

配菜

無。

桌邊服務所需的設備

火燒用燈─用底盤裝盛的平底鍋─用服務盤裝盛的服務叉匙─放置使用過的餐具及扁平餐具的備用盤。

材料

裝盛在盤子上的薄肉片─碎青蔥─碎荷蘭芹─法國芥末─桂柑酒─伍斯特醬─奶油和油─調味瓶／手磨胡椒／辣椒─切片蘑菇─白蘭地─高脂厚奶油。

作法

1. 確認桌邊已依照前置作業正確擺設。

2. 將融化的牛油放到平底鍋裡並加入一些油。

3. 將薄肉片調味。

4. 將洋蔥煎到無色，並加入蘑菇。

5. 加進薄肉片煮熟。

6. 用鹽、胡椒、辣椒和伍斯特醬調味。

7. 加入桂柑酒，但不火燒。

8. 確認薄肉片已煮熟，並用烈酒（白蘭地）火燒。

9. 加入高脂厚奶油，並調整濃度。

10. 用熱餐盤上菜，最後，灑上一些碎荷蘭芹。

沙拉

沙拉的種類

　　沙拉可分為兩種主要類型，一是完全由蔬菜組成的純沙拉，一是純沙拉加上其他材料，像肉、魚、蘑菇等的複合式沙拉。蔬菜沙拉或水果（柳橙）沙拉一般是當作雞、鴨、烤牛排等主菜的配菜。

　　所有的沙拉在上菜時要冷、脆，且要引人垂涎。記住，若沒有製作精良的沙拉醬，像油醋醬或美乃滋，沙拉就不算完成。

　　當沙拉跟主菜一起上菜時，應以新月型的碟子裝盛，或是小的圓形木碗搭配甜點叉或小的木匙、木叉。小的甜點叉擺在沙拉的新月碟子上時應該叉尖向下，這是為了避免因為沙拉醬的酸性讓銀器失去光澤。

以下為沙拉的種類：

- ◆ **法式（Française）**：萵苣菜心、切塊去皮蕃茄、熟蛋、油醋醬。

- ◆ **田園（verte）**：萵苣菜心、油醋醬。

- ◆ **時令（Saison）**：萵苣菜心和當令沙拉蔬菜、油醋醬。

- ◆ **香橙（d'orandge）**：切塊萵苣菜心、切片柳橙、新鮮奶油。

- ◆ **含羞草（Mimosa）**：萵苣菜心、切片柳橙、去皮去核的葡萄、切片香蕉，混合蛋黃打散，加上酸奶油。

- ◆ **日式（Japonaise）**：萵苣、香蕉、蘋果、蕃茄切丁、去殼核桃、鮮奶油。

- ◆ **羅瑞特（Lorette）**：玉米、切絲甜菜根、生芹菜心、油醋醬。

◆ 俄式（Russian）：用蕃茄、蛋、鰻魚、龍蝦、火腿、舌、美乃滋做裝飾的生菜沙拉。

◆ 尼撒斯（Niçoise）：菜豆、切成四分之一的蕃茄、切片馬鈴薯、鰻魚、續隨子、橄欖、油醋醬。

◆ 菊苣（Endive）：萵苣菜心、菊苣、油醋醬。

調味料

準備沙拉醬時所需的桌邊服務設備

　　根據所需的調味料準備材料─湯盤─服務巾─服務叉匙─沙拉碟子或木製沙拉碗─甜點叉、小叉子或小的木叉、木匙─拌沙拉用的玻璃碗─茶匙：用來嚐調味醬的味道─放置使用過的餐具及扁平餐具的備用盤。

上菜

1. 所需的沙拉醬由服務員在桌邊以桌邊服務烹調準備。

2. 將沙拉醬跟生菜在玻璃碗裡拌勻。

3. 在上這道配菜前將沙拉碟置於餐具的左上角，沙拉或水果應該調製好放在沙拉碟上。

下列是七種主要的類型：

1. 法式沙拉醬

材料

法國芥末─由鹽、胡椒、辣椒組成的調味料─油醋比例為三比一。

桌邊服務所需的設備

湯盤─服務巾─裝盛在服務盤上的服務叉匙─新月型沙拉碟─甜點叉─將生菜和調製好的沙拉醬拌勻的木碗─嚐味道用的茶匙需放在冷水中。

作法

1. 將湯盤置於摺疊的服務巾上，並將法國芥末和調味料放在湯盤裡，可使湯盤中的混合物混合更容易。
2. 用服務叉將調味料混合在一起。
3. 在調味料中加入酌量醋，並將其混合成均勻的混合物。
4. 加入油，用服務叉將其混合。
5. 品嚐—若有需要可品嚐，並調整調味料的味道。
6. 將一份生菜沙拉放在木碗裡，加入法式沙拉醬並拌勻。
7. 將沙拉放在沙拉碟上，用小黃瓜、水田芥作裝飾。

2. 英式沙拉醬

　　除了將法式芥末以英式芥末代替，油對醋的比例改為一比二，並在調味料中加入一茶匙細白砂糖，其他則跟法式調味料相同。

3. 油醋醬

油醋醬應由服務員在桌邊服務車上的湯盤裡混合。

材料

一茶匙的法式芥末或英式芥末—調味料（鹽、手磨胡椒）——大匙的醋—兩大匙的油。

作法

1. 將芥末、調味料、醋放進湯盤裡，利用叉子將其拌勻。
2. 加入油並慢慢混合。
3. 油、醋的比例依照個人口味而不同。
4. 當油醋醬依照顧客的喜好製作好，沙拉和沙拉醬就應在沙拉碗中拌好。

4. 羊乳乾酪沙拉醬

此種沙拉醬同樣是依照個人口味在湯盤中完成。

材料

法國藍莓乳酪—醋（見作法Ａ）—橄欖油（見作法Ａ）—美乃滋（見作法Ｂ）—調味料（鹽）。

作法Ａ

1. 將法國藍莓乳酪分成小塊，或在湯盤中加入一些酒醋或檸檬與法國藍莓乳酪混合成乳狀。

2. 加入橄欖油和鹽調味，這麼做可以提味。也可以加入一些稀奶油。

3. 在沙拉碗中將生菜沙拉和沙拉醬拌勻。

作法Ｂ

1. 將法國藍莓乳酪分成片狀放進湯盤裡。

2. 將美乃滋放在片狀法國藍莓乳酪裡，利用大叉子將其對折。

3. 加入一些鹽來提味。

4. 在沙拉碗中將生菜沙拉和沙拉醬拌勻。

5. 酸奶沙拉醬

此種沙拉醬主要是配合含有水果的沙拉，像香橙沙拉。

材料

檸檬汁—調味料（鹽）—稀奶油—辣椒粉。

作法

1. 將檸檬汁和調味料混合。

2. 加入稀奶油。

3. 將沙拉中的水果和沙拉醬拌勻。

4. 在沙拉碟中用萵苣葉當底，將沙拉置於其上並灑上辣椒粉和胡

椒。

其他種類的沙拉醬如下：

6. 芥末醬

1/3公升（1/2品脫）奶油

芥末

檸檬汁

調味料

7. 檸檬沙拉醬

油

檸檬汁

調味料

家禽

烤雞（poulet rôti）

餐具

大肉刀和大肉叉—熱餐盤。

配菜

果醬—烤肉的肉汁—荷蘭芹和百里香的填料—醺肉捲—肉末—水田芥。

桌邊服務所需的設備

砧板—利的切割刀—服務叉匙—放置使用過的餐具及扁平餐具的備用盤—放置廚餘的備用盤—加熱用燈—用扁平銀盤裝盛的雞肉。

上菜

1. 在桌邊向顧客展示全雞—返回桌邊上的加熱用燈。

2. 用服務叉匙將雞從扁平銀盤移到砧板上，並使留在裡面的液體流出。

3. 將雞肉以左右向放在面前的砧板，雞腳在左邊朝上。

4. 用刀子的平面使雞固定，把服務叉插入雞腿下方的關節將雞腿舉起，使腿周圍的皮緊繃緊。

5. 用叉尖將腿周圍繃緊的皮割下，同時將腿自關節處拉下，並將所需的肉切起。

6. 將腿自關節處切成兩塊，並將雞腳的爪子切掉。

7. 將切成兩塊的腿裝盛在扁平銀盤上。

8. 另一隻腿亦以同樣步驟處理。

9. 將雞翻轉使背朝上，將大肉叉插入雞的底部用以固定住。

10. 從翅膀的關節處將雞胸切開，其中一塊由雞翅和一些雞胸肉組成。

11. 若有需要，將雞側邊朝上，利用服務叉將雞翅撬起，同時用刀子的平面將雞固定住。

12. 另一隻雞翅亦以同樣步驟處理。

13. 把雞的背放在適當的位置，切下一邊胸骨，並將一半雞胸撬

圖8.7　烤雞的切割

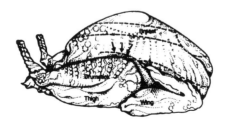

起。

14. 另一邊雞胸，亦以同樣步驟處理。

15. 另一種取下雞胸的方法，是將雞的側邊朝上，由叉骨的關節處切開。

16. 再將雞胸朝上，並以服務叉將其固定。

17. 將刀子插入雞肉和叉骨之間，用刀子固定整個雞胸，以服務叉將雞骨架撬開。

18. 將整個雞胸縱切成兩客。

19. 將切開的雞肉放在加熱用燈上。若有需要，當切割的動作完成時，加入一些汁液（肉汁）在扁平銀盤裡，避免雞肉乾燒。

20. 上菜時，每一客放一些深色的肉跟淺色的肉。記住，加入一些肉末、釀肉捲和水田芥作為裝飾。

注意：完成雞肉切割後，應將雞肉翻過來，所謂的蠔狀肉塊可在骨架下側找到，且其為在背部兩側找到小塊深色肉。

雛雞（6週大的雛雞）

餐具

大肉刀和大肉叉—熱餐盤。

配菜

依菜色而定。

桌邊服務所需的設備

用扁平銀盤裝盛的雛雞—加熱用燈—砧板—刀子—用服務盤裝盛的服務叉匙—放置使用過的餐具及扁平餐具的備用盤—放置廚餘的備用盤。

上菜

1. 向顧客呈現菜餚—返回桌邊。

2. 用服務叉匙將雛雞從扁平銀盤移到砧板上。

3. 將大肉叉插入雞的底部在砧板上固定它，使雞胸朝上。

4. 用刀尖從雞胸處將雛雞切成兩半。

5. 把和脊骨相連的半邊雛雞中的脊骨移除。

6. 將兩客雛雞用扁平銀盤裝盛，若有必要，可再加熱。

7. 加上裝飾或醬汁，使其看起來很誘人，然後上菜。

烤鴨（canard rôti）

餐具

大肉刀和大肉叉—熱餐盤。

配菜

蘋果醬—山艾和洋蔥餡—烤肉汁。

桌邊服務所需的設備

用扁平銀盤裝盛的鴨子—加熱用燈—砧板—鋒利的切割刀—用服務盤裝盛的服務叉匙—放置使用過的餐具及扁平餐具的備用盤—放置廚餘的備用盤。

上菜

圖 8.8　鴨的切割

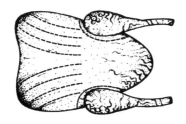

注意：在開始切割鴨子之前，服務員應該記住，鴨的關節比雞的更緊密更結實，因此在切割時更難切開。同樣，翅膀關節在骨架底部的位置較雞更深。

切割鴨子的步驟和切割雞肉相同，直到移除鴨腿和鴨翅為止。

1. 把大肉叉插入骨架底部將鴨子固定在砧板上。

2. 鴨的胸骨跟雞比較起來更為寬平，因此更容易從胸骨上將半邊鴨胸完整取下。

3. 在砧板上將鴨胸切成長條狀的細薄片（aiguilettes）。

4. 重複同樣步驟處理另外半邊鴨胸。

5. 在扁平銀盤上處理鴨背。若有必要可再加熱。上菜時佐以適當的配菜。

注意：

1. 至於小鴨，通常將其鴨翅及鴨胸切成一客。

2. 切割鴨胸時，應以切割刀沿著鴨胸的長邊切割。因為肉很淺，直接從平的胸骨上切下會使切割刀變鈍。這種作法使我們得以將鴨胸切成長條狀的細薄片（aiguilettes）時，仍使鴨胸留在骨架上。

壓製野鴨（canard sauvage à la presse）

下面的方法摘錄於法蘭西斯愛德華的餐飲管理人（Caterer and Hotelkeeper）（1987年10月8日，32-34頁），意在點出薩瓦地區長期從事切割人員的技術和經驗。

作法：

1. 調製醬汁時，將兩份紅酒減少為一份。加入一茶匙白蘭地、兩三條切成條狀的柳橙皮和檸檬皮，使其有強烈的柑桔香。

2. 接下來，切割尚未煮熟的鴨子。首先將鴨腿移除，返回廚房裏

以狄戎芥末和麵包屑。

3. 所有的鴨皮和脂肪必須去除，因為鴨皮和脂肪會影響醬汁。

4. 現在從兩邊沿著鴨胸的長邊切片。

5. 將骨架對折成兩半並放進鴨子擠壓器內，使輪子繃緊直到感覺到第一次壓力。

6. 用一盎司奶油和調味好的鹽，與三分之二個鴨肝和三分之一個火雞肝臟糊組成的預拌物混合，然後加入胡椒粉及減量的酒。

7. 現在使鴨子擠壓器的輪子繃緊將鴨子所有的血擠出，使其流到盛有調味汁的平底鍋裡。

8. 將醬汁、還原劑、混合物和血的材料在低熱的加熱燈上拌在一起，不要煮沸，最後加上少許新鮮檸檬汁。

9. 在調味汁和塗層裡放入從胸部切割的鴨肉片。完成的調味汁應該有光澤。

10. 將在廚房裏了芥末的鴨腿用熱餐盤上菜至顧客面前。

烤火雞（dindonneau rôti）

餐具

大肉刀和大肉叉—熱餐盤。

配菜

蔓越莓醬—果醬—栗子餡—小香腸—肉汁—肉末—水田芥。

桌邊服務所需的設備

用扁平銀盤裝盛的火雞—加熱用燈—砧板—利的切割刀—用服務盤裝盛的服務叉匙—放置使用過的餐具及扁平餐具的備用盤—放置廚餘的備用盤。

上菜

1. 應該使火雞腿和火雞翅分離，但不完全從骨架上取下（也就是

圖8.9　火雞的切割

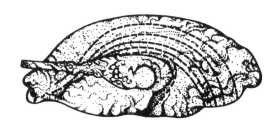

說，將其拉向側邊）。這樣做可使切割專員從火雞的任一側邊
以火雞的全長切割薄片。

2. 如果可能，將火雞中的餡料和火雞肉的切片一起上菜。

3. 如同烤雞，應該切割肉色較深的腿肉，和一客由肉色較淺部分
和較深部分組成的火雞肉。連同配菜一起上菜服務。

火燒雞胸（suprême de volaille flambée）

餐具

大肉刀和大肉叉—熱餐盤。

配菜

無或沙拉。

桌邊服務所需的設備

火焰燈—用底盤裝盛的平底鍋—用服務盤裝盛的服務叉匙－放置
使用過的餐具及扁平餐具的備用盤—放置廚餘的備用盤。

材料

用扁平銀盤裝盛的備用雞胸肉凍（若有需要，雞胸肉凍可先用葡
萄酒或利口酒浸泡）——杯紅酒或白酒—以蘇格蘭威士忌為主的

甜香酒（Drambuie）—牛油—油—碎蕃茄（用小玻璃碗裝盛）—切片蘑菇（用小玻璃碗裝盛）—切成細末的洋蔥（用小玻璃碗裝盛）—鹽、胡椒、辣椒等調味料—用沙司船裝盛的高脂厚奶油。

作法

1. 將牛油放在平底鍋裡以低溫融化，並加入一些油。

2. 將雞胸肉凍調味。

3. 將洋蔥炒成無色珍珠般，加入蘑菇。

4. 加入雞胸肉凍快炒，但不要炒得太黃。

5. 加入葡萄酒，並加熱使湯汁減少。

6. 用Drambuie甜香酒酒炙，並加入高脂厚奶油。

7. 盡快使奶油的量減少，最後將碎蕃茄加進奶油醬中混合。

8. 用熱餐盤裝盛後上菜。

注意：

1. 在烹調期間，沙拉醬可以先準備好，當主菜上菜時，就可將沙拉醬淋上沙拉。

2. 加入咖哩粉等其他調味料、用不同的葡萄酒或酒炙用烈酒，可創造出多種變化。

野禽

松雞（grouse）

松雞的時令為八月十二日至十二月十二日之間。若為體型小的松雞，通常上菜時整隻都上，否則應該從胸骨中央切成兩客。

注意：

1. 大型一點的松雞可以依下列指示切割—將每一邊的腿和翅膀都切成一塊，每一塊分成兩客，第三客為其他從骨架上切割下來的松雞胸。

圖8.10　鷓鴣或松雞的切割

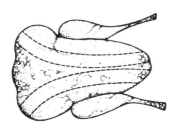

2. 鷓鴣可以同樣的方式切割（見上圖）。

鷓鴣（perdeau）

鷓鴣的時令為九月一日至二月一日。依照鷓鴣的體型大小可切割
為二到三客，若為大體型，可依下列方式切割成三客：

1. 一隻腿和一隻翅膀連著一些胸肉。

2. 同步驟1。

3. 胸肉留在骨架上。

若為小體型者，則從胸骨中央切割成兩客。

山鷸（bécasse）

山鷸的時令為八月一日至三月一日。如同松雞和鷓鴣的切割方
法，可將其切割為兩客。通常以麵包皮（croûte）裝盛，連同松
雞內臟一起上菜。

沙錐（bécassine）

沙錐的時令為八月一日至三月一日。若沙錐的體型太小而無法切
割時，則以一整隻上菜。

雉（faisan）

雉的時令為十月一日至二月一日。雉的肉質很乾，所以服務員應該用鋒利的刀子來切割。如同處理雞鴨的動作，將腿取下，這些通常不用來上菜。從胸部往翅膀的關節切成薄片。一般說來，上菜時不會將翅膀分成另一客。

斑鳩（pigeon）

斑鳩的時令為八月一日至三月十五日。從胸部切半分成兩客。

野兔肉（selle de lièvre）

野兔的時令為八月一日至二月二十八日。如同處理羊肋排般縱切成片狀。野兔肉為深色肉。

大塊肉

我們在桌邊的切割推車上切割大塊肉。第278頁已經提過前置作業的內容。

帶骨沙朗肉（contre-filet de boeuf）
配菜

烤肉汁（從推車上菜）—約克郡布丁（從推車上菜）—英式芥末或法式芥末（由服務員放在餐桌上）—辣根醬（由服務員放在餐桌上）。

注意：

1. 每一客的肉片以瘦肉為主，另加上一點肥肉。

2. 嫩烤牛肉。

不帶骨的沙朗肉（aloyau de boeuf）

所提供的配菜如同帶骨沙朗肉。

圖8.11　沙朗肉的切割

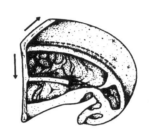

沙朗肉是由下列兩部分組成的：

◆ 下腰肉

◆ 上腰肉

1. 腰肉可以從沙朗肉取下，也可以個別上菜，不是作爲菲力就是嫩牛肉片，或是塗上豬油烘烤。如果需要切割，則應該橫過關節切割而不與具有紋理的肋骨平行。

2. 上腰肉應該朝肋骨的方向切割成薄片。碰到肋骨時，服務員必須沿著骨頭和沙朗肉之間用刀，使與骨頭相連的肉與骨頭分離，切割好的肉片就可取下。

注意：

1. 切割煮熟的牛肉時，必須連同紋理一起切割，避免切成細絲。每一客應該配一些烹調用的酒。

2. 牛肋的切割方式與沙朗肉的上腰肉相似。

小羊方肉（carrè d'agneau）
配菜
烤肉汁—薄荷醬—紅醋栗醬。

每客兩片肉片。

作法A

1. 把服務叉插入一端底部，將方肉固定在砧板上。

2. 將方肉豎著。

3. 利用肋骨露出的部分當作每一客份量的標準切割成肉片。

作法B

1. 將方肉扁平銀盤和露出肋骨的肋排放在砧板上，露出的肋骨朝下放置。

2. 用服務叉將方肉固定住，利用肋骨露出的部分當作每一客份量的標準切割成肉片。

小羊脊肉（selle d'agneau）

注意：

1. 腰部的肉可以是烤過的、帶骨的、填入餡料的、捲起來烤的，或是切成細屑。

2. 兩塊末分開的腰肉組成一塊脊肉。

配菜

烤肉汁—薄荷醬—紅醋栗醬。

有兩種切割脊肉的方法：

作法A

1. 從脊肉將整個腰肉取下。

2. 和肋骨平行切成約6公厘厚（1/2吋）的片狀。

3. 上菜時，每客都包括一些瘦肉和肥肉。

作法B

1. 沿著脊肉的縱向，從脊骨大約一半的地方切下一邊。

2. 從脊骨的一邊向下切到短肋骨處。

圖8.12　切割小羊脊肉的方法（作法A）

圖8.13　切割小羊脊肉的方法（作法B）

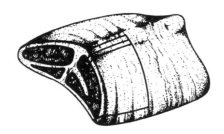

3. 沿著脊骨切了一半之後，將刀子轉到直角的方向，從肉和脂肪切下。

4. 從脊骨開始，平行切口從脊肉切下一段肉。

5. 朝脊肉的外邊作業。

6. 每塊肉應縱向切割成肉片。

注意：

1. 在作法A裡，每位顧客都兼有瘦肉和一些肥肉。

2. 在作法B裡，若服務員不夠細心，則可能會有顧客分到瘦肉，而有顧客分到肥肉。

羊腿（gigot d'agneau）

配菜

烤肉汁—薄荷醬—紅醋栗醬。

上菜

1. 服務員應該記住一點：切割的動作是在骨頭上。

2. 取下位於關節上的V形部分。

3. 在V型切口的骨頭上切割腿肉的部分。這部分的肉叫做核果
   （nut），是最精選的部分。

4. 在切割肉的核果部分之後，接著應該切割：一片核果和一片下
   側腿肉。

注意：

1. 切割羊腿肉時，服務員應該用乾淨的餐巾抓住關節，使其固定在
   砧板上。

2. 羊肉應該均勻煮熟，並使其呈玫瑰色（粉紅色）。

圖8.14　羊腿的切割

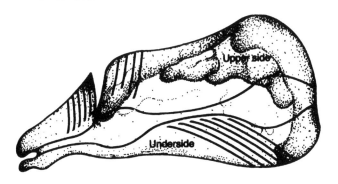

3. 一律切割成厚片。

豬腿（cuissot de porc）
配菜
烤肉汁—蘋果醬—山艾和洋蔥餡。
上菜
切割方法同羊腿的切割，但此處應切成薄片。

火腿（jambon）
切割火腿有兩種做法：
1. 法式：沿著火腿縱向切割成非常薄的薄片。
2. 英式：從火腿粗的一端開始切割起，此處正是火腿最柔軟的部位。

注意：若火腿帶骨，則一邊轉動它一邊切割，會使得切割下來的火腿片帶有橫斷的肉纖維。

火燒式甜點

火燒式推車
如同桌邊服務一般，火燒式推車可以依照某種基本版式建置。在圖8.15可看到擺設的方式。

安全要點
◆ 必須知道火焰燈上火焰調節器的位置。
◆ 在加熱用燈旁放一個空的餐盤，用來放平底鍋。
◆ 將可燃酒精放在遠離加熱用燈的地方。
◆ 火燒式推車不可停放在窗簾或簾子旁。

圖8.15　火燒式甜點的擺設

火燒桃子（pêche flambée）

餐具

甜點叉匙—熱的甜點盤。

配菜

細白砂糖。

火燒式推車設備

加熱用燈—用底盤裝成的平底鍋—火柴－放置使用過的餐具及扁平餐具的備用盤—用服務盤裝盛的服務叉匙。

材料

少許白蘭地—細白砂糖—幾個做圓餡餅時浸在桃子糖漿裡的暖桃子。

上菜

1. 將桃子糖漿放進平底鍋中加熱。

2. 加入桃子。

3. 用叉子將桃子刺幾個洞,讓熱更快滲入桃子。

4. 偶爾在桃子上刷一些桃子糖漿,讓糖漿正好減少到變成焦糖。

5. 灑上細白砂糖,使得焦糖的效果更快速,並且幫助火燒。

6. 此時將熱的甜點盤放在顧客面前。

7. 倒入白蘭地火燒。

8. 上菜時,由桌邊的平底鍋上菜到熱甜點盤上,或是上菜到火燒式推車上的熱甜點盤。

火燒梨子 (poire flambée)
同上,但是以梨子和梨子糖漿代替桃子和桃子糖漿。

火燒香蕉 (banane flambée)
作法1
餐具
甜點叉匙—熱甜點盤。

配菜
細白砂糖。

桌邊服務所需的設備
加熱用燈—用底盤裝盛的平底鍋—用服務盤裝盛的服務叉匙—放置使用過的餐具及扁平餐具的備用盤—砧板及小切割刀。

材料
香蕉—少許蘭姆酒(特定的菜餚裡使用波諾酒)—牛油—細白砂糖。

火燒式推車最初的擺設可見圖8.16。

上菜
1. 如第424頁的方法來準備香蕉。

圖8.16　火燒香蕉的設備擺設

2. 將牛油放進平底鍋裡融化。

3. 用叉子將香蕉的兩半刺幾個洞，使熱能更迅速滲透。

4. 將香蕉圓的一面朝下放在平底鍋裡加熱。刷上一些牛油，並將香蕉翻面。

5. 當香蕉變成淡棕色時，加入一些新鮮的柳橙汁混合。這麼做可以做出並將醬汁裡多餘的脂肪去除。

6. 將熱甜點盤放在顧客前面的桌子。

7. 充分加熱後，用蘭姆酒火燒。

8. 上菜時，由桌邊的平底鍋上菜到熱甜點盤上，或是上菜到火燒式推車上熱甜點盤。

注意：在所有的步驟裡都不可使香蕉過熱。

作法2

餐具

甜點叉匙─熱甜點盤。

配菜

細白砂糖。

火燒式推車設備

加熱用燈—用底盤裝盛的平底鍋—火柴—用服務盤裝盛的服務叉匙—備用餐巾—醬汁杓—放置使用過設備的備用盤—砧板及小切割刀—熱甜點盤。

材料

1份香蕉—3杓新鮮柳橙汁—乳狀混合物：40克德麥拉拉蔗糖；40克牛油—1份蘭姆酒。

上菜

1. 檢查所有必要的設備和材料是否準備齊全。

2. 將乳狀混合物放在平底鍋裡用低溫加熱，使其融化變成淡色。

3. 將香蕉放在砧板上，並如第426頁的方法將皮去除。

4. 將香蕉縱切成兩份。

5. 將香蕉刺幾個洞，使熱能滲透。

6. 將柳橙汁加入平底鍋裡混合均勻，使醬汁滑順。

7. 將香蕉放在平底鍋裡—圓的一面朝下。

8. 快速加熱，刷上牛油，翻面。

9. 灑上細白砂糖—充分加熱。

10. 將熱甜點盤放在顧客的面前。

11. 用蘭姆酒火燒。

12. 從平底鍋上菜到桌上的熱甜點盤。

櫻桃白蘭地火燒櫻桃（cerises flambées au kirsch）

餐具

甜點叉匙—熱甜點盤。

配菜

細白砂糖。

桌邊服務所需的設備

加熱用燈—用底盤裝盛的平底鍋－用服務盤裝盛的服務叉匙－放置使用過的餐具及扁平餐具的備用盤。

材料

一份製作圓餡餅時浸在糖漿裡的櫻桃—少許櫻桃白蘭地—細白砂糖。

上菜

1. 將櫻桃和櫻桃糖漿放在平底鍋裡加熱。

2. 將櫻桃糖漿煮到將乾。

3. 灑上細白砂糖使剩餘的糖漿變成焦糖並幫助火燒。

4. 將熱甜點盤放在顧客面前的桌上。

5. 加入櫻桃白蘭地火燒。

6. 上菜時，由桌邊的平底鍋上菜到熱甜點盤上，或是上菜到火燒式推車上熱甜點盤。

火燒櫻桃香草冰淇淋（Cerises flambées au glace vanulle）

同上述步驟，在火燒櫻桃（Cerises flambées）之前，加入香草冰淇淋，並立刻上菜。

慶典櫻桃（ceries jubliées）

餐具

甜點叉匙—冷的甜點盤。

配菜

細白砂糖。

桌邊服務所需的設備

加熱用燈—用底盤裝盛的平底鍋－用服務盤裝盛的服務叉匙－放置使用過的餐具及扁平餐具的備用盤。

材料

一份製作圓餡餅時浸在糖漿裡的櫻桃—少許白蘭地—細白砂糖。

上菜

1. 由於要求精確時間以便正確地供應這道菜，必須確保手推車在開始作業前依照所有前置作業正確擺設。

2. 點燃加熱用燈，將浸泡在糖漿裡的櫻桃放進平底鍋裡，加熱使其慢慢沸騰。

3. 讓糖漿快速減少直到快要變成焦糖。

4. 當糖漿減到最少時，灑上細白砂糖，這麼做可以幫助火燒並加速焦糖的形成。

5. 加入少許白蘭地使櫻桃火燒。

6. 從平底鍋立刻上菜。

蘭姆煎蛋捲（omelette au rhum）

餐具

甜點叉匙—熱甜點盤。

配菜

細白砂糖。

火燒式推車設備

加熱用燈—用底盤裝成的平底鍋—火柴－放置使用過設備的備用盤—用服務盤裝盛的服務叉匙—少許蘭姆酒—細白砂糖—最後才從廚房用扁平銀盤裝盛，煮得令人垂涎的煎蛋捲。

上菜

1. 向顧客呈現蛋捲—返回加熱用燈。

2. 用服務叉匙將蛋捲的末端削掉。

3. 灑上細白砂糖。

4. 環繞平底鍋邊緣加入少許蘭姆酒。

5. 用火柴點火後，迅速加熱。

6. 由桌邊的平底鍋立刻上菜到熱甜點盤上，或是上菜到火燒式推
   車上的熱甜點盤。

羅曼諾夫草莓（fraises romanoff）

餐具
甜點叉匙—冷甜點盤。

配菜
細白砂糖。

桌邊服務所需的設備
玻璃碗—用服務盤裝盛的服務叉匙－放置使用過的餐具及扁平餐
具的備用盤（見圖8.17）。

材料
一份草莓——份用玻璃碗裝盛的高脂厚奶油—少許桂柑酒或
Grand Marnier—細白砂糖。

服務方法A

1. 倒入利口酒至超過草莓，並使其浸軟幾分鐘。

2. 攪動高脂厚奶油直到變濃。

3. 取出三分之二的草莓和汁液放進玻璃碗中，用服務叉將其打成
   乳狀。

4. 每次加入一些濃濃的高脂厚奶油直到混合物變堅挺。

5. 放在冷甜點盤上並用剩下的草莓裝飾頂部，撒一些細白砂糖並
   上菜。

圖8.17　羅曼諾夫草莓的設備擺設

服務方法B

1. 攪動高脂厚奶油直到變濃。

2. 取出三分之二的草莓和汁液放進玻璃碗中，並加入濃的高脂厚奶油。

3. 用服務叉將其打成乳狀，使草莓和高脂厚奶油混合均勻。

4. 讓它浸軟幾分鐘：現在混合物應該結實了。

5. 加入少量的酒（桂柑酒或Grand Marnier。）

6. 混合均勻。

7. 放在冷盤上。

8. 用剩下的草莓作裝飾。

9. 灑上一些細白砂糖並上菜。

其他注意事項：

1. 伊頓雜食（Eton Mess）—用桂柑酒和檸檬汁增加香味。

2. 皇家草莓（Fraises royale）—用 Van der Hum、櫻桃白蘭地和柳橙汁增加香味。

3. 酒燜桃子（Pêches à la royale）—草莓和桃子加上白蘭地和奶油。

火燒鳳梨（ananas rafraîchi au kirsch flambé）

餐具

熱的水果盤或甜點盤—水果刀叉或甜點叉匙。

配菜

細白砂糖。

桌邊服務所需的設備

加熱用燈—用底盤裝盛的平底鍋—服務盤和服務叉匙—放置使用過的餐具及扁平餐具的備用盤—砧板和切割刀（至少20公分-8吋。）

材料

整顆浸泡在糖漿裡的新鮮鳳梨或罐裝的切片鳳梨—裝飾用的櫻桃—少許櫻桃白蘭地—牛油—細白砂糖。

上菜

1. 若是新鮮鳳梨，則如同第425頁所述準備。

2. 將糖漿放在平底鍋裡加熱。

3. 用叉子將鳳梨刺幾個洞，使其更快受熱。

4. 將準備好的鳳梨放進加熱的糖漿。

5. 為使加熱迅速，把液體減少到接近焦糖的階段。

6. 此時均勻地灑上細白砂糖，可使糖漿變成焦糖並幫助火燒。

7. 將熱的水果盤或甜點盤放在顧客面前。

8. 在鳳梨上倒一些櫻桃白蘭地，使其受熱並火燒。

9. 在桌邊從平底鍋上菜到熱水果盤或甜點盤上。

蘇捷特可麗餅

餐具

甜點叉匙—熱甜點盤。

配菜

無。

材料（兩客）

85克（3盎司）細白砂糖—半顆檸檬—2顆香橙—85克（3盎司）牛油—酌量桂柑酒—酌量白蘭地—4片薄煎餅。

火燒推車設備

加熱用燈—用底盤裝盛的平底鍋—用服務盤裝盛的服務叉匙—邊盤上放兩支茶匙—邊盤上放兩支甜點叉—橢圓形扁平餐盤上墊著小飾巾並裝盛一客薄煎餅—橢圓形扁平餐盤上墊著小飾巾並裝盛三個用來裝乳狀混合物、柳橙汁和檸檬汁的小型沙司船—用底盤裝盛的白蘭地和利口酒杯—1瓶桂柑酒和1瓶白蘭地—2個熱的甜點盤。

上菜

1. 倒出所需利口酒的量。

2. 將細白砂糖、牛油和增加風味的乳狀混合物放進平底鍋融化，使其成為淡金黃色。

3. 加入3杓柳橙汁並混合均勻。

4. 試吃後若有需要則加入半顆的檸檬汁。

5. 加入酌量桂柑酒。

6. 用大叉子攪拌均勻—試吃。

7. 放進薄煎餅中，一次一杓，將薄煎餅翻面並對折。

8. 在此期間，醬汁應該會越來越少並變濃。

9. 當醬汁已經減少得差不多時，加入白蘭地火燒。

10. 在桌邊從平底鍋上菜到熱的甜點盤

水果

新鮮水果及堅果（餐後甜點）
餐具
水果刀叉－水果盤——一個裝有冷水的洗手碗，放置在舖有餐巾紙的底盤上，若有兩份以上的葡萄，就改用一個小玻璃碗—第二個洗手碗置於舖有餐巾紙的底盤上，內裝溫水並附一片檸檬—備用邊盤用以放置殼及果皮—備用餐巾—剝殼器—葡萄剪。

配菜
細白砂糖—鹽。

上菜
1. 將水果籃展示給顧客看，讓顧客選擇。

2. 若顧客選擇葡萄，則將所選的部分整串剪下，用葡萄剪夾著，再放進水果籃前在裝冷水的洗手碗或玻璃碗中洗乾淨。

3. 若選擇鳳梨、柳橙、梨子或香蕉，則由服務員在桌邊上準備。

香橙沙拉（salade d'orange）
配菜
細白砂糖。

桌邊服務所需的設備
小的利刃—甜點叉—兩顆置於盤子上的柳橙—水果盤—放置使用過的餐具及扁平餐具的備用盤—小玻璃盤—砧板。

上菜

1. 用利刃將柳橙的一端切下一片。
2. 用叉子刺穿切下的柳橙片，並以此端作爲切整顆柳橙時的保護。
3. 現在用叉子從未切割的一端刺穿整個柑橘，使得叉子可以將其固定住。
4. 在未切割的一端由皮至果肉劃一圈（穿過果皮和襯皮）。
5. 由削下的一端往劃圈的一端條狀地去掉果皮及襯皮。
6. 現在叉子上應該有一整顆去皮的柳橙。
7. 將柳橙懸置於玻璃碗上，將果肉切下並將襯皮留在叉子上，讓

圖8.18　準備服務柳橙

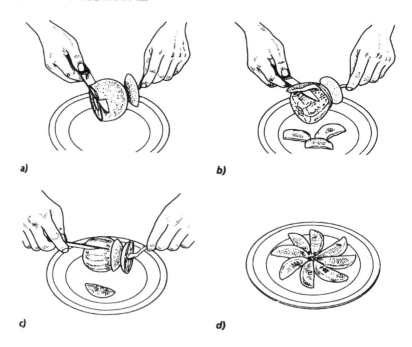

a)

b)

c)

d)

柳橙片落在玻璃碗中。

8. 利用另一把叉子的協助，在玻璃碗上壓榨襯皮以去除所有的果汁。

9. 灑上細白砂糖。

10. 用水果盤裝盛並上菜。

蘋果或梨子（pomme au poire）

1. 從蘋果或梨子上方沿著果蒂切下直徑約2.5公分的圓錐並置於一旁備用。

2. 切掉蘋果或梨子的底部。

3. 將叉子叉入蘋果或梨子的頂端去蒂的地方。

4. 由上到下條狀去皮，或由下到上以螺旋狀方向削下果皮。

5. 先將蘋果對半切再對半切。

6. 將每四分之一片去核。

7. 用果蒂的圓錐作裝盤的裝飾。

鳳梨（ananas）

1. 用餐巾握住鳳梨的莖，並除去鳳梨的底部。

2. 由上至下條狀去皮或以螺旋方式去皮。

3. 以切下∨型的方式除去鳳梨眼，注意每一凹痕都需由左往右，凹痕才會呈現較不複雜的螺紋。

4. 將鳳梨切片。

5. 用削皮刀或去核器除去鳳梨心。

香蕉（banane）

1. 除去香蕉根部。

2. 將香蕉切片，由莖部橫切成兩等份。可將指節放在砧板上以保

圖8.19　準備服務蘋果

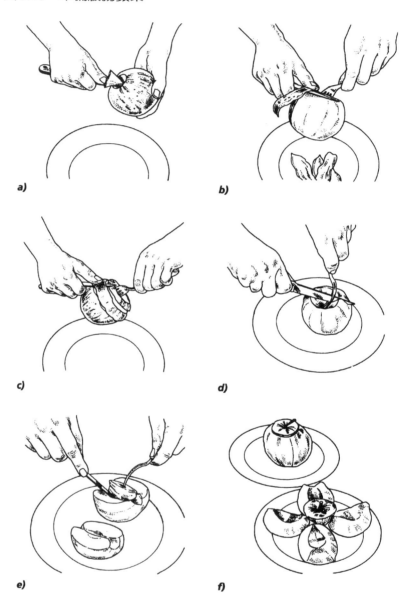

a)

b)

c)

d)

e)

f)

持刀子在直線狀態。

3. 將水果叉叉入果柄底部並將皮向後剝起，用刀扶住外皮並將皮由果肉剝離。

圖8.20 準備服務鳳梨

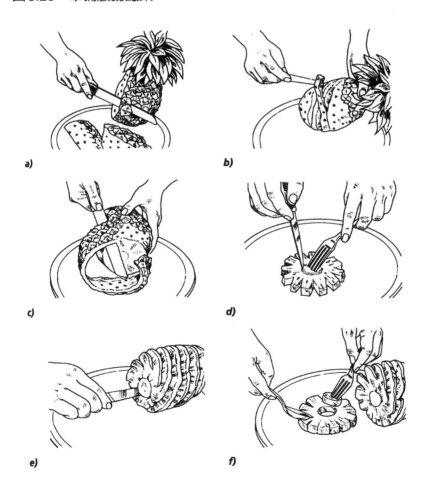

a)

b)

c)

d)

e)

f)

圖8.21　準備服務香蕉

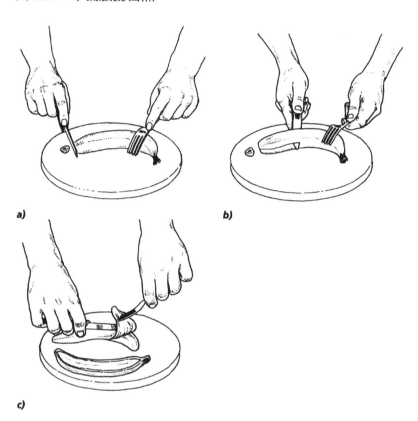

a)

b)

c)

第九章

功能性（會議、慶典）餐飲服務

9.1　前言

　　宴會通常涵蓋了在特定時間為特定人士提供的服務，所提供的餐飲是預先定好的，適用的場合包括正式的午宴、會議、雞尾酒會、婚禮和舞宴。在大型的高級營業場所裡，所有的宴會都發生於宴會廳，而且都在宴會廳經理的管理控制之下。在小一點的飯店裡，為了舉辦宴會，通常會預留場所，並且由飯店經理或副理管轄。另外，也有專用的宴會用會議中心。大部分宴會時僱用的員工只是一種臨時性的僱用。在旺季時，可能有好幾個宴會在同時進行著。

　　宴會就像以往一樣普遍，但也可以說他們的目的和型態一直在改變，舉例來說，主題晚會越來越受歡迎，趨勢的走向也越來越趨向非正式型態的桌位表，也較少使用貴賓席跟分支桌了。同時顧客會期盼著更好的整體室內裝潢、照明的效果和所使用的玻璃器皿和瓷器，也許我們會在口味上更精緻，並且在食物和舒適上希求更高的標準。

圖9.1 準備開始服務的宴會廳

宴會的型態

宴會的兩種主要型態為：

◆ 正餐（有時稱為宴會）

午宴

晚宴

婚宴

◆ 自助式歡迎會

婚禮宴會	舞會
雞尾酒會	週年慶
自助式茶會	會議

以下是更細的分類：

◆ 社交類

晚宴（畢業校友）	雞尾酒會
午宴（扶輪社員）	慈善表演
歡迎會	

◆ 會議

政治性會議	全國性或國際性會議
工會	銷售會議

◆ 公共關係

新產品發表會	業者集會
時裝表演	專題研討會
	展示會

宴會服務員及其職責

　　在大型的高級營業場所，一般而言有一小型核心常駐雇員單獨應付宴會，包括宴會／會議經理、一到二位宴會副理、一到二位宴會領班、一位出酒吧枱侍酒員、一位宴會經理專用秘書。在小一點的營業場所，較少宴會，必要的管理和行政工作由經理、

副理和領班負責。

銷售管理經理／銷售經理（業務經理）

銷售管理經理的主要目的是在銷售營業場所的宴會設備給需要的客戶，並做最初的聯繫，在此之後，客戶則和相關的宴會廳經理連絡。

根據各種營業場所裡的每個宴會廳的各種擺設，銷售管理經理必須具備有空間規格、大小、燈光開關、電力點、門口高度、最大樓層承載等等有關豐富的知識，這些知識足以讓銷售經理在初次與客戶會面時，對於客戶的要求給予正確或負面的答案，避免延誤每個宴會。

與客戶見面時，需要特定的方法，即是需要讓客戶立刻有自在的感覺，首先要決定的是客戶要為每個人付多少錢，並決定是否需在一定的預算範圍內。若不是，必須在一開始就講清楚，銷售經理通常會給客戶一份菜單參考，這些必須完全展示，來當作營業場所的相關銷售重點，菜單的菜色和價格應依照不同的季節而有所改變，且包括當季時鮮。

銷售經理必須是一個頭腦靈活的人員，在每一個宴會必須提供客戶一些建議，這些建議促使營業額增加。

宴會／會議經理

宴會／會議經理負責所有行政事務：與未來的客戶會面，與他們討論相關的菜單、餐桌安排、費用、飲料、樂隊、宴會主持人等等。

宴會／會議經理必須與有關的所有部門連絡宴會的日期、人數、以及所有細節，有可能需要特定部門的配合。

秘書

宴會廳經理的秘書負責處理所有的來信跟回函，在看完指示的備忘錄後，送到適合的部門，並將所有的信件歸檔。秘書應該處理所有的電話，在宴會廳經理不在時，可暫時代為預約宴會，確保各細節以正確的表格填寫（宴會備忘錄，參閱第431頁）。通常有三種方法登記預約：電話、信件、會面，但是預約後所有的需求應該以信件確認。

宴會廳領班

宴會廳領班負責依宴會廳和組織所需來準備各種宴會，另外也負責臨時員工的聘僱，在宴會中幫忙員工各種工作。宴會廳領班有一份臨時員工的名單和地址、電話號碼，並保證他們適當受僱。這表示員工可像團隊一樣合作，製造一個令人滿意的結果，可以使客戶和管理階層雙贏。

吧枱服務員（吧枱餐飲人員）

酒吧服務員是正式宴會廳員工的成員，須負責各種宴會吧枱存貨的配置、吧枱的建置、吧枱服務員的組織、服務期間的存貨和現金的控制，以及當宴會完成後之存貨盤點。他們也負責宴會出酒酒吧的重新補貨。

宴會廳飲務領班

領班可以結合酒吧服務員，如果沒有正式酒吧服務員，則可接手其工作。

常駐候補服務員

常駐候補服務員通常有服務員的經驗，而服務員可以做所有跟宴會有關的工作，通常為宴會前大部分的準備工作（餐桌的擺

圖9.2　套裝宴會銷售範例—The Café Royal提供

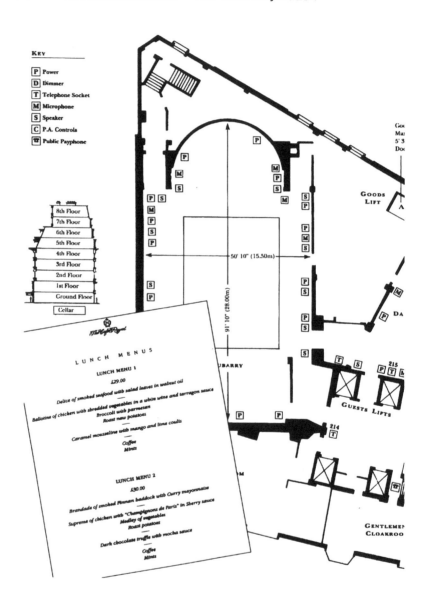

設等等），他們在服務期間的主要工作為酒類的服務，也可以在服務結束後協助清理。

臨時雇員

僱用臨時雇員時須特別注意。正常來說，臨時雇員在宴會開始前約一小時作報告，然後分配工作職責，並且為個別的宴會服務程序作簡短的討論，通常臨時雇員是時薪制，在服務結束之後，他們領到薪資即離開。

行李員

通常在正式宴會廳員工裡有二到三位行李員，如果有大量的粗重工作要做，行李員是基本員工。

宴會服務員及飲務人員之工作要點

宴會中一個服務區的一名服務員通常需服務10到12位客人

◆ 營業場所在宴會時呈現多樣化的顧客服務：通常服務員從服務區的一端服務到另一端，他可以從服務區左方開始服務第一道菜餚，從服務區右方服務下一道菜餚；在較小型的宴會中，可以從主人右方開始服務，剛好沿著餐桌繞一圈。

◆ 宴會中的貴賓席沒有階級或性別之分。

◆ 所有的服務員都應編號，分派服務區時，距離入口最遠的服務區服務員會排隊取菜優先。

◆ 貴賓席的服務員一律排在隊伍的最前方取菜。

◆ 貴賓席位未開始服務前，其他桌不應服務。

宴會中一名飲務人員大約需要服務25位客人，但須視宴會型態、所提供的酒數量、定價中是否包含酒類價錢或是否接受付現而

圖9.3 部分套裝研討會專案範例——the Holiday inn Crowne Plaza, Leeds提供

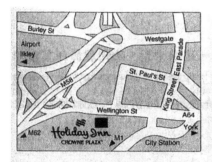

HOLIDAY INN CROWNE PLAZA

LEEDS

Wellington Street, Leeds LS1 4DL
Tel: (0113) 2442200
Fax: (0113) 2440460

LOCATION/TRANSPORTATION FACTS

- From M1 follow signs to City Centre. At City Square left into Wellington Street
- Rail station 400m.
- Leeds/Bradford Airport 13 km.
- Manchester Airport 97 km.

ACCOMMODATION

- 6 Floors with 125 guest rooms
- Three different types of suites available
- Non-smoking bedrooms
- Executive bedrooms
- Facilities for the disabled
- Air-conditioning
- 24-hour room service
- In-room computer connection facilities

DINING/ENTERTAINMENT

- "Hamiltons" Restaurant/Cocktail Bar serves a variety of menus - breakfast, lunch and dinner. Overlooks pool
- "Buongiorno's" Italian Restaurant
- "Roundhay" Bar for residents or non-residents

SERVICES/FACILITIES

- Car rental
- Indoor and on-site parking
- Limousine service available
- Bus parking available

RECREATIONAL/AMUSEMENT FACILITIES

- Health & Leisure Club with indoor swimming pool, sauna, steamroom, solarium, fitness equipment and whirlpool
- Aerobics classes. Jogging trails
- Local tours available
- Yorkshire Dales 25 km.
- Bolton Abbey, Harewood House & Pennines 20 km.
- Yorkshire's top Golf Course within 10 km.

MEETING FACILITIES

- Meeting facilities to 200 featuring a Business Centre, Training Centre and Executive Boardroom
- 3 dedicated syndicate rooms opposite the Main Training Room with cloakroom
- Roundhay Suite can separate into 3 sections
- Daylight and blackout capability in most meeting rooms
- Completely self-contained Training Centre on second floor has 2 adjoining Executive Club bedrooms, 3 dedicated syndicate rooms, the Main Training Room and Lounge with cloakroom
- Smaller rooms on first floor make excellent interview rooms

MEETING EQUIPMENT

- A/V, microphone and sound equipment
- Enhanced staging capabilities (dance floor, podiums) with 24 hours' notice
- Back projection capability
- Speaker phones and mobile/cordless phones

MEETING SUPPORT SERVICES

- Business Centre services
- Secretarial assistance. Translation service
- Flower arrangements, photographer, costume rental. Cat walk
- Extended hours concierge
- Dictaphone, stenographer
- Courier service

A MEETINGS SELECT HOTEL

定。

◆ 飲務人員通常會協助食物服務員主菜的蔬菜及醬汁的服務。

◆ 若接受付現，則飲務人員通常會帶著兌換券向吧枱換取飲料，先服務客人再向客人收現再付給收銀員或吧枱人員。

◆ 如果顧客簽帳或希望以支票付款，必須先由相關單位先確認。

◆ 在用餐前，飲務人員也可以在接待處詢問賓客是否要用餐前酒，若如此，則飲務人員必須做好必要的前置作業以確保接待處已準備好，亦即煙灰缸、雞尾酒點心、輕便吧枱、擦亮的玻璃杯等等，另外也必須確保有足夠的小桌子供使用。

宴會的服務方法

通常宴會的服務方法可採取以下幾種型態：

◆ 銀器服務

◆ 家庭式服務

◆ 餐盤服務

◆ 輔助服務

◆ 自助式服務

服務方法通常決定於下列因素：

◆ 主人需要

◆ 時間因素

◆ 可用員工的技巧

◆ 可用設備

◆ 宴會型態

正式宴會

以正式宴會而言，宴會服務員領班通常須組織他的工作人員，以手勢通知貴賓席的服務員開始服務或清理，其他服務員立即跟著開始做其他桌的服務或清理。記住，貴賓席的服務員應等到所有賓客都用完餐點後才開始服務或清理菜餚。

所有服務員都應該接在貴賓席服務員之後離開或進入宴會廳，並以預定的順序排在貴賓席服務員之後。預定的順序表示離服務門最遠的服務區服務員應該排在離貴賓席服務員最近的位置，理論上這表示在進入宴會廳時，所有服務員都以差不多的時間抵達他們的服務區，此時每個服務員都以適當的服務方法服務自己的服務區—無論是正式的銀器服務或餐盤服務與銀器服務的結合等等。決定預定的順序時，還有一個影響最後決定的因素，就是安全。換句話說，只要可能，應該避免服務員在宴會廳進出時造成的碰撞及擁塞。

較不正式的宴會

針對上述方法，在較不正式的宴會中也可用兩倍的服務員服務主菜，這表示以兩個服務員為一組，若分開服務，則再上了調味醬汁之後，一個服務員服務主菜，另一個服務洋芋及蔬菜。這個方法也可以用於正式宴會來加快服務的速度，並確保以正確的溫度送到賓客面前。

這裡應該注意的是以目前的趨勢看來，開胃菜和甜點裝盤服務，魚和主菜以銀器服務。以正式銀器服務來服務咖啡，將黑咖啡及糖、鮮奶油放在餐桌上，由賓客自己取用，或由同組的兩個服務員同時服務，這種情況下，糖已預先放在餐桌上，由第一個服務員服務黑咖啡，第二個服務員服務鮮奶油。

自助餐枱式宴會

　　自助餐枱式的宴會裡，賓客自行到自助餐枱選擇需要的菜色，若有必要，也可在自助餐枱拿取大部分的輔助品，包括小餐包、牛油、調味醬汁、餐巾、餐具等等，然後再回到自己的餐桌享用餐食，在適當的時候，清潔服務員會清理使用過的餐具及廚餘。

9.2　會議慶典

會議慶典預約及安排

　　宴會廳經理和客戶初次會面時，必須以公司專用的文件夾記錄所有提及的特定宴會，並保留所有信件。若不能馬上確定預約，則應該先以鉛筆紀錄這些暫時性的細節，直到確認預約再改以油墨書寫。宴會廳經理應該有可用的午宴及晚宴的菜單樣本，並列有符合不同人數使用的各種餐桌排列，上有每個人頭的費用及圖片，提供客戶能夠負擔的價格範圍及可用設備的清楚圖片。

　　初次會面之後，一旦確定預約，以下幾項基本的要點必須注意：

- ◆ 宴會類型
- ◆ 日期
- ◆ 時間
- ◆ 人數
- （在 24-72 小時前確定）
- ◆ 每人費用
- ◆ 菜單及服務方式
- ◆ 酒類—包含在內或付現
- ◆ 編制類型
- ◆ 桌位表

　　根據特定宴會的性質，其需求可能不太一樣，宴會廳經理若有這些需求的核對清單，將會非常有用。除了上述幾個要點之

外，其他必須考慮的有：

- 祝酒序表
- 餐桌、宴會廳、接待處、胸花等花飾
- 必要的視聽設備
- 特殊執照
- 停車場
- 寄物處
- 藝人（表演人員）

- 住宿
- 電話
- 講台
- 秘書室
- 聯合會場所
- 攝影師
- 指示牌
- 私人吧檯設備
- 宴會取消費

- 客戶最後審核的日期
- 保全
- 行銷
- 宴會主持人
- 樂隊、歌舞表演、舞蹈
- 席次牌
- 座位表
- 印刷的菜單形式

宴會菜單

菜單應在一個大的價格範圍內有多種選擇，一些特殊場合會用到的菜單，例如：婚禮、21歲慶生會、除夕等。像在幾個月前預約的宴會，可要求時鮮，最少有4道菜外加飲料，如下所示：

- 前菜或其他開胃菜
- 湯或魚
- 肉類一附時蔬
- 甜點
- 咖啡一供選擇的小蛋糕

以上所列今日已很普遍，但是像主菜、乳酪或香薄荷等其他菜色可附加。

圖9.4 宴會確認單—Forte Posthouse, Aylesbury提供

圖9.5 管理程序要點

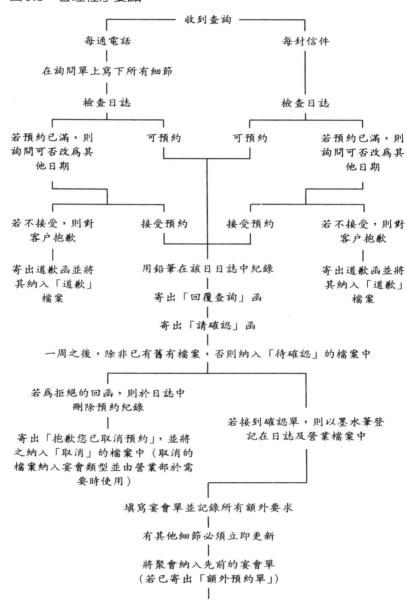

收到查詢

每通電話 ─────── 每封信件

在詢問單上寫下所有細節

檢查日誌 ─────── 檢查日誌

若預約已滿，則詢問可否改為其他日期　　可預約　　可預約　　若預約已滿，則詢問可否改為其他日期

若不接受，則對客戶抱歉　　接受預約　　接受預約　　若不接受，則對客戶抱歉

寄出道歉函並將其納入「道歉」檔案　　用鉛筆在該日日誌中紀錄　　寄出道歉函並將其納入「道歉」檔案

寄出「回覆查詢」函

寄出「請確認」函

一周之後，除非已有舊有檔案，否則納入「待確認」的檔案中

若為拒絕的回函，則於日誌中刪除預約紀錄

寄出「抱歉您已取消預約」，並將之納入「取消」的檔案中（取消的檔案納入宴會類型並由營業部於需要時使用）

若接到確認單，則以墨水筆登記在日誌及營業檔案中

填寫宴會單並記錄所有額外要求

有其他細節必須立即更新

將聚會納入先前的宴會單（若已寄出「額外預約單」）

在兩週前分發宴會單

三天前確定最後參加人數並通知主廚、行李員及領班
宴會前一天：宴會廳經理與部門主管會議

宴會前：發給桌位表

宴會當天：檢查最後的變動。領班通知營業處預約的人數及實際人數

宴會之後：將發票交給宴會協辦者，另外從經理、領班、吧檯人員取得的
宴會清單、花店清單、視聽設備的費用、保全費用及其他費用也一併提
交。彙整並完成宴會帳目

（帳單末聯納入宴會檔案中）

將第一聯及檔案轉至管理部門以便檢查

帳單與附件信函同一天送出

營業處寄出「希望再見到您」的信函

「臨時預約」（以鉛筆在日誌標註者）

若接到讚美，則回信致意	若接到讚美及質疑，則回信	若接到質疑，則回信	若接到投訴，則回信
「感謝辭」	「提出重點」	「質疑」	「抱怨」

對帳單質疑

行政主管、宴會經理（將質疑信件釘在檔案裡）

專責宴會的聯絡員

會計納入紀錄

相關部門亦須調查

回信給顧客「帳單質疑」

歸檔

圖9.6 宴會菜單範例。這些範例是由倫敦的The Café Royal提供。

午宴

煙燻鮭魚捲、蝦和日本海菜加上黃瓜及醃生薑沙拉

—

乾胡椒和科涅克醬調味的厚片牛排
洋芋酥餅
蕃茄和菠菜

—

提拉米蘇和摩卡醬

—

咖啡和小咖啡杯

有蒔蘿黃瓜和伏特加酒奶的糕點

—

有普羅旺斯草本植物派皮及烤胡椒的玉米填塞的雞胸
甜烤薯餅
浸在油裡的青黃密生西葫蘆

有芒果醬及萊姆醬的焦糖幕斯

—

咖啡和薄荷糖

晚宴

朝鮮薊和番紅花油醋醬的地中海式海鮮沙拉

—

陳年雪莉酒調味的牛肉精華

—

極品珠雞及肝醬加上
方形巧克力
菠菜奶油小圓餅
胡蘿蔔和塊根芹菜

—

洋李脯和法國阿瑪涅克所產白蘭地酒的冰淇淋水果凍加上巧克力醬

—

咖啡和小咖啡杯

朝鮮薊沙拉、甜醋調味的野生蘑菇和青豆、南瓜籽油

—

蝦及蘑菇加上蕃茄奶油醬

—

嫩牛肉片和塊根芹菜加上塊菌醬
奶油菜豆
小塊洋芋

—

檸檬及覆盆子調和蛋白加上開心果醬

—

咖啡和小咖啡杯

自助餐檯
冷盤
甜瓜　　薄肉片包海鮮　　坎伯蘭醬餅

蜜汁火腿及蘆筍　　熱食區及醃菜

地中海式海鮮及生菜沙拉

什錦醃燻海鮮及辣根

鯡魚蘋果沙拉及酸奶　　各種沙拉醬、油醋醬

熱盤
東方香料的油燜原汁雞肉塊　　鮭魚塊及蔬菜末

菠菜餡水餃及蘑菇和巴馬乾酪

新鮮洋芋　　炒青菜

—

農莊乾酪　　主廚推薦甜點

—

咖啡、茶

酒類

　　宴會酒單裡的酒種類通常不多，但包括主要酒單中的好酒。葡萄酒可包含在餐裡或直接以現金付款給以未兌現的支票系統工作的葡萄酒師，宴會中的餐前酒服務通常含在餐裡，若非如此，則接待區應設有「現金吧枱」。

桌位表

在特定宴會中，桌位表的類型端賴以下幾個主要因素：

◆ 主辦人的需求

◆ 宴會的性質

◆ 宴會舉辦場地的大小及形狀

◆ 餐席人數

較小型的宴會中，可用U型或T型餐桌，在午宴或晚宴中，常有貴賓及普通席之分，以圓桌或方桌來區分不同性質的賓客，宴會舉行時，需要非常多的餐具，則通常採用貴賓席和分支桌的餐桌排設。

但主辦人預約定位時，在讓主辦人看不同的桌位表之前，有很多留空間需要考慮的因素，譬如餐席的寬度、走道、椅子的大小等等，除了要讓賓客有舒適的座位外，同時也要留足夠的空間給服務員作各項服務，另外，走道的空間必須能容納兩個服務員同時通過，以免發生意外。注意，這些事項必須謹記在心，方能確保在有限的空間裡容納最多餐席，因而從特定空間的使用得到最大的收效益。

預留空間

◆ 通常公認分支桌之間最小的空間為2公尺（6呎），這個寬度為兩張椅子需要的寬度：從桌緣到椅背（46公分或18吋）加上1公尺（3呎）的走道讓服務員通過：總共為2公尺（6呎）

◆ 桌寬約75公分（2呎6吋）

◆ 每個餐席沿著餐桌的長度應為50-60公分（20-24吋）

◆ 牆壁到桌緣的寬度最少須1.4公尺（4呎6吋），這個寬度為1公尺（3呎）的走道加上一張寬46公分（18吋）的椅子

◆ 椅子從地面算起的高度隨椅子的形式和設計而變化,大約是46-50公分（18-20吋）

◆ 餐桌的長度通常為1.0、1.5、2公尺（3.5、6呎），可適當調整

◆ 宴會容許每位賓客坐下的空間約為1.0-1.4平方公尺（12-15平方呎），若為自助餐式，則容許的空間為0.9-1.0平方公尺（10-12平方呎）

舖設桌布

宴會用桌布最小的尺寸是寬2公尺（6呎）長4公尺（12呎），但通常為較長的長度（譬如5½公尺或18呎等等）。這些布巾用來舖設貴賓席及其分支桌，因此使用較小型枱布可避免重疊。

舖設時，中央的摺痕應由餐桌中央垂下，餐桌的其他部分以同樣方式覆蓋。所有的桌布應為同樣的摺法及相同款式。桌布重疊的部分應面向主要入口的反方向，當賓客抵達宴會場地時，桌布連接的地方才不會被看到。舖設桌布時需要三至四位服務員（視大小而定）來確定桌布舖設正確，且不會弄髒。

9.3 會議慶典籌辦

座位的安排

製作桌位表時，必須決定所有參加宴會者的座位，多少人坐在貴賓席，多少人坐在分支桌、圓桌或橢圓桌。必須知道貴賓席的座位述是否包括末端，而且座位述必須避免13這個數字。

除了貴賓席之外的餐桌應該編號，並避免使用13，而改用12A，桌號的架子應置於宴會入口處就能清楚看見的高度。適合的高度為75公分（30吋），賓客入做後，服務開始前，有時會將桌號取走。若將其留在桌上，則可作為協助葡萄酒師接受點用酒

類收現的工具。

　　規劃桌位表時，應避免讓賓客背對貴賓席。通常座位為一式
三份：

◆ 主辦人：以核對所有必要的安排

◆ 賓客：桌位表張貼在宴會廳入口處的適當位置，讓所有參
　加賓客察看他們的座位，並了解鄰座的賓客為誰，及該桌
　在宴會廳中的位置

◆ 宴會廳經理：以作參考

議會慶典範例

貴賓席及其分支桌的用法

110位賓客的晚宴：貴賓席設15席，需要3個分支桌

工作方法（計劃一）

1. 貴賓席所需的桌長

　15為賓客×60公分（2呎）＝9公尺（30呎）或5×2公尺（6
呎）的餐桌

2. 每個分支桌上餐席的數目

　110－5＝95

　95÷3＝32, 32, 31

　因此分支桌的每一邊都設16個座位，但有一邊只有15個座位

3. 分支桌的長度

　16個餐席×60公分（2呎）＝9.7公尺（32呎）或5×2公尺
（6呎）的餐桌

4. 檢查三個分支桌是否與貴賓席相合

　3個分支桌×75公分（2呎6吋）（寬）　＝2.25公尺（7呎6吋）

　2個走道×1公尺（3呎）（寬）　　　＝2公尺（6呎）

4張椅子寬×46公分（18吋）　　　　＝6.25公分（19呎6吋）

如此一來就有很大的空間了（如圖9.7所示）

桌位及座位表（一般）

◆ 計劃一可多設5個座位以備不時之需

1 貴賓席的兩端　　＝2

1 分支桌的每一端　＝3

總計　　　　　　　＝5

若主人希望在較小的宴會廳中使用類似的座位，則可在9公尺
（30呎）長的貴賓席設4個分支桌。

4 個分支桌 × 75公分（2呎6吋）　　＝3公尺（9呎）

3 條走道 × 1公尺（3呎）　　　　　＝3公尺（9呎）

6 張椅子寬 × 46公分（1呎6吋）　　＝3公尺（9呎）

總計　　　　　　　　　　　　　　＝9公尺（28呎）

圖9.7　貴賓席及分支桌

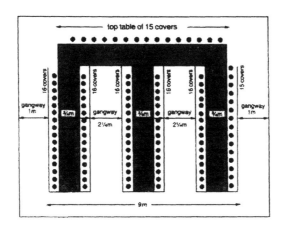

因此四個分支桌會讓宴會佈置更緊密，參加宴會者距離貴賓席的主講人更近，每個分支桌的每一邊各設12個座位，若有必要，可在分支桌的尾端加設座位。

貴賓席及圓桌的用法

總計110個座位：貴賓席15個、圓桌95個

宴會廳大小＝18公尺（60呎）長，11公尺（36呎）寬

1. 找出圓桌的周長

   直徑 × π （π＝22/7）

   因此圓周為「直徑」× 22/7

2. 直徑1公尺（3呎）的圓桌圓周

   1公尺 × 22/7 ＝ 3 1/7 即3公尺

   3呎　× 22/7 ＝ 9 3/7 即9呎

3. 每個圓桌可擺設的座位數

   （每個人的寬度為60公分（2呎））

   3公尺 ÷ 0.6公尺 ＝ 5.0

   9呎　÷ 2呎　　 ＝ 4.5

   亦即每張圓桌可擺設4-5個座位席

4. 直徑1.5公尺（5呎）的圓桌

   可得之座位數：

   （2公尺 × 22/7）÷ 0.6公尺 ＝ 4.7公尺 ÷ 0.6公尺 ＝ 8

   （7呎 × 22/7）　÷ 2呎　 ＝ 15 5/7呎 ÷ 2呎　 ＝ 8

   亦即每張圓桌可擺設8個座位

5. 直徑2公尺（7呎）的圓桌

   可得之座位數：

   （2公尺 × 22/7）÷ 0.6公尺 ＝ 6.3公尺 ÷ 0.6公尺 ＝ 11

（7呎 × 22/7）÷ 2呎 ＝ 15 4/7呎 ÷ 2呎 ＝ 11

亦即每張圓桌可擺設11個座位

工作方法

1. 貴賓席需要的桌長

15位賓客 × 60公分（2呎）＝ 9公尺（30呎）或 5 × 2公尺（6呎）的餐桌

2. 需要的圓桌數

110 － 15 ＝ 95位擺設在圓桌上的餐席

假設使用直徑相同的圓桌（1.5公尺或5呎），亦即每張餐桌可設8個座位

需要的桌數為 95 ÷ 8 ＝ 11.875

亦即12張餐桌（11 × 8個座位及1 × 7個座位）

3. 檢查桌位表是否恰好適合宴會廳的長度（即18公尺或60呎）

從貴賓席後的牆壁：

走道	＝1公尺	（3呎）
貴賓席的椅子	＝0.46公尺	（1呎6吋）
貴賓席	＝0.75公尺	（2呎6吋）
走道	＝1公尺	（3呎）
總計	＝大約3公尺	（大約10呎）
圓桌	＝1.5公尺	（5呎）
椅子	＝1公尺	（3呎）
走道	＝大約3公尺	（3呎）
總計	＝3.5公尺	（11呎）
總計×4	＝14公尺	（44呎）

總長度＝3公尺（10呎）＋14公尺（44呎）＝17公尺（54呎）

宴會廳的長度為18公尺（60呎），因此所推薦的桌位表適合

4. 檢查根據桌位表排設的餐桌是否適合宴會廳的寬度（亦即11公尺或36呎）

3張直徑1.5公尺（5呎）的圓桌	＝ 4.5公尺（15呎）
6張寬度為0.46公尺（1呎6吋）的椅子	＝ 3公尺（9呎）
4條寬1公尺的走道	＝ 3.5公尺（12呎）（稍微減少一些）
總計	＝ 11公尺（36呎）

建議的桌位表適合（如圖9.8所示）

圖9.8　貴賓席及圓桌

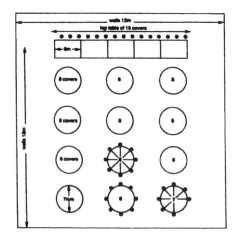

服務員的工作手冊

工作手冊的目的是要確定已涵蓋所有的工作，特定的宴會已擺設好，在短時間之內讓所有的事情上軌道，並給予臨時雇員工

作方法。

分配服務區

　　所有必要的前置作業完成後，集合所有工作人員，分配服務區給服務員和飲務人員。貴賓席的分派必須注意，通常讓比較有經驗且熟練的服務員來負責。分派服務區時，必須注意服務員的年紀和敏捷度，給年紀較大的服務員靠近服務出口的服務區。

　　當服務員在熱食區排隊拿取每一道菜時，應該依照他們的服務區與服務熱食區的距離作爲排隊的順序，而貴賓席的服務員須排在最前面，在整個服務階段都必須維持這個順序。

　　服務完每一道菜，服務員應留在宴會廳外，並爲清理和服務下一道菜作準備。

分配服務區、需要的服務員、在熱食區的順序範例

84人的晚宴

　貴賓席設12人

　及

　分支桌設24人（每邊12人）

餐桌需要（如圖9.9所示）

　貴賓席：4×2公尺（2呎）的餐桌＝8公尺＝每人60公分（24吋）

　分支桌：4×2公尺（2呎）的餐桌 ＝8公尺＝每人60公分（24吋）

　總共3個分支桌：每邊12個座位

服務區：貴賓席：12個座位

　　　　分支桌：6 × 12 ＝ 72個座位

在熱食區的順序

圖9.9　服務區分派範例及在熱食區的順序

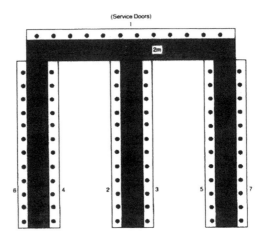

1

2

3

4

5

6

7

服務區7×12 ＝ 84個座位

稱謂型式

　　皇室或顯要在非常正式的宴會中通常在稱謂上會加上特定的「職位」，所以在舉杯祝飲或接受祝賀時，禮儀上需要有優先順序，並遵守稱謂的正確模式。

圖9.10 稱謂型式及地位

稱號	簡介	口頭上的稱呼	席次牌
皇室（THE ROYAL FAMILY）			
女皇（Queen）	「女皇陛下」（Her Majesty the Queen）	「陛下」（Your Majesty），後來演變為「夫人」（Ma'am）	
愛丁堡公爵（The Duke of Edinburgh）	「愛丁堡公爵，菲力普王子殿下」（His Royal Highness, Prince Philip, The Duke of Edinburgh）	「殿下」（Your Royal Highness），後來演變為「閣下」（Sir）	
皇太后（The Queen Mother）	「皇太后，伊麗莎白女皇陛下」（Her Majesty, Queen Elizabeth, The Queen Mother）	「陛下」（Your Majesty），後來演變為「夫人」（Ma'am）	
親王（A Royal Prince）	「威爾斯王子，查爾斯王子殿下」（His Royal Highness, Prince Charles, The Prince of Wales）	「殿下」（Your Royal Highness），後來演變為「閣下」（Sir）	威爾斯王子殿下（His Royal Highness, The Prince of Wales）
	「約克郡王子，安德魯王子殿下」（His Royal Highness, Prince Andrew, The Prince of York）	「殿下」（Your Royal Highness），後來演變為「閣下」（Sir）	約克郡王子殿下（His Royal Highness, The Prince of York）
	「愛德華王子殿下」（His Royal Highness, The Prince Edward）	「殿下」（Your Royal Highness），後來演變為「閣下」（Sir）	愛德華王子殿下（His Royal Highness, The Prince of Edward）

公主（A Royal Princess）	「瑪格麗特公主陛下」（Her Royal Highness, The Princess Margaret）	「陛下」（Your Royal Highness），後來演變爲「夫人」（Ma'am）	瑪格麗特公主陛下（Her Royal Highness, The Princess Margaret）
公爵（A Royal Duke）	「格洛斯特郡公爵殿下」（His Royal Highness, The Duke of Gloucester）	「殿下」（Your Royal Highness），後來演變爲「閣下」（Sir）	格洛斯特郡公爵殿下（His Royal Highness, The Duke of Gloucester）
公爵夫人（A Royal Duchess）	「格洛斯特郡公爵夫人陛下」（Her Royal Highness, The Duchess of Gloucester）	「陛下」（Your Royal Highness），後來演變爲「夫人」（Ma'am）	格洛斯特郡公爵夫人陛下（Her Royal Highness, The Duchess of Gloucester）

貴族、男爵、爵士（PEERS, BARNETS AND KNIGHTS）

公爵（Duke）	「索美塞德郡公爵」（The Duke of Somerset）	「公爵」（Duke）	索美塞德郡公爵（The Duke of Somerset）
公爵夫人（Duchess）	「索美塞德郡公爵夫人」（The Duchess of Somerset）	「公爵夫人」（Duchess）	索美塞德郡公爵夫人（The Duchess of Somerset）
伯爵（Earl）	「索美塞德郡公爵夫人」（The Duchess of Somerset）	「索爾斯伯利伯爵」（Lord Salisbury）	索爾斯伯利伯爵（Lord Salisbury）
伯爵夫人（Countess）	「索爾斯伯利伯爵夫人」（Lady Salisbury）	「索爾斯伯利伯爵夫人」（Lady Salisbury）	索爾斯伯利伯爵夫人（Lady Salisbury）
子爵（Viscount）	「威爾頓子爵」（Lord Wilton）	「威爾頓子爵」（Lord Wilton）	威爾頓子爵（Lord Wilton）
子爵夫人（Viscountess）	「威爾頓子爵夫人」（Lady Wilton）	「威爾頓子爵夫人」（Lady Wilton）	威爾頓子爵夫人（Lady Wilton）

政府（GOVERNMENT）			
總理（The Prime Minister）	以派任或名字稱之	以派任或名字稱之	總理（The Prime Minister）
財政大臣（Chancellor of the Exchequer）	以派任或名字稱之	「財相」（Chancellor）或以名字稱之	財政大臣（Chancellor of the Exchequer）
部長（Ministers）	「賽門先生」（Mr. Salmon）	部長或賽門先生	羅伊賽門先生（Mr. Roy Salmon）

神職人員（CLERGY）			
大主教（Archbishops）	「約克郡大主教」（The Archbishop of York）	「大主教」（社交用）	約克郡大主教閣下（His Grace, The Archbishop of York）
主教（Bishop）	主教	主教（社交用）	主教閣下（The Lord Bishop of Downtown）

地方政府（LOCAL GOVERNMENT）			
Lord/Lady Mayor	以派任或派任及名字兼用之	（「My Lord/ Lady Mayor」or 「Lord/Lady Mayor」）	（The Lord/Lady Mayor）
市長（Mayor）	以派任或派任及名字兼用之	市長先生或市長夫人	伍佛市長（The Mayor of Woodfalls）
市長配偶（Mayor's Consort）	以派任或派任及名字兼用之	「市長夫人」（Mayoress）	伍佛市長夫人（The Mayoress of Woodfalls）

　　上表中有一些關於正式及社交場合「介紹」和「稱謂」的例子，在所有的宴會中，無論正式或不正式，禮儀是非常重要的，

而且應該特別注意所用的稱謂是否適用於該場合。

注意：

- ◆ 記住，在有關皇室成員的場合必須特別注意禮儀。
- ◆ 社交稱謂用於貴族、男爵、爵士，其他與正式活動相關的細節應查閱德布瑞特的貴族名鑑及準男爵（Debrett's Peerage and Baronetage）或德布瑞特的正確儀式（Debrett's Correct Form）。
- ◆ 表列的皇室成員是以地位優先順序排列。

忠誠敬酒（Loyal Toast）

正確地說，所有正式宴會在忠誠敬酒之前賓客都不可吸煙，忠誠敬酒通常是由宴會主持人在甜點用畢清理完之後，但服務咖啡之前宣佈。工作人員應確定此時所有的玻璃杯都已換新，已備忠誠敬酒之用。

忠誠敬酒應由宴會主持人宣佈，然後由宴會主人－通常為社團主席，舉杯祝飲。忠誠敬酒盛行於帝王統治時期：女皇。然後，宴會主持人表示出席的同伴「主席允許吸煙」，此時工作人員應確定煙灰缸已放在餐桌上。

正式宴會服務順序範例

1. 宴會主持人宣佈晚宴開始
2. 謝恩禱告
3. 賓客入座。由服務員將椅子拉開。口布放在膝上
4. 若第一道菜尚未上菜，前往出菜保溫區拿取
5. 如同前述般排隊，貴賓席服務員優先
6. 服務第一道菜－由貴賓席服務員先服務

7. 所有服務員（食物）在每一道菜服務完之後離開宴會廳

8. 拿取魚盤

9. 清理第一道菜並擺放魚盤

10. 將使用過的餐具移走並拿取魚類菜餚

11. 服務魚類菜餚，帶著使用過的銀器餐具離開宴會廳

12. 拿取肉盤

13. 清理魚類菜餚並擺放肉盤

14. 將使用過的餐具移走並拿取洋芋及蔬菜

15. 放在工作枱或出菜保溫區的邊桌

16. 返回出菜保溫區拿取肉類菜餚

17. 向每一桌呈現並上菜

18. 服務用洋芋及蔬菜作的附菜

19. 帶著使用過的銀器餐具離開宴會廳

20. 以此類推直到全部餐食服務完畢

注意：服務員領班會在熱食區管理所有的食物服務員，並根據職位來變動服務，領班也控制熱食區到宴會廳的出口。

宴會中貴賓席的服務順序，尤其是正式場合，一律先服務主人，若主人與主客坐在不同區時，則可同時服務兩者。

接待區及點用酒類

若需要，可在接待處設置一個吧枱，但要遠離主要入口，以避免賓客抵達接待處及宴會主持人宣佈宴會就緒時過於擁擠。吧枱應像自助餐枱般舖設布巾，布巾下緣與地面的距離需在1.3公分（1/2吋）內，兩端包住成盒狀，吧枱後方為開放式，方能做為儲藏飲料、杯子、玻璃瓶、汽水瓶、冰塊等等用品的區域。在吧枱後方必須留有足夠的工作空間，一般而言，吧枱較餐桌為

高，若沒有可用來儲物的櫃子，有時也可將小桌子併起來放在吧枱下面使用。

接待區開始服務前約45分鐘，要到酒窖拿取需要的酒類飲料，維持吧枱裡有足夠的存貨，一旦吧枱放置飲料，就必須隨時有吧枱人員服務。根據宴會的型態，酒類飲料可用現金付款或包含在餐裡，無論為何種方式，在服務結束後都必須盤點。而不可缺少的物品有價目表、收銀機、兌換券、量杯的大小、臨時執照（若有必要）。

若以現金付款，常常造成冗長的過程，為了加快速度，在接待區的桌位表旁應該有一個飲務人員和助理共同服務，他們應備有：

◆ 酒單
◆ 菜單
◆ 點單簿
◆ 飲務人員的名字
◆ 服務檯
◆ 桌位表

注意：這裡的目的是在正式用餐之前先點用佐餐的酒。

使用二聯式點單來填寫所點的酒類，賓客的名字寫在點單上方，可協助用餐時確認賓客的身分。點單第一聯送到酒窖或出酒吧，第二聯送給侍酒員，由酒吧人員或藏酒管理員來準備點用的酒類飲料，而由侍酒員出示點單第二聯領取飲料。在賓客入座之前切忌打開酒瓶－紅葡萄酒於室溫下服務，白葡萄酒需先冰凍。侍酒員在以現金付款的接待區內工作的方式類似於酒廊服務員，因此必須將收到的點單由其他人做服務準備。

如同食物的服務一般，貴賓席的飲料也必須最先服務，通常

在服務咖啡時就開始敬酒。在這個階段，侍酒員應該有所有的利口酒點單，服務利口酒時，若爲現金付款的方式，則有賓客點用，服務後即收現。當交談繼續時，食物服務員應離開宴會廳，若有必要，侍酒員可以穿梭於廳內。

宴會結束時，食物服務員和侍酒員清理好自己的服務區，侍酒員交回所有的兌換券，在送回服務巾、外衣及其他爲服務而提供的器具後再兌現。

9.4　婚宴

婚宴通常分爲兩種主要的類型：

◆ 結婚喜宴（Wedding breakfast）
◆ 婚禮歡迎會（自助餐檯式）（Wedding reception）

客戶和宴會經理初次見面時，婚宴的安排要點和前面提過的「宴會的預約」類似，客戶的需求依據婚宴型態、參加賓客的人數及每人的費用。

有些須與客戶討論的重點，像結婚蛋糕架、蛋糕刀、新娘是否需要休息室，以及在離開宴會之前，新郎是否要先更衣再繼續他們的蜜月之旅等等相關問題。另外，應該注意結婚禮物是否要展示，若要展示，需要多大空間，以及是否需要攝影師的服務。

婚禮安排

菜單型態視每人的費用而定，婚禮用的菜單通常以銀色印刷，印上新人的名字及婚禮日期，讓賓客當作紀念品。若爲坐在餐桌前用餐的婚禮，則與之前提過的餐桌空間、座位、走道及服務相同。進餐最後，用完咖啡之後才切蛋糕，並坐必要的舉杯祝

賀。

應製作結婚喜宴的桌位表，桌子可規劃為U型，貴賓席及分支桌或貴賓席及圓桌，對於坐在餐桌前用餐的宴會來說，通常允許的空間為每人1-1.4平方公尺（12-15平方呎），自助餐枱式則為每人0.9-1平方公尺（10-12平方呎）。

結婚歡迎會（自助式）

自助餐枱應設置於所有賓客一進入宴會廳就能看見的位置，還要方便工作人員清理及補充食物。自助餐枱應正確地舖上布巾，自助餐枱布下緣距地板1.27公分（1/2吋），兩端應整齊地折成盒狀，枱面上及前端的皺摺應排好，自助餐枱和牆壁之間的空間必須足夠讓兩個人通過，及其他額外的供應和所需的器具。若宴會是在私人土地上的大帳幕內舉行，則應以帆布或蓆子覆蓋在地上，自助餐枱後方及服務區域應在帆布上放置踏泥板，以免走在濕的地上或泥濘中，或將泥土帶進帳幕內的主要區域。

自助餐枱可分為食物、茶和咖啡、葡萄酒及烈酒三個部分。

◆ 自助餐枱上的食物應讓人覺得很美味且很吸引人，刀具、扁平餐具和瓷器應以裝飾性的方式放在靠近服務據點的地方。用來補充自助餐枱的食物應隨手可得，自助餐枱的中央可加高使菜餚看起來美觀。

◆ 茶和咖啡的設置應讓所有相關器具擺設在一起，包括茶杯、茶碟、茶匙、糖罐、奶盅、茶壺及咖啡壺、熱牛奶壺用的保溫板，通常在敬酒之後就不再服務飲料。但若真的需要的話，仍可提供少量飲料。

◆ 酒精飲料和非酒精飲料的自助餐枱應準備所需的正確大小的玻璃杯（烈酒、清涼飲料及礦泉水、雞尾酒、葡萄酒及

香檳），加上供冰凍白葡萄酒、氣泡酒、玫瑰紅酒之用的
冰桶、服務圓托盤、服務巾。敬酒用的所有香檳或其他氣
泡酒，必須冰凍至約7℃（45°F），備用的玻璃杯應用適當
的盒子裝好放在自助餐枱下。健怡、低卡路里飲料及低酒
精濃度飲料應隨手可得，已備不時之需。

注意：「飲料區」可設置為另一個服務點，與主要自助餐枱分開，
來加速對賓客的服務。

　　花草植物的配置是裝飾重點，使得宴會廳展現最好的效果。
大型盆花通常擺在入口處以吸引抵達賓客的目光，更大型的盆花
可放在自助餐枱中央，其他較小型的花藝間隔放在宴會廳裡任意
餐桌上。根據所需求成本來決定所有的花藝設計，自助餐枱布前
端可用各種綠葉（牛尾葉）裝飾，也可用彩色的天鵝絲絨沿著白
色的餐枱布覆蓋，而不至於那麼單調樸素，另外也可用特製的打
摺來加強自助餐枱的前端及整體的外觀，可以購買各種色彩的打
摺來裝飾。

　　結婚蛋糕是自助餐枱之外的另一個焦點，應和蛋糕刀一起放
在特定的蛋糕架上，再放在專門舖設來放置結婚蛋糕的桌上。這
是結婚宴會廳很重要的一環，因為婚宴進行至一定的步驟就是以
結婚蛋糕為中心而進行，因此必須讓在場每一位賓客都看得到結
婚蛋糕。新娘和女儐相的花束常常和男儐相或宴會主持人朗誦的
致賀辭一起放在蛋糕旁。

　　宴會餐桌應以相同間距排放在宴會廳裡，並以適當的方式舖
上布巾，這些項目包括牛油、小餐包／法國麵包、邊盤、邊刀、
餐巾、糖罐和夾糖鉗、冷食肉類或沙拉用的伴物，以及煙灰缸。
可能的話，應充分使用大型的獨立桶型煙灰缸。大多數當班的工
作人員不只服務飲料也做清理的工作，但若自助餐枱的食物服務

與切割有關，則由服務員的其他成員或一兩位廚師處理。

應該注意的是為了展示菜餚，可充分使用自助餐枱本身，並可為飲料服務設立個別的服務點，包括含酒精飲料及不含酒精的飲料。這些取決於宴會的實際性質、可用空間、賓客人數、客戶的需求，以及服務的飲料數量和型態。雪茄和香煙應該放在任意餐桌上，但需額外收費。

客戶也可要求安排攝影師到場，但此部份須額外收費。攝影師可在新人抵達接待處時先拍一些照片，以及迎賓隊伍的團體照，另外還有新人切蛋糕時及一兩張自助餐枱建置完成時的照片。攝影師會沖洗所有的照片，並在宴會結束以前送回這些樣張供每個人觀賞。

賓客抵達會場時應有工作人員看管寄物室。

工作人員

宴會所需的工作人員人數視宴會的性質及需要而定，以自助餐枱式這種最普遍的婚宴型式的接待區來說，需要：

一組工作人員：1服務員領班／宴會廳服務員領班

每25-30位賓客配一個服務員

每40位賓客一個飲務人員

每3個飲務人員配一個吧台人員

1-2打雜及清理的助理服務員

每35-40位賓客配一個廚師

在自助餐式婚宴歡迎會的程序

1. 所有臨時雇員應在婚宴開始前約一小時完成必要的前置作業，並接受工作分配，聽取流程簡報。

2. 若宴會主持人已就緒，他須在新娘新郎抵達會場前30分鐘抵達，了解宴會舉辦的場所，並針對向賓客的宣佈事項等工作進行了解。宴會主持人須與男儐相討論切蛋糕及敬酒的時間，以及誰來主導。若之後為社交晚會，則宴會主持人可當作宴會期間的典禮官（MC = master of ceremonies。）

3. 新娘新郎從教堂出發後應最早到達會會場，此時攝影師可先拍照，並供應香檳之類的餐前酒。

4. 緊接著新人之後，抵達會場者應是新人的雙親和女儐相及男儐相。他們會以「迎賓隊伍」的方式迎接宴會主持人通報抵達的賓客。

5. 通常所有賓客會同時抵達會場，此時寄物室應全部配備工作人員。宴會主持人通報賓客抵達後，賓客經過迎賓隊伍進入會場。

6. 宴會主持人應「清點」進入會場的人數，便於費用控制。

7. 侍酒員應站在接待區中顯眼的位置，以便於賓客通過迎賓隊伍後向他們服務餐前酒或香檳。托盤上應備足斟滿新酒的杯子，切勿手拿酒瓶。侍酒員在最初的簡報中應備分配於會場中不同的區域服務，以確保對會場內所有賓客的服務都很迅速。

8. 在歡迎會之後，自助餐枱應開放服務，自助餐枱的流通率應該快速且有效率，避免壅塞而導致服務的耽擱。此時侍酒員應穿梭於會場服務飲料。餐飲服務期間最重要的是確保隨時都有工作人員穿梭於會場內，清理各項髒污或使用過的器具，必要時須更換煙灰缸。

9. 宴會主持人在議定的時間應宣佈新人切蛋糕，然後將切好的蛋糕傳遞給每一位賓客，並由侍酒員服務香檳。當這些動作完成後，即由宴會主持人須布開始敬酒，應該讓團體中的重要人士

在結婚蛋糕旁,或在中央位置,讓到場的每個人都能夠看見。

10. 敬酒之後,剩下的蛋糕必須包裝好讓主人帶走。最高的一層有時留下儀式使用。

11. 新人應該更衣。有必要的話,食物和香檳應放一些在更衣室。此時樓層之間的聯繫由房務服務員及宴會服務員負責,以確保新人的行動及準時。

12. 新人離開歡迎會時,應將花束包裝好,讓主人帶走。

在接待區列隊迎賓的團隊

I 宴會主持人	II 宴會主持人
入口	入口
1. 新娘的父親	1. 新娘的父親
2. 新娘的母親	2. 新娘的母親
3. 新郎的父親	3. 新娘
4. 新郎的母親	4. 新郎
5. 新娘	5. 新郎的父親
6. 新郎	6. 新郎的母親
7. 男儐相	7. 男儐相
8. 女儐相／已婚首席女儐相	8. 女儐相／已婚首席女儐相

注意:男儐相須查看是否每個人都離開教堂,因此不一定能及時抵達婚宴。

敬酒程序

方法A

1. 切蛋糕

2. 切完蛋糕,由男儐相朗誦致賀電報

3. 傳遞蛋糕及敬酒用的香檳

4. 宴會主持人宣佈向新娘新郎敬酒，由新娘的父親或最親近的親戚爲新人祝酒

5. 新郎答禮，然後由女儐相爲健康祝酒

6. 男儐相代替女儐相答禮

7. 其他祝酒：新娘或新郎的近親

方法 B

1. 傳遞敬酒用的香檳

2. 宴會主持人宣佈向新娘新郎敬酒，由新娘的父親或最親近的親戚爲新人祝酒

3. 新郎答禮，然後由女儐相爲健康祝酒

4. 男儐相代替女儐相答禮

5. 其他祝酒：新娘或新郎的近親

6. 切蛋糕：由男儐相朗誦致賀電報。傳遞蛋糕及香檳

9.5　外燴（在房宅外的酒席）

外燴公司的業務應該盡可能全年無休，以確保機器設備（爲特定宴會提供器具）和工作人員完全使用。在每個宴會中，主辦人應該致力於給予一個全面的銷售服務，涵蓋的範圍不僅是餐飲方面，還有像糖果糕點、香煙及小吃攤之類的東西。在宴會料理中，必須對最後的細節及初始的考察做出精確徹底的計劃。最初的考察應包括以下幾點：

◆ 宴會型態

◆ 日期

◆ 地點及與倉庫之間的距離

◆ 當地交通運輸

◆ 當地商品的購買

◆ 徵募新人員

◆ 該地點的佈局

◆ 預計參加者的人數

◆ 水、瓦斯、電力、排水系統、冷凍設備的取得

◆ 電力開銷

◆ 亭子和攤子的細節

◆ 建置和拆除燴煮設備的可用時間

◆ 執照類型：若有必要者

◆ 可載運冷熱食的汽車

◆ 通訊設備以確保工作人員的控管和不間斷的供應

◆ 攝影師

◆ 壓榨機

◆ 更衣室及洗手間

◆ 天氣／火災的保險

◆ 急救護理

◆ 特定地點的經常費用成本

◆ 服務類型：找出對每個特殊餐飲作業都最合適的型態

　　— 自助餐枱式服務優於餐廳服務

　　— 以免洗餐具外帶食物的服務

　　— 熱簡餐的供應：湯、炸魚和馬鈴薯片等等

　　— 飲料服務的彈性：熱飲或冷飲—依氣候而定

◆ 洗碗設備

◆ 垃圾桶

　　每一個外燴的操作都不同，在初始考察期間必須注意的重點有相當程度的差異。從上列基本列表可看出，在開始或作業期間預先判斷機構組織的需要及可能出現的一些問題。負責人需要果斷、思考迅速以指揮工作人員、改善情況和環境，總而言之，需要在他旗下的工作人員的尊重。

大多數雇用於從事外燴的工作人員，具有臨時雇員的性質，對於這些工作人員的詳細審查必須很徹底以確保人員的素質。

　　外燴安排必須設置完善，通常實際上不太可能去糾正已過去的缺失。忘了任何項目，或運輸時沒包裝，也只能勉強應付過去。這是針對宴會的損害而言，並在日後失去「回頭的」業務損失。

第十章

餐飲服務的全面觀

10.1　法律面的考量

　　在餐飲業的運作上，有許多法律面的必備條件。從公司法到證照規範或有關僱傭關係的法律，都屬於這個範圍。本書僅提供餐飲服務的基礎面，不太可能涵蓋會影響餐飲業運作的所有法律議題。但我們還是得探討一些法律層面的相關主題，因為它們會影響餐飲業者與消費者的關係。

執照

　　在英國，為了要販售酒精類飲料，必須得到由證照法官（Justices License）發出的認證執照。每年4月5日發放；認證年會在每年二月的前兩週進行，也就是所謂的布魯斯特會議（Brewster Session）。另外，一年中會有四到八次在固定時間舉辦的認證會議，叫做轉移會議（Transfer Sessions）。

　　證照的授與可以是整體或只給予部分，任何這方面的變動都必須由司法單位裁定，而前提是要能「符合」，也就是說要達到地方政府當局、警政單位及防火措施的要求。

　　更進一步來說，要能維持良好的秩序，也就是說：

◆ 不能喝醉酒

◆ 沒有暴力

◆ 不能有暴動行為

◆ 不能賣淫

◆ 法官會規範某些遊戲不能進行

　　許可證照通常是某個經過特殊認可的人所持有，但也可能由兩個人共同持有。

　　治安法庭的法官會基於以下幾點原因撤銷或拒絕執照的發放：

◆ 如果執照持有人或申請者不適宜或不適任。

◆ 若法官們覺得此申請或執照使用並非用在此等執照的原意時。

◆ 若此等申請內容因涉及火災危險而不適宜時。

◆ 如果無法常態性地提供一般民眾習慣的食物時（餐廳營業證照規範）。

◆ 若此等執照申請使用者雖獨立自主，但未滿十八歲時。

　　認證的申請一般依下列受到管制的方法分成兩類：

1. 出售各種牌子酒類的小酒館（Free house）：執照的處所為私人所有，而且不依附於任何特定的供給來源時。

2. 酒廠直營或與酒廠有契約的酒館（Tied house）：受到承租或管理者：

　　（a）被承租的場地：租用人租得釀酒廠的使用權，並用以釀造啤酒或其他飲料，這類似於經銷權的運作方式。租賃合同制定了營運的條件。

　　（b）受管理的場地：釀酒廠擁有所有權並聘請管理人員經營管

理該場所。

具飲用場所的執照（Full on-license）

擁有具飲用場所執照者（即可以在店裡飲用），可以隨時販賣各種消費用的酒精飲料，「具飲用場所」執照可以由申辦證照業務的法官限制其酒類販售種類，如，這個營業場所只能賣啤酒。

受限的具飲用場所的執照（Restricted on-licences）

餐廳用執照

這種執照主要是適用於一般在中午或晚上例行性提供正餐的餐廳。

它許可餐廳販賣或提供酒類飲品給在餐廳裡用餐的客人，但這種飲品只限於做為隨餐的副食使用。換句話說，客人在點餐時不能只點酒類飲料。

因為以上所述的目的，這種正餐必須是堂食（table meal），也就是說客人必須坐在桌前或吧檯，或其他可做桌子用的結構物前來進行這一餐才行。另一方面來說，它們也必須提供其他非酒類飲料給顧客。

沒有硬性規定酒必須在用餐的桌子前飲用，顧客可以在餐前或餐後加點一杯酒，但或許在另一個房間飲用，但必須附屬於剛剛那一份正餐。

供宿用執照

供宿用執照指提供給休息暫住或住宿（需付費），並包括提供早餐或任一正餐使用，亦可提供給某個設有床鋪及早餐和午餐或晚餐的休憩小屋。許多私人經營的旅社都符合此規定的範圍。

供宿用執照允許販賣或提供酒類飲料給留宿的房客或經營者的朋友，但這些人必須自掏腰包消費。

在這個執照的許可之下，隨時都可以販賣或提供酒類，因為沒有執照法規的販賣時間限制。但任何執照的濫用，都可能會造成此執照被撤銷。通常地方官員在批准此類執照時，會要求該營業所提供一個禁止喝酒的房間，可讓兒童及不喝酒的人使用。

綜合型執照

綜合型執照適用於同時符合餐廳用執照和供宿用執照條件的營業所，例如附有公共餐廳的私人旅館。房客可以在自己房裡的吧檯飲用旅館提供的酒品，而一般民眾可以在餐廳中用餐並喝酒。在發出綜合型執照許可時，地方官員可以附加條款，要求營業場所提供酒類飲品時，一般的當地民眾不可在規定的販售時間之外購買或消費，但不限制住宿在那裡的房客。

其他適用於餐廳和供宿用執照也同樣適用於綜合型執照，也就是說該營業場所也必須提供其他類型的飲品，必須有給非酒客的其他客人休憩的地方，而且供餐也必須是堂食，不可外帶。

合法及登記有案的俱樂部

領有執照的俱樂部

通常這種執照是給由個人或有限公司經營的俱樂部使用，而這些俱樂部具有商業的娛樂性質，其中的酒類飲品只提供給會員。

登記有案的俱樂部

領有此種執照的俱樂部，通常是由委員會成員組成，且這些成員擁有這些酒的庫存；為非營利性的組織。

不具飲用場所的執照

　　這種執照允許販售消費性酒類飲品，但不提供飲用的場地。不具飲用場所的執照包括了特種量販店、街角的雜貨店、超市，和那種付了現金就把酒品帶走的營業所。

臨時性執照

　　地方官員將這種執照發給擁有「具飲用場所」、餐廳用執照或綜合型執照的人。它讓這些執照所有人可以在某特定時間在別的地方販售酒類飲品，比如說他們為客人外燴的時候。

臨時許可證

　　審核證照的法官發給「合法組織」允許它們販賣酒類飲料的一種執照。它類似於臨時性執照，差異在於它可以被沒有販酒營業執照的商家所有人持有，比如說足球俱樂部或是特定的資金籌募晚會活動。

注意：以上介紹的這些執照適用於英格蘭及威爾斯。在蘇格蘭，證照制度與此類似，但在一些定義及營業時間的限制不同。而北愛爾蘭的證照定義則與英格蘭和威爾斯類似。

合法的營業時間

現行的營業時間規定：

週一到週六	11:00~23:00（不具飲用場所的執照8:00~23:30）
週日及復活節前的週五	12:00~22:30（不具飲用場所的執照在週日可自10:00開始營業）
聖誕節	12:00~15:00及19:00~22:30
當地的地方行政官可允許週一至週六10.00開始營業	

＊（1997年八月的資料）

在這些營業時間的規定之下，執照持有人可以選擇何時開店及開店多久。

不受營業時間規定的酒類消費

◆ 在營業時間結束後的20分鐘內只能供消費之用

◆ 營業時間結束後的30分鐘內可以讓客人把餐桌上的食物吃完，當然這也只能供消費使用

◆ 房客及其訪客（前提是房客買了酒類飲料）

注意：蘇格蘭的營業時間規定和以上所述相似。

延長營業時間的規定

豁免規定的特殊情況

這是領有具飲用場所執照的營業場所在正常的營業時間外，因為特殊事件而延長營業時間，比如說婚禮、附有歐式自助餐的舞會等。所謂「特殊事件」不是那種連續舉行好幾天的活動，也不包括定期舉辦的商展。延長的時間可以持續多久是由發出證照的地方官員決定，且只能針對該次事件的申請。

豁免規定的一般情況

這種例外是讓有執照的店家在某一天或某特定期間在正常的營業時間外營業。有這種情況發生時，必須在店外張貼明顯易見的告示。豁免規定的意思是無論何時，只要授證單位認為是合適的時間，可延長賣酒的時間，無論是某特定日子，或者好幾天，通常為一整個星期。因此，豁免規定對於想加入當地市場的人有益，因為有時候其他有賣酒執照的營業場所已經打烊。發給許可證的機關不必訂死豁免規定，只需照自己的裁量權處理，且能隨時撤銷或改變之。

晚餐時間執照

　　這是由發給執照的法官所授與的，只要法官認為營業場所合適，則領有執照的餐館，可有額外的時間在供餐時販賣酒精飲料。此一執照也允許其他酒吧在允許的時間結束後有額外的時間照常服務。領有執照的餐館在額外的營業時間之後仍有允許顧客把酒喝完的法定延長飲酒時間30分鐘。

　　因此晚餐時間執照的效力是要延伸晚上正常的許可時間，這樣的延伸僅僅適用於營業場所除了正餐服務部分之外尚有其他空間。若營業場所在任何時候不再有合於條件的品質，晚餐時間執照會被撤銷，否則它在生效的範圍內沒有再申請的必要。

特殊時間執照

　　特殊時間執照允許營業場所將特許時間延伸至：

倫敦西區

早上3.00再順延至早上3.30

其他地方

早上2.00再順延至早上2.30

若以下條件都滿足的話，方可適用上述執照：

- ◆ 該營業場所領有執照

- ◆ 已取得音樂及跳舞執照

- ◆ 營業場所的所有或任何部分，在結構上為了用做「現場」演奏及跳舞和提供休息為目的而改建，且對酒類的銷售有幫助

　　若執照核准，此執照僅適用於如上述的合格營業場所，該營業場所必須在合於規定的基礎上提供上述指定的設備。因此，特

殊時間執照不會發給獨立的特殊場合或不需要音樂和跳舞執照的營業場所。後者的執照必須為延伸時間執照。

若出現以下狀況，特殊時間執照可隨時撤銷：

◆ 營業場所不再持有音樂及跳舞執照

◆ 該執照未使用

◆ 該執照用於不適當的目的

◆ 營業場所實施妨害治安或不法的規定

這裡需要注意的是，同樣得到許可的營業場所的不同部分可能透過不同方式取得執照，因此該營業場所可能包括在晚上11.00打烊的正常酒吧、可營業至午夜12.00且供餐供酒類飲料領有執照的餐館、持有特殊時間執照可營業至凌晨2.00的獨立舞廳。

延長時間執照

延長時間執照的時間延伸，是為了讓領有晚餐時間執照以及提供固定音樂或者其他娛樂（現場演奏）的營業場所賺取正餐之外的利益。在此處酒類的銷售對正餐和娛樂而言是輔助性質，通常必須在營業場所裡專為提供休息和娛樂為目的的某處設置。

此執照允許延伸時間至多為一小時。當娛樂或用餐服務完畢時，飲料的服務也必須終止，無論如何，飲料服務必須在一小時內完成，在飲料服務終止後，允許顧客再有30分鐘把酒喝完。

如果授與延伸時間執照，可將其用於一星期中的某些晚上。發給執照的法官具備充分的裁量權，不論他們是否准許這些執照，若營業場所不再具備資格或此執照導致嘈雜和混亂的行為時，該執照可隨時被撤銷。

應該注意，在法定延長飲酒時間的半小時，若同時用餐飲酒

時，則允許於以下的各種情況，若執照有效的話：

- ◆ 豁免規免的一般情況
- ◆ 豁免規免的特殊情況
- ◆ 晚餐時間執照
- ◆ 特定時間執照
- ◆ 延伸時間執照

夜店

提供給大眾休息、渡假及娛樂的公開營業場所之執照，時間為22.00到05.00之間。

娛樂事業執照

娛樂事業執照並非賣酒執照，儘管法律隨著特定地點而變，公眾的音樂及舞蹈通常仍需要該執照。娛樂事業執照由當地政府授與，但不適用於以下各項：

- ◆ 無線電廣播事業
- ◆ 電視廣播
- ◆ 錄音帶
- ◆ 兩個以下的實況轉播表演

若有跳舞，則需要執照。若需要付費，則音樂和跳舞的執照在星期天是不可得的。

但要注意不可違反著作權，且必須經由執照的許可。進一步的資訊可洽詢表演活動權利協會（Performing Right Society）或留聲表演活動有限公司（Phonographic Performance. Ltd）洽詢。

重量單位和計量單位

啤酒或蘋果酒

若以預先包裝好的容器販售（必須是指定的份量），啤酒和蘋果酒可能每次以1/3品脫、1/2品脫或其倍數販售，所以必須準備計量器具（例如量杯）。1/3品脫量杯和1/2品脫量杯不適合用來混合兩種以上的液體，譬如薑汁啤酒或淡啤酒和萊姆。

烈酒

自1995年1月1日開始，威士忌、琴酒、伏特加和蘭姆酒必須以25毫升或35毫升及其倍數販售（其他烈酒通常也以此為準），營業場所必須張貼告示其計量標準。這個限制也不適用於混合3種以上的液體，例如雞尾酒。

葡萄酒

如果以密封容器販售就沒有特定的計量標準。

但是開過的玻璃瓶必須是250、500、750毫升或1公升。

葡萄酒用玻璃杯販賣，必須以125毫升、175毫升或其倍數盛裝。

圖10.1　瓶酒的制式容量範例

瓶量		制式容量
烈酒	750毫升	30×25毫升或21×35毫升
烈酒	700毫升	28×25毫升或20×35毫升
烈酒	650毫升	26×25毫升或18×35毫升
苦艾酒	750毫升	15×50毫升
高度葡萄酒	750毫升	15×50毫升
利口酒	瓶量有不同的變化，通常以25毫升或35毫升計量	

青少年

　　領有執照的酒吧服務未滿18歲的民眾，不管知情與否，皆視為犯罪行為。允許未滿18歲的青少年在店內消費含酒精飲料也是違法。同樣地，未滿18歲的青少年在酒吧企圖購買或購買、消費含酒精飲料也不為法令所允許。圖10.2為關於青少年的法律規範概述。

兒童憑證

　　此憑證允許未滿14歲的兒童可由成人伴隨進入適當的酒吧。兒童憑證適用至晚間11點或更晚，在有效時間內，兒童可用餐和飲用無酒精飲料。

契約

　　當一方同意另一方所提議的條件時就會產生契約。在本書中基本上有兩種顧客：有預先訂位者及未預先訂位者（通常稱為偶

圖10.2　青少年及其相關法令

年齡	在酒吧買酒	在酒吧喝酒	進入酒吧	在酒吧工作	在餐廳買東西	在餐廳消費
未滿14歲	否	否	否[1]	否	否	可[2]
未滿16歲	否	否	可	否	否	可[2]
未滿18歲	否	否	可	否	可[3]	可

[1] 參考有關兒童憑證的說明。

[2] 只要購買含酒精飲料的民眾就須超過18歲。

[3] 僅限啤酒、蘋果酒或梨酒。

注意：煙草不可販賣予未滿16歲的青少年。

然或臨時顧客）。

預先訂位的顧客會自己提供資訊，例如要求下午1點鐘一張4人坐的桌子，如果餐廳建議一個替代方案，譬如「我們下午1點鐘沒有空位，但是下午一點半有空位」，則是由餐廳提出的建議。

展示價目表是有需要的（參閱第483頁），當顧客未訂位或不需預先訂位時（例如速食），在法律上，價目表就可能被視為一種報價。

如果顧客未能準時出現，就不需要為其保留座位。同樣地，如果預約的顧客只來2位而非預訂的4位時，餐廳可要求補償。另外，如果食物和飲料不如顧客所預期，顧客也可以拒絕付賬，但必須提出身分證明和居住地址。只有當營業場所懷疑顧客有欺騙行為時可報警處理，因為詐欺是犯罪行為。

然而，如果一方以不實主張產生契約，契約可能因此失效，例如答應某種不實的菜單。既然如此，顧客就沒有義務履行此契約。同樣地，如果任一方因為偶發情況無法履行原本的契約，比方說顧客生病或餐廳失火，則契約就因無法履行而失效。

應該注意未成年人：對未滿18歲的民眾是無法締結契約的，除非「商品或服務適合於未成年人的需求和身分」。

商品的銷售和交易的內容

依照1979年商品銷售法案（Sale of Goods Act 1979）（由1994年商品銷售及供應法案（Sale and Supply of Goods Act 1994）修訂）對商品銷售的描述，其中提到當承辦人接受顧客的委託時就隱含契約的精神在內。

根據此法案，顧客可以拒絕付款或要求更換商品：

◆ 如果商品未符合其內容，例如烘雞實際上是用煮的或是快烤。

◆ 如果呈現的物品跟看起來不一樣，例如甜點車上的奶油本來被預期是新鮮的，事實上卻是人造的。（但若顧客已食用了部份或全部商品，則無差別）。

◆ 食物是不能吃的。

1968/1972年交易內容法案（The Trades Description Acts 1968/1972）規定錯誤地描述商品或服務是違法的。因此要注意：

◆ 菜單或葡萄酒單的措辭。

◆ 對顧客描述菜單和各項飲料。

◆ 描述條件，例如服務費為外加或內含。

◆ 描述服務的規定。

控訴者必須證明自己足夠細心，以確定資訊是否會誤導。然而，有下列情形時，營業單位可以提出辯護：

◆ 純粹錯誤的結果。

◆ 從他人得到資訊的結果。

◆ 某人的錯誤。

◆ 意外的結果或其他人為控制之外的因素。

◆ 指控者不能理智地辨別資訊內容而造成誤導。

差別待遇

1975年性別歧視法案（The Sex Discrimination 1975）和1976年種族關係法案（the Race Relations Act 1976）以立法來防止對膚色、種族、宗教及性別上的差別待遇。此法案也定義了差別待遇的涵義，不可有以下行為：

- 直接歧視：例如拒絕服務特定膚色、種族、宗教或性別的顧客。
- 間接歧視：例如用不合理的條件或要求且與膚色、種族、宗教或性別有關，拒絕提供消費的服務。
- 受害者歧視：（a）例如拒絕進入：基於種族或性別方面的拒絕；（b）例如忽略供應：對某些種族的顧客提供明顯不如一般顧客或者只在某個價格可用的服務。

提供服務

餐飲業者不具特定的義務去服務任何人，除非該營業場所的餐飲業經營適用1956年旅館管理人法案（the Hotel Proprietors Act 1956, HPA），而且是留宿的顧客要點餐。拒絕供應的理由如下：

- 營業場所中沒有多餘的空間
- 該顧客喝醉或該顧客受到毒品的影響
- 該顧客未遵照該場合對服裝的要求
- 該顧客無法支付應付的費用
- 該顧客會製造麻煩
- 該顧客是製造麻煩者的同伴
- 該顧客的年齡未到該營業場所的合法年齡或者未符合當地的法定年齡管理政策

在1980年營業場所許可（排除某些特定人士）法案（the Licensed Premises（Exclusion of Certain Person）Act 1980）中，明文規定須防備某些特定人士。1964年售酒時間與地點法案（the Licensing Act 1964）中，營業場所有權利拒絕喝醉酒、暴

力、好爭吵或製造混亂的人，該政策可以協助營業場所處理類似的事務。1956年的旅館管理人法案（the Hotel Proprietors Act）中，旅館主人沒有責任去服務喝醉或未滿18歲的人。

價目表

在1979年標價（營業場所的食品和飲料）規則（the Price Marking（Food and Drink on Premises）Order 1979）下，食品和飲料的價格必須以清楚易懂的方式表示出來，而且必須由在該營業單位販售食品的人所制定，但是以下各項不適用：

◆ 只對 bona fide 俱樂部或他們的賓客提供餐飲服務的地方

◆ 員工餐廳或福利社

◆ 只提供餐飲服務給留宿者的小型旅館

同樣從規定中排除的是，事先議定價格的特別議定菜單，例如宴會服務。

標價規則的主要條款為：

◆ 價格必須在顧客到達用餐區前就展示出來，便於顧客參考。若顧客是由街道進入用餐區，則價目表必須放在入口處或在街道旁即可看到；若該區為一複合式區域，則價目表必須放在用餐區的入口

◆ 對於自助式營業場所，其價目表必須放在顧客挑選食物的地方以及入口處，除非可從入口處看到價目表

◆ 食物和飲料都必須包含在內

◆ 必須列出前菜的價格

◆ 加值稅必須內含，服務費和附加費必須明顯標示出其總額或百分比

價目表、酒單和菜單上無須標明酒精濃度。

服務費、附加費及最低消費額

1987年消費者保護法案（the Consumer Protection Act 1987）第三篇於1989年三月一日開始生效，此篇內容在處理對價格的誤解，在條款中也指明給予錯誤的價格資訊是違法的，並且批准工作條例規定。「交易人在價格標示上的工作條例規定」應用於旅館、餐廳和類似營業場所之服務費、附加費及最低消費的優點是：

若在旅館、餐廳或類似的營業場所中，顧客必須支付一筆看不到的額外費用，譬如「服務費」時：

（i）在適當的情況下，將此筆費用完全併入包含一切在內的價格中，並且

（ii）在所有價目表或列有價格的菜單上清楚地標示事實，即該筆費用為內含或外加（例如使用「所有價格已含服務費」之類的聲明）。

無論是服務或其他項目，不要讓顧客覺得所呈的帳單是隨意加總的金額。

附加費及最低消費額應該「在所有菜單上都標示出來，像其他價格一樣明顯，無論該費用為內含或外加」。

當工作條例規定已無強制性而未能履行時，可依原告提出違法的證據。工作條例規定手冊可於貿易及工業司取得。

顧客財產及欠款

1956年旅館財產法案（the Hotel Properties Act）訂有旅館對

登記住房的顧客財產應負的責任。除此之外，除非由顧客證明其疏忽，該營業場所對於顧客財產沒有自動責任，但是工作人員仍應注意，以便使潛在損失或損害減到最少。張貼公告警告賓客，旅館對於顧客財產的保管「無須負責」，但是不保證可免除餐飲業者的責任。

　　除了在小酒館外，如果顧客不能支付費用，就沒有留置權（1956年旅館財產法案）。餐飲業者只可採取民事訴訟，除非業主認爲出現試圖欺騙的行爲時，應報請警察處理。

健康及安全

　　對所有合法的住客而言，有一些共同的法律責任。與健康及安全有關的法案包括1957年任職者責任法案（the Occupiers Liability Act）、1974年工作健康安全法案（the Health and Safety at Work Act）、1971年消防法案（the Fire Precaution Act），另外還有1970年食品衛生條例（一般）（the Food Hygiene （General） Regulations）、1984年食品法案、1990年食品安全法案（the Food Safety Act） 及 1995年食品安全條例（the Food Safety Regulation）。

　　基本上，安全是國民應盡的義務，而疏忽安全是違法的，在上述立法中工作人員應該：

◆ 熟諳食品衛生條例，在這些條例的範圍裡作業是他們的責任。

◆ 公告所有重大疾病的處理方法。

◆ 以衛生的方法處理食物，並遵守食物和衛生規定。

◆ 熟悉該建築物中所有逃生路線和火警逃生門。

◆ 確定火警逃生門保持淨空，所有通道都未上鎖。

◆ 參加消防訓練和消防演習。

◆ 適度注意自己及他人的健康與安全，並確定遵守健康安全的規定。

◆ 向各部門主管或權責管理人報告所有會對顧客或工作人員引起傷害或不健康的危險事件。

◆ 不可妨礙或誤用有利於促進健康、安全及福利的事物。

◆ 和雇主合作以執行法案的內容。

維持一個安全的環境

若工作時運送餐點不夠小心，可能會讓其他工作人員和顧客有「危險」的感覺，這是工作人員應注意的職責之一。

意外發生時，應該即刻呼叫合格的急救人員，並保持冷靜，提供所有能給予的幫助直到有其他援助，例如：保持病人體溫。

所有事故應留存詳細的記錄，不管事故是多麼微不足道，包括見證人等相關人士，應該在「意外紀錄」上簽名，以表示他們同意報告中的紀錄。

很多事故的發生是因為不小心或不注意而發生的，例如：

◆ 未穿戴圍裙之類的正確防護衣物。

◆ 未穿著合適的鞋子。

◆ 延遲清理溢出物時的時間，或是撿拾掉落於地上的器具。

◆ 未注意顧客放在地面上的提袋。

◆ 設備的組件未正確存放。

◆ 碎裂的玻璃或陶瓷器在收置於容器之前未充分包裹妥當。

◆ 在清潔之前忘記將電器插頭拔離插座。

◆ 將煙灰缸的殘燼放進有紙張的垃圾桶中（有失火的危險）。

- 在器具使用完或「服務」完畢後，忘記將其關閉或將插頭拔離插座。
- 沒有注意到檯燈或放置於自助餐檯上的蠟燭。
- 將咖啡壺、湯碗或玻璃杯等裝到溢出來。
- 用杯子、玻璃杯或湯碗等器具來盛裝清潔劑。
- 堆放托盤的方式不正確。
- 托盤盛裝了混雜的用具，像餐具、陶瓷器和玻璃杯。
- 地毯的邊緣捲起。
- 推車的輪子或工作台的腳輪有問題。
- 未注意到客人的枴杖或支撐架。
- 由於拙劣的規劃而導致缺乏足夠的空間來作「安全」的餐飲服務。
- 缺乏完成某件工作的知識，譬如氣泡酒的開瓶。

　　工作人員必須理解份內工作的工作方法和事件順序──爲了全體的安全著想。

意外事件的處理程序

　　萬一有需要，所有的員工都應有提供急救的準備，所以在意外事件發生時，第一件事就是設法取得受過訓練的救護人員之協助。

　　如果我們正在自行處理傷者，除非有絕對的必要，否則不可移動傷者，如果意外是由觸電造成，在碰觸傷者前要先關閉主要電源。

　　依據工作健康安全法案，員工必須對工作現場發生的所有意外事件作下紀錄。

　　如果工作人員被牽扯其中或目擊意外事件，該員會被要求提供資訊或是填寫意外表格。

　　因此，在第一時間紀錄該事件是明智的作法。

所紀錄的資訊應包括：

◆ 意外發生的時間

◆ 意外發生的地點

◆ 目擊者

◆ 對此事件的聲明

◆ 所給予的處理

火警發生時的處理程序

　　作為一個員工，應該在入門課程中給予「消防演習」的訓練，之後也應定期給予有關處理消防事件的訓練講習。其中的訓練應包括：

◆ 在特定工作範圍內的火警處理

◆ 體認「消防訓練」的講授同時適用於顧客和員工

◆ 了解最靠近該員特定工作範圍的「火點」為何處

◆ 標示火警出口的所在

◆ 了解工作場所適當的集合點

◆ 了解不同類型的火警應使用何種滅火器，可參考圖10.3

◆ 火警時的權責指示

注意：在火警警鈴響起時，應該：

1. 依循消防指示，建立逃生路線。

2. 引導顧客和員工立即快速離開該服務區域。

3. 對於有特別需求，譬如有移動問題的顧客，應特別注意。

4. 快走但不要跑。展現對緊急事件的判斷力。

5. 保持冷靜不要驚慌，冷靜的榜樣會被其他人效法。

6. 盡快移動到最近的集合點。

7. 確定有人負責，注意有無失散者。

8. 依循消防指示所載的逃生路線，千萬不要使用電梯。

9. 在被告知該建築物安全以前，不要再進入該建築

10. 不要浪費時間去收集個人物品。

　　身為一個員工，有責任協助火警的預防、控制和安全，因此必須注意下列事項：

◆ 確保火警逃生出口暢通。

◆ 滅火設備未損壞或失效。

◆ 隨時遵守「禁止吸煙」的規定。

◆ 盡可能關閉所有電器和瓦斯設備。

◆ 關閉不是用來疏散的門窗。

◆ 絕對不要撬開火警逃生門或長期鎖住火警逃生門。

表10.3　滅火器及其使用方法

內容物	水	泡沫	二氧化碳	乾粉	HALON
顏色	紅	乳黃色（黃色）	黑	藍	綠
電器火災的適用性	有導電的危險		不會導電		
適用於	固體	某些液體	電的	液體	液體
不適用於	油性	電的	固體	很小型的火災	固體

◆ 確保有充足的煙灰缸配置來處理使用過的香煙和火柴。

◆ 了解火警的通報程序。

維持一個安全防護的環境

根據營業場所的性質，擬定的安全測量可能有很大的差異。員工應該了解所有跟工作環境有關的安全標準，所以應該考量下列的安全觀念：

◆ 必須配帶認可的識別證。

◆ 注意並回報「可疑」的人士或包裹。

◆ 不要在工作場所外討論對顧客的職責。

◆ 不管是進入或離開工作場所，同意檢查隨身手提袋的要求。

◆ 了解進入或離開工作場所時安全檢查的程序。

◆ 應快速且緊急地採取該營業場所的安全程序。

◆ 確保外面的火警逃生門是確實關閉的，不可半開著。

◆ 應該負起「上鎖」的責任，並且確認所有區域都已淨空。仔細檢查所有的洗手間和休息室。

◆ 同時檢查所有的門窗都已確實上鎖。

◆ 鑰匙應由某管理人員掌管，當員工需要使用鑰匙時，用登記本記錄。

◆ 鑰匙絕不能無人看管。

◆ 在經手現金時，大面額的鈔票要像收受支票和信用卡時一樣仔細檢查，這是為了防止騙徒使用偽鈔和變造的信用卡。

◆ 隨時留心觀察，並且不要猶豫回報可疑者給直屬上司。

可疑物品或包裹的處理

所有員工應該隨時保持警覺，否則生命可能處於危險中：

◆ 萬一發現可疑物品，必須直接警告保全人員、經理或主管。

◆ 不要碰觸或試圖移動可疑物品。

◆ 如果可疑物品附近有顧客，可以試著去確認所有者是誰。

◆ 如果確定了，要求顧客留著物品或以安全的方式保管。

◆ 如果無法確認所有者，應該自該區域疏散人群。

◆ 立刻通知專家來處理。

炸彈威脅時的處理

當炸彈可能引爆的那一刻，應該立即採取行動。員工應該：

◆ 了解並遵循營業場所關於炸彈威脅和撤離程序的規定。

◆ 立即疏散所負責的工作區內的人員。

◆ 搜尋所負責的工作區。

◆ 疏散營業場所的人員，並引導所有賓客／工作人員經由合適的出口到指定的集合地點，清點所有人員以確定他們的安全，並將致命的意外危險降到最低。

10.2　餐飲損益控管

營業場所中涵蓋所有餐飲銷售的控管系統，對達到最大的收益來說，是必不可少的。每一種控管系統都不同，完成的方法視人員管理、在職訓練的程度、人員教育而定。大型營業場所裡，管理和會計部門大體上負責控管系統的有效營運及運作，在較小

型的營業場所裡，則可由副理負責必要的每日查核及每週查核，所有的控管系統應儘可能簡化，讓餐飲服務人員操作時更簡單，管理會計部門人員檢查錯誤及遺漏更容易，並更正錯誤。

收益控管系統的功能

基本上，控管系統是在銷售時監控所有銷售發生的範圍：

◆ 對所有從各部門產生的項目做有效控制

◆ 控管系統應使偷竊及浪費的情況降至最低

◆ 應提供所有與成本有關的資訊及經營方法，讓管理階層精確地估算下一個會計年度

◆ 出納員應正確填寫顧客的帳單，使顧客的帳款既不溢收也不短收

◆ 控管系統應顯示銷售和收入的細帳，以便調整改進

餐飲部門使用的主要控管系統為：

◆ 三聯單及二聯單點單法（參閱第5.6節）

◆ 銷售分析表

◆ 經營統計資料（參閱第10.4節）

經由查核方法控管餐飲收益的程序，如圖10.4所示。這張圖表是以食物用的三聯單點單法及酒吧用的二聯單點單法為基礎，從中可指出所有第一聯點單都送到出菜據點（吧檯、廚房），並且密切注意資訊的流動，直到第一聯與第二聯與控管相符。

出納員

在服務之前，出納員應該做相關的查核，並準備所需的用具。

每個營業場所都有自己的程序，但以下為通用的檢查方法：

◆ 檢查未兌現的支票：若不正確，依照公司的程序處理。

◆ 收銀台是否已放入正確數量的紙幣和硬幣。

◆ 是否有足夠信用卡單、備用現金、促銷項目、帳單釘書機
　或紙夾和原子筆。

　　從服務員那裡收到食物點單的副聯時，出納員根據食物點單
上的桌號在副聯開帳單。為方便控管，所有的點單都有序號，當
出納員從服務員那裡收到點單時，逐項填入正確的單價，然後將
帳單和點單副聯釘在一起，放進專用的簿冊中，或是歸入頁面上
印有桌號的檔案。

　　當顧客要求看帳單時，服務員必須從出納員那裡拿取帳單，
而出納員必須檢查帳單裡的每個項目價格是否正確，加總後再交
給服務員。服務員應在拿到帳單時再檢查一次，帳單第一聯對折
並折起一角放在顧客的邊盤上供顧客查看。收到顧客的帳款時，
服務員將帳款及帳單一起送回收銀台，出納員收到帳單後在帳單
上出具收訖字樣，再把第一聯及須找回的零錢一起交給服務員，

圖 10.4　餐飲稽核流程圖

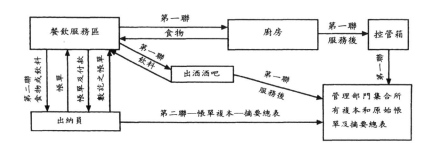

由服務員交給顧客。收訖的帳單副聯和點單副聯釘在一起,放進專用的簿冊或檔案夾中,先擺在一邊待服務完全結束。

服務結束時,出納員將帳單上的所有細項填入出納總表中,可顯示進項分析,在下班前必須做好平衡收支的工作。做完此項工作,必須連同帳單副聯及其點單一起提交給管理會計部門,還有服務期間收到的現金和未兌現的支票也一併提交,而繳出的款項須註明出訖字樣。

房客於酒廊或各樓層消費時,通常不收現金,因此所有點單應讓該房客親自簽名,以證明確實已接受服務,而這些點單應立刻送至管理會計部門,以便調節彙整所有進項支票、匯票及現金。透過這個方法,所有房客的帳單都是最新的,而提供的服務皆須付費。當房客在點單上簽名,服務員必須確定點單標上正確的房號,以便填寫正確的帳單。

圖 10.5　帳單範例

(Name of Establishment)		
Serial No.057531		
Table No. 4	Date 2.2.98	
2 Couvert @ £12·00		24·00
2 Café @ 90		1·80
Wines - 1×16 @ 11·00		11·00
Spirits -		
Liqueurs - 2 Tia Marias @ 1·80		3·60
Beers and Minerals -		
057531		
	Total	40·40

餐桌服務及輔助服務中，出納員的職責為：

◆ 支票薄的發出和記錄

◆ 壞損支票的櫃檯簽認

◆ 領取空白支票

◆ 維持足夠零找金

◆ 帳單的準備

◆ 收取現金（包括信用卡、支票、午餐兌換券或其他預付兌換券）

◆ 製作銷售總結表

◆ 現金的支存

注意：1. 另外，也可由個別的服務員收取費用

　　　2. 自助餐館收銀檯的出納員負責類似工作，但不包括與點單有關的業務

付款方式

對於收受到的商品或服務所採用的各種付款方式，有一些可參閱結帳方法（第5.11節），以下是付款的主要方法：

現金付款

收費人員收到的現金數量必須在顧客面前檢查，若找回零錢，應請顧客清點，並連同標明細項的收訖帳單一起交給顧客。

收費人員收到「鈔票」時，應檢查是否為偽鈔。

支票

支票支付的款項應與信用卡一起收取。收費人員收到支票時，應檢查下列幾項—支票是否：

◆ 正確註明日期

- ◆ 為可支付的
- ◆ 填入正確金額
- ◆ 由支票所有人簽名
- ◆ 支票上的簽名與信用卡相同
- ◆ 銀行代碼和信用卡上的相符

收費人員必須檢查支票是否有效—尚未到期的支票。

支票擔保卡

支票擔保卡表示相關的銀行將如期償付這張支票。若簽支票的人在他的帳戶中沒有足夠的錢，將構成訴訟案件。

應該注意的是有些信用卡和銀行存款戶持有的借方卡，也可作為支票擔保卡，譬如 Barclaycard（英國發行的信用卡）。

信用卡

收到信用卡時，服務人員應該檢查該信用卡是否有效，再將信用卡收據上適當的細節填寫清楚，並請顧客親自簽名，服務人員須檢查簽名與信用卡上簽名是否相同。將信用卡收據副本交給顧客作為收據。

有時，經由電子信用卡機檢查信用卡的有效性，信用卡機以條列式帳單刷出交易明細，交由顧客簽名，將信用卡收據副本交給顧客作為收據。

借方卡

用法與信用卡類似，當顧客刷卡時，立即從顧客的銀行帳戶中扣除應付金額，例如Switch and Connected cards（英國發行的信用卡）。

賒購卡

顧客通常一個月收到一次當月所有帳單，顧客必須全部付清不得賒欠，譬如美國運通卡、大來卡等。借方卡及賒購卡的付款方式類似於信用卡。

旅行支票

旅行支票可由旅行社或旅行者屬國的銀行發行，幣別可為英鎊、美金或其他流通的貨幣，取決於匯率。

旅行支票必須由持有人先簽一次名，用來付款或換取現金時再簽一次名，而匯率則以交易時為準。

旅行支票的價值互異，當支票上的兩個簽名吻合時才能兌現。

顧客以旅行支票付款時必須注意：

◆ 簽上日期
◆ 讓收票廠商可由該張支票收到款項
◆ 在適當的位置簽上支票的第二個簽名

出納員收到旅行支票時應該：

◆ 檢查兩個簽名是否吻合
◆ 由其他證件確認簽名是否吻合，譬如顧客的護照
◆ 以現金找回應退的零錢

歐洲貨幣支票

在若干歐洲國家通用的支票，用來支付款項時，應與支票擔保卡一併使用，用法與一般的支票無異。

兌換券及代幣

像午餐兌換券之類的兌換券可用於某些餐飲機構來兌換餐

食，這些兌換券都有使用期限，若兌換的食物價值較兌換券爲高，則差價以現金支付。

代幣亦可兌換特定價值的餐食，若兌換的食物價值較代幣爲高，則同樣地，差價以現金支付，若兌換的餐食價值較代幣爲低，則不須找回零錢。

差異的處理

預防勝於治療！因此不要讓任何人在我們處理交易或與錢有關的事務時打斷我們的工作，這只會引起混亂。

◆ 收到錢時，必須仔細檢查，再把錢放進收銀台，同樣地，找回零錢之前也須仔細檢查。

◆ 若發生錯誤，一定要道歉並保持禮貌，若情況不能掌控時，請所屬主管或經理協助。

◆ 收到紙鈔時，須檢查是否爲僞鈔，若爲僞鈔，則不可接受，並向顧客解釋拒收的理由，建議顧客將僞鈔交到警察關處理。

◆ 若懷疑收到僞卡，應將卡片暫留在手邊，詢問發卡公司，並建議顧客聯絡發卡公司商討相關事項，另可提供私人電話讓顧客打電話給發卡公司，以免造成顧客難堪及不悅，而影響公司形象。

銷售一覽表

銷售一覽表也可稱爲餐廳分析表、帳單一覽表、餐廳銷售紀錄，提供的資訊包括：

◆ 不同毛利的一致性

◆ 銷售混合資訊

◆ 受歡迎／不受歡迎的菜色紀錄

◆ 存貨控管的紀錄

基本資訊包括：

◆ 日期

◆ 食物及飲料的銷路（若為一個以上）

◆ 服務期間

◆ 帳單號碼

◆ 桌號

◆ 每桌的餐席數

◆ 帳單總數

◆ 分析食物、飲料、香煙或其他細項，像菜單、酒單或飲料

圖 10.6　出納總表範例

帳單序號	桌號	餐席數目	房號	已付帳款	未付帳款	廚房	咖啡軟料	葡萄酒	利口酒	啤酒及蘇打水	雪茄及香煙	花	額外費用	雜項	總計
0631	6	3	64		43·25	22·00	1·20	21·20	1·35		2·50				48·25
0632	10	2		38·16		22·40	1·30	11·00	2·10		1·36				38·16
Total				38·16	48·25	44·40	2·50	32·20	3·45		3·86				86·41

午餐服務　　　月期 21/1/98

£86·41

All bills to be ordered in numerical order according to the serial numbers.

單上的細項

◆ 出納員姓名

另外還包括個別服務員或故障的收銀台。圖10.6是銷售一覽表範例。

消耗量控管

在餐飲服務區域內需要展示出：

◆ 冷食餐檯

◆ 切割推車

◆ 甜點推車

◆ 利口酒推車

◆ 自助餐檯

◆ 食品及飲料之櫃檯式長桌

這些服務的消耗量控管方法是用來檢測由這些服務區域出餐數量的多寡，在服務結束之後，送回的餐飲應從中扣除，即可得到消耗量。檢查消耗量與實際銷售量，即可得知庫存量或剩餘

圖10.7　消耗量表範例

日期：	消耗量控管：午餐				差異	
項　目	發出數量	退回數量	消耗數量	記帳數量	+	−
水果沙拉	24	6	18	15		3
奶油蛋糕	20	5	15	14		1
果餡餅	30	10	20	16		4

額。

　　在客房服務及酒廊服務中也可使用此種消耗量控管法。

電腦銷售點控管 （Electronic point of sale control, EPOS）

　　今日的餐飲業者購買電子收銀機系統 （Electronic cash register, ECR）的動機在於使銷售點本身更有效率，可以改善管理資訊流程和品質，廣泛地說，每個系統的優點都不同，但可歸納為如下所列：

◆ 輸入銷售資訊時較不易出錯。在所有最簡單的電子收銀機裡，輸入一連串特定交易的銷售額時，不允許錯誤發生，而使用自動「價格查詢」或預設鍵，可以減少店員輸入價格或其他細節時發生錯誤的可能性。

◆ 交易可以處理得更迅速。可藉由以下幾項達成：

　a）經由手持式讀標籤機可自動讀出標籤上的價格。

　b）使用單一鍵輸入價格。

　c）估計由店員手算或手寫的數目。

　因此，與老式的電子機械式收銀機比較，電子收銀機可以處理更多交易，也可以提高員工的生產力。

◆ 縮短訓練時間。傳統收銀機需花好幾天來訓練員工如何使用，而電子收銀機只要幾個小時，因為電子收銀機有按順序安排的特性，讓使用者可以一步一步輸入交易內容，在電子收銀機的面板上可看到下一步應輸入的項目。

◆ 即時信用查對：顧客的信用度可經由ECR將顧客帳戶裡的金額及中央電腦的檔案做一比較而獲得。

◆ 提供管理方面更多詳細的資訊。ECR直接提供更多電腦可

讀的資訊，可改善電腦化存貨管理及會計系統的詳細資料和本質，對於小型的營業場所來說，是一個更經濟的方法。

◆ 大部分的 ECR 都附有安全性的特性，包括：

—— 只有具權限的人員方能打開的鎖，而總和等項目也只有主管和經理才能修改和重新設定。

—— 當日結束營業之前，進帳總金額應放在收銀台中，直到店員輸入實際金額。

◆ 進階計算功能：很多商品有不同價格或是須加上加值稅（VAT, value-added tax），而大部分的 ECR 可經由程式設定，計算同價商品之總金額，若有需要，ECR 可切換至所謂的計算機模式，協助管理部門計算帳目。

◆ 與電子機械式設備相較，ECR 提供較好的印出功能：

—— 顧客收據所含資訊的品質和數量有相當的改進

—— 收據可套印上銷售額及加值稅

—— 字母或數字的資料可以一或兩種顏色印出

—— 收據中包含購買項目的字母紀錄或簡單的貨號

◆ ECR 的外觀有很大的改進，並且符合現今餐飲環境時勢

ECR 的使用範圍大致上可粗分為六個種類：

◆ 收銀台，譬如吧枱。

◆ ECR 在一些附加功能上類似於老式電子機械式收銀機，譬如計算功能、加總功能，但老式電子機械式收銀機不留存紀錄。

◆ 根據以上所述，ECR 有留存紀錄的功能，可依序紀錄所有購買項目的資料、不同種類的進帳等等。

◆ 在較大型的營業場所，在不同單位獨立作業於各別的餐飲銷路，但所有資訊皆傳達至中央帳務處理區。

◆ 在營業場所中和所有現金收銀機一起作業的中央電腦，同時控管著現金收銀機。

◆ 最後，那些適合大型連鎖店的系統，其個別通路的收銀機不僅由總部的中央電腦控管，也會定期傳送收集到的資料至中央電腦，並由總部接收像更改價格之類的操作指南。

從ECR系統的簡單介紹，人們可全面性地評估現金和材料控制的價值，並可看出他們如何提供精確的計畫及對未來的預測。獨立的餐飲業者則需決定何者為適合所需最好的控管系統，並且給他們需要的資訊。

10.3　飲料控管

飲料控管系統基本上與食品控管相同。混合銷售比制式菜單更容易決定，例如消耗的烈酒瓶數與啤酒的加侖數比較，無須特別紀錄銷售項目即可獲得結果。

管理

庫存盤點

至少留有可供一個月的酒精飲料存貨是很重要的事，若有需要，可留存更多存貨。這些存貨紀錄必須保留下來。

貨品收訖簿冊

所有交貨紀錄的細節都應紀錄在貨品收訖簿冊中，每個交貨紀錄基本上應顯示以下各項：

- ◆ 供應商的名字和地址
- ◆ 數量
- ◆ 交貨的票據號碼或發票號碼
- ◆ 單位
- ◆ 訂單號碼
- ◆ 總價
- ◆ 交貨項目明細
- ◆ 交貨日期
- ◆ 單價
- ◆ 折扣

我們也可以在貨品收訖簿冊或另外的回收容器簿冊中紀錄所有容器的總數和剩餘的數量，譬如10加侖以下的小桶、酒桶和二氧化碳瓶的數目。

損耗量、配定額、售罄品記錄冊

我們必須確定每個銷售點都有適當的記錄，如在清理啤酒管線時消耗的啤酒量、酒瓶損壞所浪費的酒、量酒時溢出的酒，或其他需要記錄的數量。

無論是記錄在何種簿冊，售罄品記錄冊中必須記錄酒瓶數、售出品為啤酒或烈酒、售出價格以及差價。差價可用來對照所得毛利。

經由每天每個工作人員分配到的數量乘以每週工作日數得到的預定數量，可得每週飲料允許成本。

毛利

銷售額扣除飲料成本即得毛利。啤酒和烈酒消耗的比例有時可解釋為何特定月份的毛利很低（售出大量啤酒）或很高（售出較多烈酒）。

烈酒的價格應加上60％的毛利，啤酒應加上50％的毛利。還有其他影響毛利高低的因素，是餐飲業者需謹慎考量的範圍，因為大部分的因素都會使原來的預測計劃及邊際收益受到很大的影

響。

　　以下為幾個重點：

◆ 收銀機紙卷上太多「未銷售」可看出物資短缺的徵兆。並
　 非永遠都能禁止「未銷售」鍵的使用，因此每次調動收銀
　 機紙卷時應先檢查，而過度使用「未銷售」鍵應先徵詢。
　 收銀機紙卷本身有警示的作用。有時會發現有許多小額銷
　 售被紀錄下來，或是平均銷售額比平時低，抑或某操作者
　 比另一個操作者低。這樣的指示應該多提防。
　 有效率的管理人會先計算錢數再察看收銀台，而非缺乏經
　 驗的管理人經常做的，先察看收銀台再點清錢數。在繁忙
　 的酒吧，最好在營業結束前收取大部分現金，把臨時性收
　 據留在收銀台裡

◆ 不要讓吧枱人員經手現金，若有利害關係時，可能會引起
　 懷疑。

◆ 所有售罄的商品應與販賣該商品的吧枱分開，並使用獨立
　 的庫存，所有售罄商品應登記在個別記錄冊中，存貨清點
　 員需要總價和售罄價格之間的價差。

◆ 與吧枱分離的酒廊銷售或桌邊銷售可能也有弱點，收銀台
　 票券提供一個簡易的控管方法。若服務員在收款時收到顧
　 客以未兌現的支票支付飲料費用，則他可提供一張收銀台
　 票券給顧客，此時顧客可知錢已入帳，這麼做可以建立顧
　 客對該營業場所的信任。

　　另一個優點是，除非有勾結，吧枱人員不能對服務員溢
　 收或私下交易。雖然這是一個簡單的控管方法，但仍被濫
　 用。工作人員已經知道使用相同的帳單兩次，只要他們能
　 夠免費拿取飲料。

◆ 引進最近發展的電子設備可以協助發現有多少損失。大部分的電子設備主要是設計來幫助銷售分析和記錄，這種設備可以自動提供超過1000種商品的價格，例如半品脫和一品脫的啤酒、威士忌、琴酒、琴湯尼，從而大大減少計算錯誤的可能性。

轉讓單

對於多個吧枱的單位，必須減少庫存在吧枱之間的移動，否則存貨會短少。若如此，則必須確定在轉讓書中留存紀錄。

酒窖庫存分類帳

酒窖庫存分類帳是飲料控管中十分重要的部分，且可作為貨品收訖簿冊或貨物替代品簿冊的延伸，因此可顯示出營業場所中所有存貨的變動及分配據點分配至吧枱的情形。所有酒窖中進出的存貨通常以成本及賣價顯示其變動。

藏酒箱卡

如果使用藏酒箱卡來用，則必須顯示出留存在酒窖中的每一項有形物質庫存，因此酒窖中所有存貨「進出」的變動應紀錄在適當的藏酒箱卡。藏酒箱卡通常用來表示最大庫存及最小庫存。

最小庫存決定記錄的標準，在手邊留存足夠的庫存以備新貨到之前使用。最大庫存表示追加訂購的數量，並用來考慮可用儲存空間、特定商品的流通，以及預算內可用現金的範圍。

申領單

每個出酒精飲料的單位都應該使用申領單來領取酒窖中的貨品，這些申領單可由顏色或序號來管理，通常為二聯單或三聯單，各聯送至以下各點：

- ◆ 第一聯送至酒窖
- ◆ 第二聯送至飲料控管部門
- ◆ 第三聯讓各單位查對從酒窖中領到的貨品

申領單上應有下列資訊：

- ◆ 分發單位的名稱
- ◆ 日期
- ◆ 所需貨品列表
- ◆ 每一項所需貨品的數量及單位
- ◆ 訂貨及領貨人員的簽名

　　申領單的目的是要控管從酒窖領取到配發單位的貨品變動，並避免一次領取太多，使得吧枱存貨過多。吧枱持有存貨的標準稱爲常態存貨。每天申領單上的訂貨數量應讓持有存貨回復到常態水準，追加訂貨的數量由以下公式計算：原存貨量加上增加的部分（申請的存貨）再減去最後剩下的存貨量等於消耗量（追加的訂貨量）。

過剩—短缺

　　酒精飲料銷售及持有存貨的分析提供兩個重要資訊，一爲毛利，二爲估計收益和可用存貨的過剩或短缺。毛利是由收益和消耗的酒精飲料成本之差價決定。

　　要判斷過剩或短缺，必須估計在特定期間內以賣價的消費量爲基準會用到多少錢，而這些消費量必須以每瓶或每桶標價。

　　舉例來說，某酒吧售出12瓶威士忌（每一杯爲25毫升售£2.20）、6瓶雪利酒（每一杯爲50毫升售£1.70）以及5桶桶裝啤酒（每桶9加侖）（每品脫售£2.00）：

威士忌：	$12 \times 30 \times £2.20$	$= £792.00$
雪利酒：	$6 \times 15 \times £1.70$	$= £153.00$
桶裝啤酒：	$5 \times 72 \times £2.00$	$= £720.00$

注意：9 加侖 × 8 品脫 ＝ 72 品脫

估計進帳	$= £1665.00$
實際現金進帳	$= £1683.26$
盈餘	$= £ \quad 18.26$

£18.26 佔估計進帳的 1.69%

酒窖的貨品訂購、接收及發出

當營業場所需要購買任何酒精飲料或無酒精飲料以保持存貨水準時，此項工作應由酒窖人員負責。酒窖人員的訂購單應以二聯式正式訂購表填寫，第一聯送至供應商，送貨時，為方便控管，第二聯應留存在訂購簿冊中。在某些例子中，可能會用到三聯單，若為此種方式，則各聯如下分送：

◆ 第一聯：供應商

◆ 第二聯：管理及會計部門

◆ 第三聯：留存在訂購簿冊中

將貨品送到營業場所時，應該附上交貨單及發票，無論是否為文件，上面包含的資訊應是完全相同的，只有一個例外：發票會標明所有貨品的價格，但交貨單則否。要送的貨品應先點算檢查是否與交貨單相符，以確保所列的貨品都會送到。另外要檢查留存在訂購單記錄冊中的訂單，以確保訂購的貨品已經送出，且送貨數量正確，而未列在訂單上的項目則毋須送出，以免未立即

圖10.8　吧檯及酒窖控管的基本步驟

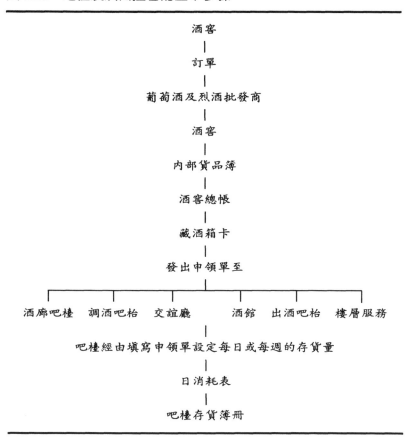

酒客

|

訂單

|

葡萄酒及烈酒批發商

|

酒客

|

內部貨品簿

|

酒客總帳

|

藏酒箱卡

|

發出申領單至

酒廊吧檯　　調酒吧枱　　交誼廳　　　　酒館　　出酒吧枱　　樓層服務

吧檯經由填寫申領單設定每日或每週的存貨量

|

日消耗表

|

吧檯存貨簿冊

發現這筆額外費用。在這個階段，為方便控管，所有與送貨商品相關的資訊必須填寫在必要的簿冊中。

　　酒窖人員若未收到正確填寫的正式申領單，且須有相關部門的負責人簽名及日期標註，則不可發出任何飲料。酒窖人員應該有簽名的列表，除非申領單上有表列人員的簽名，否則不應發出

任何貨品。為了協助酒窖人員,所有的申領單都應在每天規定的時間送至酒窖人員處,以便該員配發貨品。但是在某些例子中,根據營業場所的性質,也可以一天配發兩次貨品,早晨開始營業時配發一次,傍晚營業時再配發一次。所有要配發貨品的申領單以及留存在吧枱人員申領簿中的申領單第二聯,可用來查核從酒窖領到的飲料是否正確。

酒窖控管

很多餐飲機構中大部分的收益都來自飲料銷售,因此酒窖的控管必須運作良好,使用的控管系統完全依據餐飲機構的政策而定。以下所列的簿冊為管理所需:

- ◆ 訂單簿
- ◆ 內部貨品簿
- ◆ 酒窖總帳
- ◆ 藏酒箱卡
- ◆ 退回貨物簿
- ◆ 存貨簿
- ◆ 部門申領單簿冊
- ◆ 日消耗表

對於營業場所的酒精飲料或無酒精飲料的儲存而言,酒窖是個非常重要的點,所有這類飲料的服務點,譬如酒廊、酒廊吧枱、雞尾酒吧、交誼廳吧枱、啤酒屋、出酒酒吧和樓層服務,應該從酒窖領取他們每日或每週的基本存貨,而這些存貨的數量主要是由可用的存儲空間和銷售的營業額來決定。營業場所內的所有吧枱保存足夠的酒精飲料,供一天或一週期間所設定的存貨之

圖10.9　藏酒箱卡

品名		藏酒箱號	
日期	收訖	結餘	發出

圖10.10　日消耗表

飲料品名	箱號	星期一	星期二	星期三	星期四	星期五	星期六	星期天	總計

圖10.11　存貨簿

飲料品名	箱號	最初存貨	收訖	總計	最初存貨	消耗量	單價	£

用。在設定週期將結束時，必須申領該日或該週消耗的飲料總量，讓存貨總量為原設定之所需量，這即為等量存貨，亦即讓存貨達到營業額所決定的特定水準。

在使用藏酒箱卡的酒窖中，每次收到酒或配發酒，必須插入合適的藏酒箱卡，使得剩餘總量達到平衡，因此藏酒箱卡應隨時顯示每一種特定酒類的存貨總量。藏酒箱卡也可看出存貨的最大量和最小量—這可作為酒窖人員下訂單的指南，並可決定可用的儲存空間。

出飲料之前先檢查的出酒酒吧，每天在服務結束之後需複寫第一聯點酒單上的銷售額在日消耗表，消耗表可列出酒吧中所有存貨。

藏酒箱卡也可在檢查酒時完成。一週結束時，消耗表需加總起來，從而看出該時期的總銷售量，為了計算成本，可以將這些數字轉至吧檯存貨，任何沒有查核到但已送出的飲料，無論是日庫存或週庫存，須記下從酒窖申領的數量，以估計日營業額或週營業額的成本，而達成的銷售總金額與每日或每週的進帳相符的數目便是收銀台中的現金。

10.4　績效評估

如圖1.5所示，各種績效評估或營運統計是一致的。本節旨在提供各種評估資料（參照10.6節「需求水準」）。

混合銷售

混合銷售由銷售總表估算（見圖10.6），如圖10.12或圖10.13所示為簡式報告書。

圖10.12　簡式銷售報告書

服務	總計 £	食品 £	酒類 £
午餐	90	60	30
晚餐	80	50	30
點心	15	15	—
總結	185	125	60

圖10.13　百分比報告書

服務	總計 £	總計 %	食品 £	食品 %	酒類 £	酒類 %
午餐	90	49	60	67	30	33
晚餐	80	43	50	62	30	38
點心	15	8	15	100	—	—
日總結	185	100	125	68	60	32

　　餐飲銷售可能不準確，但可更進一步地提供混合銷售的資料，它不僅使銷售項目與各種毛利相符，而且提供以下各項資訊：

- ◆ 菜單或酒單上受歡迎及不受歡迎的項目
- ◆ 存貨控管紀錄，例如協助預報將來可能的需求
- ◆ 顧客興趣的改變
- ◆ 收益及損失之處

成本要素

餐飲業中有三個成本要素：

- ◆ 食品和飲料的成本（通常稱為銷售成本）
- ◆ 人力（譬如報酬、薪資、員工餐食、制服）
- ◆ 經常費用（譬如租金、地方稅、廣告費、燃料費）

餐飲業的銷售額通常為100%，其成本與收益的關係如圖10.14所示。

注意：廚房所得的毛利有時稱為廚房利潤或廚房收益。

譬如人力之類的成本，可分類為銷售方面的成本，因此所有

圖10.14　成本要素

食品和飲料的成本	銷售成本
人力成本	
經常費用成本	毛利
淨利	
銷售額	收益100%

圖10.15　人力成本百分比表

銷售項目		直接人力成本	佔總人力成本之百分比（%）	佔部門銷售額之百分比（%）
食品	£125	£35	78%	28%
酒類	£60	£10	22%	17%
總計	£185	£45	100%	24%

$$佔總薪資成本之百分比＝\frac{部門人力成本}{總薪資成本}×100$$

$$佔銷售額之百分比＝\frac{人力成本}{收益}×100$$

成本皆可歸因於收益的回收。

翻枱率

翻枱率是效率的指標，亦即在一個服務期間內該座位使用的次數。服務餐席數除以每個服務期間內實際可用座位數即可得翻枱率。因此：

◆ 點心吧在每個服務期間的翻枱率約是四到五次

◆ 昂貴的餐館在每個服務期間的翻枱率約是一次

若顧客不佔用餐席（亦即自助餐館或外賣餐廳），顧客生產力可由每個服務期間或時間週期（譬如每個小時）的交易量計算之。

圖 10.16　翻檯率計算範例

服務項目	餐席數	座位數	翻檯率
午餐	60	80	0.75
晚餐	85	80	1.06

平均花費

　　平均花費也叫做每個人頭的預算，而平均花費的計算有助於解釋銷售圖。舉例來說，若收益增加，是否由於較高的賣價或服務較多顧客？若收益減少，是否由於服務較少顧客或顧客花費較少？平均花費是每個部門的總銷售額除以服務的人數或餐席數。

圖10.17　平均花費計算範例

服務項目	餐席數	座位數	翻檯率
午餐	90	12	7.50
晚餐	80	10	8.00
點心	15	7	2.14
總計	185	29	6.38

生產力指標（另一種計算人力成本的方法）

生產力指標的計算方法如下：

$$\frac{銷售額}{人力成本（包括所有雇員的獎金）}$$

　　生產力指標根據營業類型而變化，例如速食店應有生產力的高指標，相對地人力成本應具低指標，而餐館中工作人員對顧客的高比例應該與企業的預測生產額有關，有時可制定標準的生產力指標以測量兩個相關要素之間的精確性。

存貨流通率

存貨流通率表示特定期間內流通的存貨平均水準。計算方法如下：

$$存貨流通率＝\frac{特定期間內消耗的食品及飲料成本}{按成本之平均存貨量（食品或飲料）}$$

流通存貨的持有量計算方法為原有存貨量加上最後存貨量再除以二。使用新鮮食品的餐館中可預期有高存貨流通率；使用便利食品的餐館其存貨流通率較低；太高的存貨流通率顯示有恐慌購買及缺少預測的潛在問題；太低的存貨流通率顯示有未利用的資本。

每個有效席位的銷售額

每個有效席位的銷售額顯示出在餐館、咖啡館等等賺取的銷售量，而特定期間內每個席位的利潤可用來與不同類型的營業方式互相比較。每個有效席位的銷售額由營業額除以用餐區的有效座位數計算之。

每平方公尺的銷售額

另一個比較方法是計算每平方公尺銷售額，在吧枱及外賣餐廳特別實用，但以每個席位計算利潤的營業類型則不適用。其計算方法為銷售額除以服務區域的面積。

10.5　顧客關係

在第5.2節中，重點在於工作人員人際關係技巧的重要。同

樣地，第5章中將各種人際關係技巧和餐飲服務的各種工作和職責結合在一起。

顧客關係與員工工作的環境有很大的關聯，工作環境會協助或阻礙良好人際關係技巧標準的保持，分為兩方面來說：一為物質上的工作環境，二為滿意度或顧客由餐飲服務中獲得的感受。

發展及保持良好顧客關係在主管方面需要兩個技巧：

◆ 具有發現顧客關係變壞的能力
◆ 具有減低因顧客關係引起問題的能力

顧客關係問題的徵兆為何？

◆ 抱怨增加：關於產品或員工
◆ 意外增加
◆ 員工在點菜時點錯菜等等
◆ 顧客未事先預約
◆ 員工之間的爭執
◆ 員工風紀不佳
◆ 用具破損或短缺
◆ 員工流動率太高

減少顧客關係的問題

以下是一連串主管應該省思如何減少顧客關係問題的要點：

◆ 為什麼員工不對顧客微笑或有禮？

　a）若服務員不微笑，可能是因為他的腳疼痛：告訴他必須微笑並不能改變這個情況，他的鞋子可能是問題所在。

　b）我們從小就被訓練成要謙恭有禮，大家都知道要說請

和謝謝。在餐飲服務中，說先生、女士、請、對不
起、感謝您的使用，更是理所當然的。如果不是：

　　一這個員工走錯行了嗎？

　　一若這個工作適合該員工，那麼問題是什麼？

◆ 合作的部門之間有什麼問題產生？

◆ 每個部門的問題如何影響其他部門？

◆ 顧客可能會遇到的困難為何？

　　譬如資訊或指標不足

◆ 在工作區域中是否注意到該顧客？

　　譬如，酒吧人員在吧檯後面吃東西時，就不能注意到顧客

◆ 除了從員工得到資訊外，由於給顧客的資訊不足，存在什
　　麼問題？

◆ 工作人員接待顧客之前，是否具備該營業場所及當地的充
　　分資訊？

◆ 可預見問題減到最少了嗎？

　　譬如事先規劃大型聚會

◆ 以規定的程序告知員工預見的問題了嗎？

　　譬如食品用完了

◆ 把抱怨當作為關心賓客的機會了嗎？

◆ 處理客訴的程序已規劃好了嗎？

◆ 如何鼓勵員工，為他們指明問題所在並提出辦法？

處理抱怨

因顧客抱怨而產生問題時應該注意：不打斷該顧客的談話，讓他
們陳述意見，

　　◆ 道歉　　　但只針對特定問題或抱怨

◆ 重述　　　簡單地說，去理解顧客的抱怨

◆ 協議　　　例如「先生，您是對的」，表示從顧客的角度
　　　　　　看待問題

◆ 行動　　　快速、安靜、專業

絕不可

◆ 發脾氣

◆ 人身攻擊

◆ 爭執

◆ 歸咎於其他部門

有根據的抱怨可作為餐館的回饋，且應用來改善服務。

顧客滿意

在第1.5節中，概述了有助於用餐感受的因素，而影響顧客用餐感受的因素可能是：

◆ 款待、裝潢、氣氛

◆ 效率，譬如預約訂位時是否使用顧客的名字？

◆ 餐桌的位置

◆ 菜單及飲料單（呈現方式及潔淨）

◆ 接受點菜時：認可主人所點的菜色

◆ 菜色的有效性

◆ 服務速度及服務效率

◆ 食品和飲料的品質

◆ 員工的禮貌

◆ 員工為冒失或體貼

◆ 吸引員工注意的能力

◆ 其他顧客的行為舉止

◆ 處理客訴的方法

◆ 呈現帳單的方法

◆ 送客

　　主管負責使潛在顧客關係問題減到最少，他應該更關心人的服務，譬如服務方式及顧客和工作人員之間的人際互動。

　　在餐飲服務中，服務區域之外的人員也須互動，例如廚房人員、會計室人員、出酒酒吧人員、配膳室人員。在營業場所內，食品和飲料的供應在所有部門之間被視為是共同努力的成果，這是很重要的，每一個部門瞭解其他部門的需要才能滿足顧客的需求。

10.6　人員編制及訓練

人員編制

　　餐飲服務中的人員編制重點在於足夠的訓練及培養有能力的員工，以配合顧客需求的期望。

　　人員編制的第一步是要決定顧客需求的期望值，可由銷售記錄獲得，通常稱為顧客生產力。

　　服務顧客的數量和顧客停留在該場所的時間長短之間有一定的關係，而顧客用在各種類型餐飲機構的時間也不同。圖10.18是顧客停留在各種類型餐飲機構時間長短的舉例。

　　顧客量和服務開始時間也有關係，例如在正式服務的餐館中，顧客在座位上的時間平均為一個半小時，如果餐館營業四小時，則可能允許作業兩次，但若營業時間僅僅二個半小時，則這

圖10.18　顧客在各種類型餐飲機構消費的時間

餐飲機構	消費時間（分鐘）
餐館	60-120
燒烤店	45-90
大眾餐飲	30-60
自助餐廳	15-40
酒吧	30-60
酒館（供應食品）	30-60
附座位的外帶餐廳	20-40
附座位的速食店	10-20

麼做就不可能了。

營業時間由以下各項決定：

◆ 當地競爭者
◆ 當地的吸引力，譬如電影院
◆ 營業場所的位置，譬如市中心／鄉下／市郊的人口匯集區
◆ 交通運輸系統
◆ 可用員工
◆ 交易量
◆ 當地民情

需求水準

餐桌服務及輔助服務中的顧客生產力

通常會以餐桌服務方法和輔助服務方法來服務顧客，生產力可由新的作業來估計，現有的營運銷售記錄可提供潛在的生產力

指標，每個服務期間配有的工作人員即可估計並分配特定工作。另外也需要估計前置作業和服務結束之後的清潔工作所需的人員配置。因此，營業時間為兩小時的**餐館**，其工作人員必須工作五小時以上。

　　配置人員總數由下列幾點計算：

1. 估計一周內所需的工作人員數

2. 每個服務期間的工作人員數乘以每個服務期間的工作時數

3. 員工工作總時數除以每週全職工作時數，即可得所需的全職員工人數

4. 將兼職和全職員工混合排班，以顧全整個服務期間

5. 制訂員工值班表，此表需要以二或三週為一循環，並排訂休假日

舉例來說：某家餐館每週營業六天，供午餐及晚餐；最多可容納80人

顧客人數

	星期一	星期二	星期三	星期四	星期五	星期六
午餐	65	75	85	80	85	54
晚餐	85	90	120	140	135	160

營業開始時間

午餐	12.30pm到2.30pm	最後點餐時間為2.00pm
晚餐	6.30pm到午夜	最後點餐時間為11.30pm

員工工作時間

11.30am到3.00pm（4小時）

6.00pm到1.00am（7小時）

每個服務期間的員工數可由上數計算，並可制定值班表。

　　估計其他服務方法所需員工數的方法也很類似，生產力計算的不同點在於：

自助餐廳的顧客生產力

有五個影響自助餐廳潛在生產力的因素，分別是：

- ◆ 服務時間：每個顧客沿著餐檯取餐或結帳的時間
- ◆ 服務期間：自助餐廳實際服務時間
- ◆ 結帳速度：顧客結帳所用的時間
- ◆ 用餐時間
- ◆ 席位容量

主要的判斷標準是席位容量，由席位容量和平均用餐時間決定在排隊需要的速度。

　　例如，對186個席位和每分鐘結九張帳單的速度來說，需花費20.66分鐘坐滿這個自助餐廳，如果顧客的用餐時間為20分鐘，則在第一個顧客離開以後，這個自助餐廳就會剛好坐滿。快速結帳是指最後一位結帳的顧客將會沒有座位可坐，而結帳太慢是指自助餐廳沒有完全利用。對於單一的結帳櫃檯，每分鐘最多結四到六人的帳。

　　假設服務期間為一小時，則該自助餐廳可提供的服務為：

- ◆ 55（60分鐘—5分鐘服務時間）×9（每分鐘可結帳的人數）＝ 495人
- ◆ 自助餐廳必須營業1小時又20分鐘（服務期間1小時加上20分鐘讓最後一位顧客用餐的時間）

　　計算可容納200人的自助餐廳一小時的座位容量：服務時間＝5分鐘，平均用餐時間＝20分鐘。

1a 所有顧客需要在以下時間內服務：

```
      60分鐘    （開始營業）
  減  20分鐘    （用餐時間）
  減   5分鐘    （服務時間）
      35分鐘    （服務期間）
```

b 所需座位數爲：

$$\frac{200（人）\times 20（用餐時間）}{35（服務期間）} = 114.25個座位$$

該自助餐廳需要115個座位。

c 結帳速度須爲：

$$\frac{115（座位）}{20（用餐時間）} = 每分鐘5.75人$$

2a 若用餐時間減少至15分鐘，則所有的顧客須在以下時間內服務：

```
      60分鐘    （開始營業）
  減  15分鐘    （用餐時間）
  減   5分鐘    （服務時間）
      40分鐘    （服務期間）
```

b 所需座位數爲：

$$\frac{200（人）\times 15（用餐時間）}{40（服務期間）} = 75個座位$$

該自助餐廳需要的席位數較上述少了40個，亦即在席位的安排上預留了空間。

c 結帳速度須爲：

$$\frac{75 \ (\text{座位})}{15 \ (\text{用餐時間})} = 每分鐘5人$$

因此服務速度也會減少，亦即節省了人力。

通常，如果留在座位上的時間比服務期間更長，則席位的實際數目必須等於顧客的總數。如果進餐時間比服務時間少，則席位數會比實際需要服務的顧客數少。然而，隊伍可能需要錯開，以避免在服務前等待過久。

單一服務點的顧客生產力

單一服務點的顧客生產力可以從交易紀錄中而得，服務的增加或減少由結帳點的多寡來改善（或者在出售貨品、增加機器的情況下）。如果為提供座位者，則計算方法與自助餐廳相似，但假設已知顧客使用座位的百分比。

特定服務的顧客需求

以醫院和飛機上的托盤方法而言，有其容量的限制，而其他形式的特定服務，有潛在的服務記錄或估計，例如旅館客房、酒廊或宅配。

輪值表

圖10.19所示為服務員工作區的輪值班表範例，且可看出如何分配工作，輪值表的性質隨著每個營業場所需要完成的工作、職員數、休假而變，無論是分開作業或連續工作皆然。

輪值表的目的是要確保包括所有為了進行有效服務的必要工作都已涵蓋。輪值表也提供員工在職訓練的基礎。制定每一項工作的任務責任表，這些也可確定完成的標準。

圖10.19　每日輪值表範例

服務員	1-6-98	2-6-98	3	4	5	6	7	8	9	10	11	12	13	14-6-98	工作編號
A	1	11	10	9	8	7		6	5	4	3	2	1		1. Menus
B	2	1	11	10	9	8		7	6	5	4	3	2		2. Restaurant cleaning
C	3	2	1	11	10	9		8	7	6	5	4	3		3. Linen
D	4	3	2	1	11	10	C	9	8	7	6	5	4	C	4. Hot plate
E	5	4	3	2	1	11	L	10	9	8	7	6	5	L	5. Silver
F	6	5	4	3	2	1	O	11	10	9	8	7	6	O	6. Accompaniments.
G	7	6	5	4	3	2	S	1	11	10	9	8	7	S	7. Sideboard.
H	8	7	6	5	4	3	E	2	1	11	10	9	8	E	8. Dispense bar
I	9	8	7	6	5	4	D	3	2	1	11	10	9	D	9. Stillroom.
J	10	9	8	7	6	5		4	3	2	1	11	10		10. Miscellaneous
K	11	10	9	8	7	6		5	4	3	2	1	11		11. Day off

清潔計劃表

所有餐飲服務員都應該了解清潔計畫的重要性，使灰塵、細菌及其他垃圾減至最少。

由於這個原因以及相關安全衛生的考慮，做清潔工作時必須注入完全的注意。

記住，清空煙灰缸或垃圾桶時可能會引起火災，而不注重個人衛生或每日例行性的清潔工作，可能會到處都是灰塵和細菌。

其他的工作可能每週、每月或每半年要做一次。某些器具的特定部位在服務期間結束後必須馬上清潔，譬如：

◆ 在使用後立即清潔：
　　—切割推車
　　—甜點推車
　　—銅製平底鍋

　　　　—冷凍推車

　　　　—火焰燈

　　◆ 每日清潔：

　　　　—以吸塵器清理灰塵

　　　　—清理沾有灰塵的椅子

　　　　—餐具櫃頂

　　　　—清潔銅器

　　　　—清潔煙灰缸

　　◆ 每週清潔：

　　　　—清潔銀器餐具

　　　　—清潔掛畫

　　　　—電冰箱除霜

　　　　—將門框及所有的高架擦乾淨

　　　　—清洗酒窖及瓷器儲藏室

　　　　—清潔地板

　　◆ 每月清潔：

　　　　—清洗地毯

　　　　—乾洗窗簾

　　　　—保養配膳室設備、冷凍裝置、電冰箱、空調

　　　　—清潔所有照明設備

須注意的重點：

　　◆ 一律使用正確的清潔用品清潔

　　◆ 經常清潔

　　◆ 沖洗所有的表面

　　◆ 除塵器應該只用來清除灰塵，不可用在其他清潔工作上

　　◆ 使用適合且有效的清潔程序

- ◆ 清潔廁所的布巾類不可使用於其他地方
- ◆ 安全地將器具存放在正確的地方
- ◆ 不可將擦拭食品、準備檯面的抹布用於其他用途
- ◆ 隨時注意安全，不可伸手或站在椅子上清理高的地方，必須使用梯子

記住：定期保養，讓服務區域看起來很吸引人，也可讓營業場所反映出正確的形象。

員工訓練

訓練是人們系統發展的結果，其目標為：

- ◆ 藉由改善員工的技能，增加產出的質和量
- ◆ 減少意外的發生
- ◆ 增加獎勵個人的利益，譬如增加薪資、認同感及員工想從工作得到的其他津貼
- ◆ 藉由減少設備的數量及製造或銷售所需的原料，使營運更有利可圖
- ◆ 讓主管可以在改正錯誤上花較少時間，在計畫方面花較多時間
- ◆ 減少因不適當的技巧造成的損失
- ◆ 改善風紀，讓工作環境更令人滿意
- ◆ 讓新進員工符合工作需要，並讓有經驗的員工接受調任，以適應新方法，增進效率，適應改變的需要
- ◆ 激發員工自發、忠誠、興趣及勝過他人的慾望

全品質訓練計劃的優點及主管人的作用

優良產出訓練計劃包括：

◆ 確定必須達成的標準

◆ 員工改進的能力

◆ 量測能力方法的可得性

◆ 更有效的工作

◆ 更確定的責任感

訓練期間主管人的作用為：

◆ 確保員工有能力進行他們必須盡的責任

◆ 確保合法且滿足公司需要（譬如18歲以下的員工不可靠近 危險的機器）

◆ 以所需的條件培訓員工

◆ 培養現職員工訓練其他員工

◆ 確定現在和將來員工的訓練需求

◆ 發展必要技術以達成在優良產出訓練計畫的優勢中製造出 來的特徵

何謂訓練需求？

當下列分歧發生時，則可見訓練需求：

◆ 在工作中表現出的知識、技能和態度

◆ 他們需要用以達到現在及將來工作成果的知識、技能和態 度

確認訓練需求

在營業場所或部門中，我們很可能知道有些問題存在—我們每天 都目睹到這種情形，然而這值得研究，如下所示：

目前的需求

人員配備

◆ 我們的員工有誰？

◆ 他們適合什麼職務？

◆ 他們待多久及為什麼？

◆ 我們如何選擇員工？

◆ 我們有多少可用人力及其頻率為何？

協定的工作內容

◆ 我們的員工在理論及實際上各做何工作？

◆ 他們清楚了解自己的工作嗎？

標準及成果

◆ 從員工身上我們期望得到什麼成果及標準？

◆ 他們是否知道這些？

◆ 他們多了解自己的需要？

◆ 若未滿足自己的需要，是什麼造成阻礙？

現階段的訓練

◆ 現在員工是否有學習自己的工作？向誰學習？

◆ 他們學得如何？

◆ 他們學得多快？

關鍵問題

◆ 特殊的困難：

－員工在必須學習的技能中是否遇到困難？

－員工在工作的環境中是否遇到困難？

－員工在組織訓練中是否遇到困難？

資源

什麼訓練設施存在於組織內或之外可供使用發展？

未來的需要

所有改變都可帶來的訓練需求，所以我們要問未來的需求是什麼，例如：

正常員工變化及發展

◆ 員工的年齡結構為何？

◆ 什麼原因讓我們考慮他應在的職位：

　一退休？

　一常態替換？

　一輪調？

◆ 有人為晉升被貼上標籤了嗎？

◆ 此處晉升的潛力為何？

◆ 對於同業及訓練者而言須注意什麼？

其他改變

◆ 若有的話，有否以下各項計劃：

　一擴張？

　一新設備？

　一新方法？

◆ 現有工作如何與之配合？

◆ 現有員工需要被訓練到何種程度？

◆ 是否需要新員工？

訓練用的術語

職責

所有在特定工作環境的設置中，由特定僱員在規定的責任中完成的任務即為職責。

職責分析

檢驗職責的過程是為了確定它的組成部分和完成的環境。

　注意：通常需要做的檢驗為：

◆ 工作目的──職責為何存在以及從工作中期望的主要結果

◆ 工作環境──工作的物質條件、組織條件及社會條件

◆ 必須達成結果的主要任務──員工的工作內容

◆ 員工可用的資源或設備──員工可徵召的人、設備、服務等
　　等

工作內容

特定工作廣義的目的、範圍、責任及義務

　　注意：通常包括：

◆ 工作名稱

◆ 工作地點

◆ 工作目的及範圍

◆ 權責人

◆ 對誰負責

◆ 主要任務

◆ 主要特徵及條件

工作

藉由達成特定結果的方法而與工作相關的可辨認元素。

工作認同

組成工作的確認、列表及歸類的過程。

工作分析

有經驗的員工以必要的標準完成工作時所用之詳細且有系統的技能檢驗。

工作說明書

與工作相關的工作細節說明、必要標準以及相關的知識和技術。

大綱

通常在主要標題中，關於受訓人所需學習的說明，是以工作規格和受訓人現有知識及能力之間的比較為基礎。

訓練計劃

訓練的粗略大綱、指明訓練的步驟或順序以及每個部分容許的時間。

訓練手冊

訓練員工及受訓人員時，作為要點、達成標準、使用的教學方法、設備及材料、留存的表格和紀錄，以及所有賦予受訓者的測驗和目標之指南。

就職訓練

未特別與工作有關，但涵蓋以下各項：

- ◆ 健康與安全
- ◆ 程序／政策
- ◆ 其他部門
- ◆ 公告期間
- ◆ 疾病
- ◆ 休假
- ◆ 人事物的所在
- ◆ 值班表

制定訓練計劃

本書的內容是以「營運的等級制度」為基礎，在構成本書內容基礎的餐飲服務業中，營運的等級制度導入工作和責任的識別。以自營的方式來說，工作和責任的類似表單也可制定應用於特定營運方式。彙總時，可分析工作和責任的制定以確認每一個工作需要的專門知識、技術和態度為何，亦即每一個工作和責任的定義及達成標準，然後以這些標準評估現有員工。其中的「缺口」是訓練需求，並且應制定計畫以實現必要的訓練。

然而訓練技術不是與生俱來的，餐飲服務訓練基金會（the Hospitality Training Foundation）提供各種機構內不同人員的專門訓練。

在餐飲服務訓練基金會有更多資料，地址是International House（3rd Floor），Ealing, London W5 5DB。

10.7 業務推廣

第1章考慮了旅館和餐飲業中食品和飲料的營運範圍，以需求性質而非各種類型的操作來做界定。此外，確定影響顧客享用餐點的因素。這個部分考慮到各種與餐飲相關的業務推廣。

與臨時性銷售活動有關的促銷—主要在增加蕭條時期的商業活動，像：

◆ 星期一
◆ 傍晚（酒吧削價供應飲料的時間）
◆ 一月／二月

促銷活動包括：減價；提供免費的酒（或「買一送一」）；點用

套餐，贈送湯或開胃菜。

　　另外包括特殊的產品銷售－主要是以促銷特殊產品來增加銷售：

- ◆ 節慶促銷
- ◆ 酒類促銷（與供應商聯合）
- ◆ 兒童餐
- ◆ 減肥餐
- ◆ 國定外食週（有時也包括暫時銷售報價）
- ◆ 英格蘭美食節、蘇格蘭美食節等等

　　促銷的革新數目一直在成長。

　　推廣餐飲活動業務有三方面需要考慮：

- ◆ 經由廣告促銷
- ◆ 經由推銷規劃促銷
- ◆ 經由個人銷售促銷

廣告

廣告有很多不同的定義，每本教科書都採用商業廣告的型式，譬如：

　　「廣告由合作的贊助廠商提供」

　　旅館及食品服務行銷（Hotel and Food Service Marketing），Francis Buttle

　　「廣告是根據合作的贊助廠商提供之非個人的表達及推銷商品或服務的所有付費型式」

　　美國行銷協會，食品服務（Food Service Operation），Peter Jones

　　「廣告的作用在於使組織機構接觸及熟悉經營者的產品市

場，並說服大家去購買」

　　餐飲管理（Food and Beverage Management），Davis and Stone

前兩種定義是站在行銷的觀點，第三種定義包含所有促銷、直接
郵件等方面。

廣告媒體

以下是廣告業及媒體的例子：

廣播

- ◆ 收音機

- ◆ 電視

印刷品

　　報紙

- ◆ 全國性日報

- ◆ 地區性日報

- ◆ 全國性週日報

- ◆ 地區性週日報

- ◆ 地區性免費週報

　　消費性出版品

- ◆ 電話簿（例如黃頁、湯普生）

指南

商業出版品

- ◆ 旅遊出版品

- ◆ 技術及專業出版品

- ◆ 期刊

其他雜誌

- ◆ 包括當地免費雜誌

其他媒體

　　交通運輸系統

◆ 公車

◆ 地下鐵車站

◆ 電梯

◆ 火車站

◆ 海報

◆ 電影院

郵件廣告

◆ 直接信函

◆ 派報（非真的信件，但在地區性時非常有用）

　　此外，值得深究的是利用郵件列表通知舊顧客特別活動等等，留住舊顧客比開發新顧客的成本要少得多。

推銷規劃

　　推銷規劃主要與銷售點促銷有關，其主要作用為提高每個顧客的平均花費，但也可用來推銷特定服務或特定商品。

　　食品和飲料的推銷規劃有視覺化的趨勢，也有聽覺的推銷規劃，像商店裡的廣播或旅館的音響系統，另外還有視聽推銷規劃，像旅館的客房錄影帶。

　　刺激餐飲推銷計劃的因素包括：

◆ 風格

◆ 公告／黑板／架子

◆ 指示牌

◆ 展示卡／簡介小手冊

◆ 食品和飲料的展示品

　　　　　一推車（甜點、利口酒等）

　　　　　一自助餐檯／沙拉吧

　　　　　一自助櫃檯是長桌一吧檯展示、酒炙等等

◆ 飲料／杯墊

◆ 招牌

◆ 裝飾面板

◆ 菜單／飲料單及酒單

◆ 海報

◆ 葡萄酒單

但大部分刺激推銷規劃的方法還須由優秀的個人銷售技巧補足。

個人銷售

　　個人銷售與推銷餐飲活動的員工能力有很大的關係，負責特定推銷活動的員工尤其重要。

　　若承諾給予特定類型菜單或飲料、特殊約定或特定服務，通常會因員工能力不足而降低其價值，導致無法滿足當初承諾的需要。因此重要的是讓員工專注於特定的規劃中，並實施簡報及訓練，顧客才能真正感受到已被允諾的服務。

　　但個人銷售並非只要進行特定促銷，員工的貢獻對用餐經驗而言是很重要的，服務員可促成顧客花錢的價值感、衛生及清潔、服務水準，以及顧客感受到的氣氛。

　　在銷售的情況下，服務員應該：

◆ 以提供情報的方式詳細描述供應的食品和飲料，並讓餐點名稱聽起來很有趣，有食用或飲用的價值。

◆ 當顧客考慮要點的菜色時，利用機會推銷特定項目。

◆ 以促銷的方式從顧客那裡獲得資訊，舉例來說，詢問顧客

　　要以那一種酒佐餐，而非是否需要佐餐酒；另外，詢問顧
　　客需要何種甜點，而不問是否需要甜點。

◆ 利用機會推銷附加項目，例如額外裝飾品、特別的醬汁或
　 佐甜點的甜點酒。

◆ 提供銷售項目的充分服務，找出顧客在食品、飲料及服務
　 的可接受度。

好的餐飲服務員必須有詳細的產品知識、令人滿意的技術、培養
人際關係，還能與團隊中的其他人員合作。

附錄A

季節性食材

　　下表的資料只供做參考之用，食材的季節性主要是以世界性為基礎來採購，而非區域性。現在食材的季節性意指多數食品一整年皆可取得，雖然有時價格會有波動——當季食材且產量多時會比較便宜。在某些情況下，季節性開始的日期有著傳統的關聯，也與動物繁殖的日期有關，例如狩獵季節，因此在這些日期中改變是有限制的。

	名　稱	季　節	法文菜單專用術語
魚（POISSON）	Barbel（鬚鯉）	6月-3月	*Barbeau*
	Bream（海水）	6月-12月底	*Brème*
	Brill（鰈魚）	8月-3月	*Barbue*
	Cod（鱈魚）	5月-2月最佳	*Cabillaud*
	Dab（歐洲黃蓋鰈）	6月-12月	*Limande*
	Eel（鰻魚）	整年（夏季品質差）	*Anguille*
	Flounder（川鰈）	1月-5月	*Flet*

Haddock（黑線鱈）	整年	*Aiglefin*
Hake（無鬚鱈）	9月-2月	*Merluche*
Halibut（庸鰈）	整年	*Flétan*
Herring（鯡魚）	9月-4月最佳	*Hareng*
Lemon sole（檸檬鰨）	10月-3月	*Limand*
Mackerel（紅）（鯖魚）	12月-5月	*Rouget*
Plaice（鰈魚）	5月-1月最佳	*Plie/carrelet*
Salmon（鮭魚）	2月-9月	*Saumon*
Salmon trout（鮭鱒）	3月-9月	*Truite saumonée*
Smelt（銀白魚）	10月-5月	*Eperlan*
Skate（鰩魚）	10月-5月	*Raie*
Sole（鰨魚）	整年（春季品質差）	*Sole*
Sturgeon（鱘魚）	12月-4月	*Esturgeon*
Trout（淡水）（鱒魚）	3月-10月	*Truite de rivière*
Turbot（大口鰈）	2月-9月	*Turbot*
Whitebait（銀魚）	2月-9月	*Blanchaille*
Whiting（牙鱈）	8月-2月最佳	*Merlan*

甲殼類 (CRUSTACES ET MOLL- USQUES)	Cab（蟹）	夏季較佳	Crabe
	Crayfish （小龍蝦）	10 月 -3 月	Ecrevisse
	Crawfish （海水小龍蝦）	1 月 -7 月	Langouste
	Lobster（龍蝦）	夏季較佳	Homard
	Mussel（貽貝）	9 月 -5 月	Moule
	Oyster（生蠔）	9 月 1 日 -4 月 30 日	Huître
	Prawn（明蝦）	9 月 -5 月	Crevette rose
	Shrimp（蝦）	整年	Crevette grise
	Scallop （干貝蛤）	9 月 -4 月	Coquille St Jacques
畜肉（VIANDE）	Beef（牛肉）	整年	Boeuf
	Lamb（小羊）	春季及夏季最佳	Agneau
	Mutton（羊肉）	整年	Mouton
	Pork（豬肉）	9 月 -4 月底	Porc
	Veal（小牛肉）	整年	Veau
野味（禽鳥類）	Wood grouse （松雞）	8 月 12 日 - 12 月 12 日	Coq de bruyère
	Partridge （鷓鴣）	9 月 1 日 -2 月 1 日	Perdreau
	Pheasant （雉雞）	10 月 1 日 -2 月 1 日	Faisan
	Ptarmigan （雷鳥）	8 月 -12 月	Ptarmigan
	Quail（鵪鶉）	整年	Caille

	Snipe（鷸）	8月-3月1日	*Bécassine*
	Woodcock（山鷸）	8月-3月1日	*Bécasse*
	Teal（短頸野鴨）	冬季-春季	*Sarcelle*
	Wild duck（野鴨）	9月-3月	*Canard sauvage*
	Wood pigeon（斑鳩）	8月1日-3月15日	*Pigeon des bois*
野味（皮毛類）	Hare（野兔）	8月1日-2月底	*Liévre*
	Rabbit（兔肉）	秋季-春季較佳	*Lapin*
	Venison（鹿肉）	雄性5月-9月最佳 雌性9月-1月最佳	*Venaison*
家禽 **（VOLAILLE）**	Chicken（雞肉）	整年	*Poulet*
	Duck（鴨肉）	整年	*Canard*
	Duckling（小鴨）	4月-5月-6月	*Caneton*
	Goose（鵝肉）	秋季-冬季	*Oie*
	Gosling（小鵝）	9月	*Oisen*
	Guinea fowl（珠雞）	整年	*Pintade*
	Spring chicken（春雞）	春季（最便宜）	*Poussin*
	Turkey（火雞）	整年	*Dinde*
菜蔬 **（LÉGUMES）**	Artichoke Globe（球狀朝鮮薊）	夏季-秋季最佳	*Artichaut*

Artichoke Jerus-alem（菊芋）	10月-3月	*Topinambour*
Asparague）（蘆筍	5月-7月	*Asperge*
Aubergine（茄子）	夏季-秋季最佳	*Aubergine*
Beetroot（甜菜根）	整年	*Betterave*
Broad bean（蠶豆）	7月-8月	*Fève*
Broccoli（球花甘藍）	10月-4月	*Brocolis*
Brussels sprout（球芽甘藍）	10月-3月	*Chou de Bruxelles*
Cabbage（甘藍菜）	整年	*Chou*
Capsicum（辣椒）	（胡椒）	
Pimento（甜椒）（大型）	9月-12月	*Piment*
Chilli（辣椒）（小型）	9月-12月	*Chili*
Cardoon（刺菜薊）	11月-3月	*Cardon*
Cauliflower（花椰菜）	整年	*Chou-fleur*
Carrot（胡蘿蔔）	整年	*Carotte*
Celery（芹菜）	8月-3月	*Céleri*
Celeriac（蕪菁根芹）	11月-2月	*Céleri-rave*

Cep（葡萄枝蔓）	7月-10月	*Cepe*
Cucumber（黃瓜）	夏季最佳	*Concombre*
Chicory（菊苣）（比利時）	冬季最佳	*Endive belge*
Endive（菊苣）（捲葉）	11月-3月	*Endive*
Flageolet（小菜豆）	夏季為鮮貨，整年都有乾燥貨	*Flageolet*
French bean（四季豆）	7月-9月	*Haricot vert*
Leek（青蔥）	10月-3月	*Poireau*
Lettuce（萵苣）	夏季最佳	*Laitue*
Mushroom（蘑菇）	整年	*Champignon*
Onion（洋蔥）	整年	*Oignon*
Pea（豌豆）	7月-9月	*Petit pois*
Parsnip（歐洲防風草）	10月-3月	*Panais*
Pumpkin（南瓜）	9月-10月	*Citrouille*
Radish（小蘿蔔）	夏季最佳	*Radis*
Runner bean（紅花菜豆）	7月-10月	*Haricot d'espagne*
Salsify（婆羅門蔘）	10月-2月	*Salsifis*
Sea kale（歐洲海甘藍）	1月-3月	*Chou de mer*
Shallot（紅頭蔥）	9月-2月	*Echalotte*
Spinach（菠菜）	整年	*Epinards*

Swede（蕪菁甘藍）	12月-3月	*Rutabaga*
Sweetcorn（甜玉米）	秋季	*Maïs*
Tomato（蕃茄）	整年（夏季最佳）	*Tomate*
Turnip（蕪菁）	10月-3月	*Nave*
Vegetable marrow（密生西葫蘆）	7月-10月	*Courgette*

新鮮薔草
（無雞醬香草）

Bay Leaf（桂葉）	9月	*Laurier*
Borage（玻璃苣）	3月	*Bourrache*
Chervil（細葉香芹）	春季-夏季	*Cerfeuille*
Fennel（茴香）	3月	*Fenouil*
Garlic（蒜）	整年	*Ail*
Garlic（蒜）（瓣）	整年	*Une gouse d'ail*
Marjoram（墨角蘭）	3月	*Marjolaine*
Mint（薄荷）	春季-夏季	*Menthe*
Parsley（荷蘭芹）	整年	*Persil*
Rosemary（迷迭香）	8月	*Romarin*
Sage（鼠尾草）	4月-5月	*Sauge*
Thyme（百里香）	9月-11月	*Thym*
Tarragon（龍蒿）	1月-2月	*Estragon*

水果	Apple（蘋果）	整年	Pomme
	Apricot（杏桃）	5月-9月	Abricot
	Blackberry（黑莓）	秋季	Mûre
	Cherry（櫻桃）	5月-7月	Cerise
	Cranberry（蔓越莓）	11月-1月	Airelle rouge
	Currant（紅醋栗）（黑及紅）	夏季	Groseille
	Damson（布拉斯李）	9月-10月	Prune de Damas
	Gooseberry（鵝莓）	夏季	Groseille à maquereau
	Greengage（青李）	8月-9月	Reine-Claude
	Grapes（葡萄）	整年	Raisin
	Melon（密瓜）（羅馬密瓜）	5月-10月	Melon
	Nectarine（油桃）	6月-9月	Brugnon
	Peach（桃子）	整年（6月-9月最佳）	Pêche

附錄 B

烹調專業用詞

　　以下是一些通用典型的詞彙以及其他菜餚和服務的專用術語及其定義。

術　語	定　義
Aiguillettes	從鴨子和其他家禽的胸部垂直切下的長細肉條
Ail	大蒜
A la broche	把食物串在烤肉鐵叉上烹調
A l'anglaise	以英國的方式
Aspic	鹹味果凍
Assiette de	一盤
Au bleu	烹煮鱒魚的方法；運用此法時意指「未煮透的」
Au four	用烤爐烘烤
Au naturel	未烹煮的
Baba	酵母鬆糕或小圓糕點
Bain-marie	熱浴
Bard	用肥肉薄片覆蓋或包裹禽肉、野味或肉類，讓包裹的肉在烘烤時不會變乾
Baron de boeuf	加倍沙朗肉
Barquette	在船型的小果餡餅外皮裡放入各種餡料

Beard（èbarber）	去除牡蠣、淡菜等的倒刺
Bèchamel	基本白醬汁
Beurre manié）	牛油和麵粉採在一起，讓湯或醬汁變濃
Beurre noisette	金褐色奶油
Bind	用雞蛋、奶油等等使湯或調味汁變濃，混合碎肉、菜蔬及調味汁
Bisque	用甲殼類煮成的魚湯
Blanc	已經添加麵粉，用來保持菜蔬色白的麵粉水，比方芹菜
Blanche	稍微煮過至無色，例如炸洋芋
Blanquette	白汁燉菜
Bleu	非常生的牛排
Bombe	冰凍甜點
Bordelaise	以紅酒調味的深褐色醬採
Bouchée	小泡芙鬆餅；小的鹹味小點或前菜小點；一口酥可以採不同的方式填餡，例如雞肉一口酥（Bouchée à la reine）
Bouillon, court	烹調魚類的葡萄酒湯汁
Braisé	以文火燉煮
Braiser	使肉類、野味和家禽完全變成棕色，再以一些酒或醬汁在加蓋的容器中烹煮完畢。通常將蔬菜在瘦肉清湯中以文火燉煮
Braising pan（Braisière）	一種有蓋的盤子
Breadcrumb（paner）	在打過的蛋汁或液態牛油中浸泡過的肉、魚、禽肉等等覆上麵包屑。參閱麵包屑
Breadcrumbs	將不太新鮮的白麵包皮取下，用粗的金屬篩子磨擦。用於熟炸及淺炸的麵包屑
Brioche	一種發酵的麵包捲

Brochette	烤肉串
Brunoise	用來描述切成小丁的菜蔬、火腿或雞肉的一個名稱，同時也用於清湯的裝飾物
Butter（beurrer）	在模型裡或盤子上刷上牛油
Carré	小方塊食物
Caviar	魚子醬
Célestine	長條形鹹味煎餅
Champignons	蘑菇
Châteaubriand	雙份菲力牛排
Chaudfroid	自助式冷盤醬汁
Concassé	切成碎丁（蕃茄）
Confiture	果醬
Citron	檸檬
Canapés	小塊麵包，可單吃、烤或炸，主要用來當作開胃小菜
Caramel	燒焦的糖，通常稱為「黑傑克」
Caramelise（caraméliser）	薄薄地將焦糖塗在模子裡；可用來塗水果或將水果浸泡在焦糖裡
Casserole	耐火的陶製有柄平底深鍋
Chiffonnade	生菜或蔬菜切成碎末，以奶油慢燉
Choucroûte	參閱「sauerkraut」—醃甘藍菜
Clarify（clarifier）	用打發的蛋白加一點水或肉末和調味肉汁或清湯混合，濾過後，使其沸騰並用小火慢燉；用小火慢燉，當雜質上升到鍋子頂端時將其除去，使湯澄清
Coat napper	用醬汁、膠凍或奶油完全覆蓋住菜餚或糕點，可以蓋住或浸泡
Cocotte	小的圓形耐火盤，可用來煮蛋、濃味蔬菜燉肉湯等等，也可用來描述較大的蛋

Court bouillon	用白葡萄酒或醋及密爾柏瓦調味汁烹煮的魚
Croquettes	家禽、野味、肉類或魚類的肉糜,用調味汁黏合,形狀如同軟木塞,通常覆以雞蛋和麵包屑後熟炸
Croustades	裝有各種內餡的深底扇形邊小果餡餅
Cro_tons	油炸麵包,裝飾用。用於湯時,切成小立方體,用於其他菜餚時,可切成不同花樣
Courgettes	小型食用葫瓜
Darne	魚身切片,包括中間的脊骨
Du jour	當時
Dariole	一種小的燒杯形模子
Daube	將食物密封在餐具中,緩慢地烹調以保存食物味道的方法
Decant(décanter)	使液體停住,慢慢倒進另一個容器,留下沉澱物,換瓶
Demi-glace	很稀的基本調味汁,經常用於增加其他調味汁、湯、炖菜的風味
Devilled (à la diable)	通常用於油炸或烘烤塗上調味辣醬的魚或肉,有時以香料調味
Dorer	在麵糰上刷一層蛋黃或雞蛋水,有些烘烤食品刷上牛奶
Duxelles	洋蔥末、磨菇和其他食材的混合物,用於填塞蔬菜及做調味汁
Escalopes	小牛肉或牛肉薄片
Entrée	肉類菜餚佐以調味汁,以前為中間的菜餚,現在通常為主菜
Entremets	餐後甜點
Étuver	在加蓋的砂鍋裡用牛油或極少的液體慢燉食物的一種方法
Farce	裝餡

Filet mignon	羔羊上帶脊骨的腰肉切片
Fines herbes	各種香辛料
Frappé	冰凍的
Flambé	用烈酒或酒精火燒
Foie de veau	小牛肝
Foie gras	肥鵝肝
Fromage	乳酪
Flame（flamber）	在菜餚上倒入白蘭地或烈酒，並使其燃燒
Fleurons	新月形和其他形狀的烘烤酥皮點心，過去經常用來裝飾菜餚
Fricassée	家禽或肉類用醬汁煮成的白燉肉
Fumet	魚或芳草、野味或家禽的香味
Gâteau	海綿蛋糕
Glace	冰淇淋
Galantine	家禽或肉類冷盤，去骨、填餡、以濃縮湯汁用文火慢燉，覆上調味肉汁並加以裝飾
Garnish	用來裝飾、搭配或完成菜餚的材料，有很多菜餚是由他們的裝飾來命名
Glaze（glacer）	在蛋糕或甜點的表面上灑上糖霜，並烤成金黃色；將切成各種形狀的蔬菜用牛油慢燉，直到覆上一層光亮的色澤；在烤肉上塗上數次油脂，使其有光澤；在冷盤、蛋糕及甜點上的固定點覆上調味肉汁或勾芡，使其有光澤
Gnocchi	澱粉類食物，以粗粒小麥粉或其他麵粉為基本成分
Gratin（au）	同「au gratin」，用碎乳酪灑在菜面上，也可能和麵包屑混合，用一些牛油在烤架或熱烤爐中烤成金黃色
Hachis	剁碎的肉
Haché	剁碎

Hang	將剛宰殺的肉類或野味置於陰涼的地方一段時間，讓肉類可以更柔軟
Hors-d'oeuvre	開胃菜，可以是熱食或冷食，並在上湯之前服務
Embrocher	插在烤肉鐵叉上烘烤或串起來烤或炸
Jardinière	當季蔬菜切成火柴棒的形狀
Jus lié	濃滷汁
Julienne	用來描述將蔬菜切成細條狀的術語，用於湯的裝飾
Knead（fraiser）	在做麵糰的板子或大理石板上做生麵糰，用手揉成球狀
Lard（larder, piquer）	藉由嵌塞肥豬肉片的管子將燻豬肉條拉進肉片中間（larder）；戳孔以便將豬油塗在表面（piquer）
Lardons	用來嵌塞肉或魚的肥肉
Macédoine	各種蔬菜丁
Mise-en-place	事前的準備
Macerate	稍微醃漬、浸泡、浸軟或醃泡，一般適用於水果，通常將其切丁，灑上細白砂糖及酒，以增加風味
Maître d'hôtel r butte	含有西洋芹和檸檬的香料牛油，和烤肉一起上菜
Marinade	稍微浸泡肉類、野味等等，使其增加風味並且變得更柔軟
Marmite	可用來烹煮湯及燉菜的陶鍋，也可直接用來上菜。以這種陶鍋烹調的菜也叫 marmite
Meat glaze）（glace de viande	熬煮髓骨高湯，使其濃度變濃，用來澆在烹調好的肉上，並使其美觀
Medallion（médallion）	肉類、龍蝦等等的圓形切片
Mirepoix	切丁的洋蔥、培根、胡蘿蔔和各種香料調味的湯、醬汁、燉菜等等
Mousse	清淡鬆軟的混合料，可做成甜味或鹹味、熱食或冷食

Mousseline	將濃湯過濾成特別細的泥狀，並和奶油混合
Morilles	一種可食用的菌類，味道清淡可口
Nature	水煮
Poulet	雞
Poussin	春雞
Purée	將食物過篩；用於湯及蔬菜的術語
Panada	用來黏合五香碎肉的生麵糰；由麵粉、牛奶或水、蛋及牛油製成
Pasta	由粗粒小麥粉製成各種形狀的乾麵糰，最知名的有通心麵、義大利麵、義大利細麵、麵條、義大利水餃
Paupiettes	五香碎肉捲
Paysanne	切成很細的蔬菜
Pilaff	加進肉、禽肉、魚等等煮成的飯
Pipe	用簡單型或花式噴嘴和推進袋來推進軟性混合物或生麵糰，可將其擠成想要的型態或外型
Piquer	參閱 Lard
Poach（pocher）	將菜餚裝在模子裡放進水浴鍋中用文火燉，直到菜餚烹調好為止。在保持於沸點的水中烹調食物，但不讓食物煮到沸騰
Poêler	在未添加液體的鍋子裡放入牛油燜煮菜餚，當內容物變成褐色前先將鍋蓋暫時移開。此法只用於切得較大塊的肉類和家禽
Profiteroles	有奶油餡的小酥球，用來做湯品的裝飾。甜點亦同名
Quenelles	一種湯糰，由各種五香碎肉製成，有球狀、橢圓狀等等
Ragoût	濃郁並加以調味的燉肉
Reduce	在乳酪麵粉糊或鍋內剩渣中加入葡萄酒或其他液體；煮到想要的濃度

Ris de veau	小牛的胸腺
Roast（rêtir）	烘烤
Roux	麵粉和融化的牛油攪拌，用來使湯汁或調味醬變濃，顏色有白色、金黃色或褐色
Royale（à la）	一種裝飾
Salmis	烘烤後去骨的野鳥及野鴨，放在濃醬汁中，以燉野味上菜
Salpicon	含有一種以上切成小丁的食物，以醬汁黏合
Sauerkraut（choucroute）	醃漬的白甘藍菜碎葉，保存在濃鹽水中，用鹽、葛縷子的種子和杜松子釀製。這是一道德國及阿爾薩斯當地菜餚，和培根及香腸一起上菜，為熱食
Sauter	一種快速烹調的過程，在平底煎鍋或炸鍋中快速烹調至呈褐色，或是將食材丟進需要以大火快速烹調的油中烹煮
Sauteuse	一種有斜邊的淺平底鍋，有蓋，烹調食物時，先炸再以文火燉煮
Shred（émincer）	將肉類或蔬菜切成薄片或細條
Skim（dépouiller）	從長時間熬煮的湯品表面用除去浮渣的杓子將雜質和油脂移除
Soubise	一種可口的洋蔥泥，和各種肉類開胃菜一起上菜
Spaetzele	瑞士及奧地利的特製糕點，由濾器壓制雞蛋麵的麵糰到鹽水裡烹煮
Suprêmes	最主要的部分，例如雞胸肉凍——雞胸和雞翅
Tabasco	一種辛辣的印地安胡椒調味醬，也廣泛用於熱帶氣候國家
Tartare	冷醬，以美乃滋為底
Timbale	半圓錐形的錫製模子；用此種模子做出來的菜餚
Tournedos	切成圓形的菲力牛肉薄片；通常用來炸或烤

Tronçon	將平放的魚切成幾段（大口鰈）
Truss	將禽肉或野鳥綁起來烹煮，使其較為美觀
Velouté	絲絨般柔軟光滑的，一種用雞湯、奶油等等煮成的濃的白醬汁，也是這種濃湯的名稱
Vol-au-vent	圓形或橢圓形的酥餅點心

附錄C

調酒單及配方

威士忌調酒

名稱	成　份	作　法
高地庫勒 (Highland Cooler)	2份　蘇格蘭威士忌 1茶匙　砂糖 1盎司　檸檬汁 2 dashes　苦精 薑汁汽水	將威士忌、檸檬汁、砂糖、安古司圖拉苦味劑及冰塊一起搖，以裝冰塊的杯子服務，並以薑汁汽水補滿
鏽釘 (Rusty Nail or Kilt Lifter)	1份　蘇格蘭威士忌 1份　Drambuie （蘇格蘭威士忌香甜酒）	加冰塊及部分碎冰使用
朦朧威士忌 (Scotch (Bo-Mist) urbon Mist, Rye Mist 等等)	1份　蘇格蘭威士忌 碎冰 檸檬絞汁 短吸管	將碎冰裝滿老式杯（Old-Fashion glass），倒入威士忌，用檸檬裝飾，並插上吸管

＊ 1 measure（份）＝5盎司

＊ 1 dash＝1/30盎司

559

環遊世界 （Round the World）	1份　香蕉香甜酒 1份　蘇格蘭威士忌 Dash　君度酒 Dash　橙汁 柳橙切片 冰塊	將香蕉香甜酒及威士忌和大量冰塊一起放進攪拌杯中，加入君度酒和純橙汁，攪拌後過濾倒進雞尾酒杯，加上柳橙切片後使用
荊棘（Thistle）	1份　蘇格蘭威士忌 1份　甜味苦艾酒 1 dash　苦精	將材料和冰塊一起放進攪拌杯中，攪拌後過濾倒進雞尾酒杯
威士忌酸酒 （Whiskey Sour）	1份　美國裸麥威士忌 2茶匙　砂糖 1份　檸檬汁	將材料和冰塊一起搖，直到冰塊消失為止，過濾後倒進酸酒杯，用柳橙切片和櫻桃裝飾 變化：Gin Sour（琴酒酸酒）、Bourbon Sour（波本酸酒）、Rum Sour（light rum）（蘭姆酸酒）、Scotch Sour（威士忌酸酒）、Daiquiri（代基里酒）
威士忌柯林斯 （Whiskey Collins）	1份　美國裸麥威士忌 2茶匙　砂糖 1份　檸檬汁	用柯林斯杯加入冰塊及酸酒（Sour），再加入蘇打水即為柯林斯（Collins），裝飾法同酸酒，但加上吸管
曼哈頓 （Manhattan）	2份　美國裸麥威士忌 1份　甜味苦艾酒	倒入雪克杯並攪拌，直到完全冰凍，過濾後倒入雞尾酒杯
辛辣曼哈頓 （Dry Manhattan）	同曼哈頓，但甜味苦艾酒改為無甜味苦艾酒	倒入雪克杯並攪拌，直到完全冰凍，過濾後倒入雞尾酒杯

往日情懷（Old Fashioned）	2份　裸麥威士忌 苦精 砂糖	在老式杯中放入一塊方糖或滿滿一茶匙砂糖及苦精，加入1/30盎司水，攪拌後加入威士忌，加入滿滿的冰塊後再攪拌，用柳橙切片及櫻桃做裝飾

琴酒調酒

名稱	成份	作法
新加坡司令（Singapore Sling）	1份　琴酒 1/2份　櫻桃白蘭地 1液量盎司　檸檬汁 蘇打水	加入冰塊搖，用高球杯服務，加上柳橙切片和櫻桃做裝飾
粉紅佳人（Pink Lady）	2份　琴酒 Dash　石榴糖漿 半個蛋白	搖晃並過濾後倒入雞尾酒杯
墮落天使（Fallen Angel）	1份　琴酒 Dash　萊姆汁 2 dashes　薄荷甜酒 Dash　苦精	搖晃後加入冰塊以雞尾酒杯使用
撒旦的鬍鬚（Satans Whiskers）	1份　琴酒 1份　Grand Marnier 1份　無甜味苦艾酒 1份　甜味苦艾酒 柳橙汁 Dash　柳橙苦精	全部材料一起搖晃後倒入柯林斯杯，加入冰塊使用

一點之後 （After One）	1份　琴酒 1份　Galliano 1份　甜味苦艾酒 1份　Campari	搖過和冰塊一起倒入高球杯中，加上櫻桃和柳橙切片使用
草中之蛇 （Snake in the Grass）	1份　琴酒 1份　君度酒 1份　無甜味苦艾酒 1液量盎司　檸檬汁	和冰塊一起搖，再倒入杯中
香橙花 （Orange Blossom）	1份　琴酒 1份　新鮮柳橙汁	搖晃過濾後倒入雞尾酒杯
湯姆柯林斯 （Tom Collins）	1份　琴酒 2茶匙　細白砂糖 1份　新鮮檸檬汁	搖晃過濾後倒入雞尾酒杯
粉紅琴酒 （Pink Gin）	1份　琴酒 2滴　苦精 冰水	用苦精沖刷烈酒杯內壁，倒掉，杯中裝滿冰塊，倒入琴酒，使用時依個人口味佐以適量冰水

白蘭地調酒

名稱	成份	作法
亞歷山大 （Alexander）	1份　科涅克白蘭地 1份　鮮奶油 1份　白色可可香甜酒	搖晃均勻，過濾後倒進雞尾酒杯

邊車 （Sidecar）	2份　科涅克白蘭地 1份　君度酒 1份　檸檬汁	搖晃均勻，和冰塊一起倒進高 球杯
床第之間 （Between the Sheets）	1份　科涅克白蘭地 1份　君度酒 1份　淺色蘭姆酒 1份　檸檬汁	搖晃均勻，和冰塊一起倒進老 式杯
深水炸彈 （Depth Charge）	1份　科涅克白蘭地 1份　卡巴度斯蘋果酒 （Calvados） 2 dashes　石榴糖漿 4 dashes　檸檬汁	搖晃均勻，過濾後倒進雞尾酒 杯
奧林匹克 （Olympic）	1份　科涅克白蘭地 1份　柳橙柑桂酒 柳橙汁	搖晃均勻，倒進高球杯，用柳 橙裝飾後使用
B & B	1/2份　科涅克白蘭地 1/2份　本尼迪克特甜 酒（Benedictine）	將白蘭地浮在本尼迪克特甜酒 上，以利口酒杯使用
蠍刺蟲 （Stinger）	1/2份　白薄荷甜酒 2份　科涅克白蘭地	搖晃均勻直至冰冷，用雞尾酒 杯使用

蘭姆酒調酒

名　稱	成　份	作　法
床第之間 （Between the Sheets）	1份　蘭姆酒 1份　白蘭地 1份　君度酒 Dash　檸檬汁	搖晃均勻直至冰冷，用雞尾酒杯使用
躍吻我（Jump Up and Kiss Me）	1份　白蘭姆酒 1份　Galliano Dash　杏仁白蘭地 Dash　檸檬汁 1份　鳳梨汁 1個　蛋白	和碎冰一起搖晃均勻，用高球杯使用
椰林春光 （Pinacolada）	1份　白蘭姆酒 1份　可可奶 1瓶　鳳梨汁	搖勻過濾後倒入柯林斯杯並裝飾，插上吸管
上海 （Shanghai）	1份　白蘭姆酒 1 dash　Pernod 1份　檸檬汁 2 dashes　石榴糖漿	將材料一起搖晃，和冰塊一起倒入老式杯
自由古巴 （Cuba Libre）	1份　白蘭姆酒 1份　檸檬汁 1瓶　百事可樂	將白蘭姆酒和檸檬汁倒入柯林斯杯中，加入冰塊和檸檬切片，以可樂補滿

伏特加調酒

名稱	成　份	作　法
黑色俄羅斯（Black Russian）	1份　伏特加 1份　咖啡香甜酒 冰塊	攪拌材料，加入冰塊
血腥瑪麗（Bloody Mary）	1份　伏特加 1瓶　蕃茄汁	旺季時，以老式杯加冰塊使用，否則以柯林斯杯使用 欲製造「辣味」，蕃茄汁、鹽、胡椒、伍斯特醬，可以下列各項來增添風味： 1/30盎司辣椒油 九層塔 1/4個檸檬的檸檬汁 胡椒 可在裝飾上做變化—芹菜梗、紅蘿蔔棒、瓣狀檸檬
撞擊者哈維（Harvey Wallbanger）	1份　伏特加 1瓶　柳橙汁 1/2份　Galliano	將伏特加及柳橙汁裝進柯林斯杯中和冰塊一起攪拌，倒入Galliano使其浮在上面
鋼琴手（Piano Player）	1份　伏特加 1份　可可香甜酒 1份　鮮奶油	搖晃過濾後倒入雞尾酒杯
藍色珊瑚礁（Blue Lagoon）	2份　伏特加 1份　藍色柑桂酒 檸檬	將伏特加和藍色柑桂酒一起搖，倒進裝有冰塊的柯林斯杯，加上檸檬及鮮奶油

	1份　鮮奶油（放在最上面）	
寂靜週日 (Quiet Sunday)	1份　伏特加 1/2份　杏仁酒 瓶裝柳橙汁 Dash　石榴糖漿	將杏仁酒和柳橙汁倒進裝有冰塊的柯林斯杯，加上1/30盎司石榴糖漿

龍舌蘭調酒

名稱	成　分	作　法
龍舌蘭日出 (Sunrise)	1份　龍舌蘭酒 2 dashes　石榴糖漿 1瓶　柳橙汁	以裝有冰塊的柯林斯杯使用，並加上吸管
瑪格麗特 (Margarita)	1份　龍舌蘭酒 約1份　檸檬汁 1份　君度酒	搖勻過濾後用雞尾酒杯使用，雞尾酒杯的杯口塗上一圈鹽巴
勇士 (Brave Bull)	1份　龍舌蘭酒 1份　咖啡香甜酒	用老式杯使用，加上一點碎冰
仿聲鳥 (Mockingbird)	1份　龍舌蘭酒 3液量盎司　葡萄柚汁 Dash　萊姆汁	將材料混合後倒入裝有冰塊的老式杯，以櫻桃裝飾

其他調酒

名稱	成 份	作 法
金色夢境 （Golden Dream）	1份　Galliano 1份　君度酒 1液量盎司　柳橙汁 1液量盎司　鮮奶油	搖勻過濾後倒入雞尾酒杯
蚱蜢 （Grasshopper）	1份　鮮奶油 1份　薄荷香甜酒 1份　可可香甜酒	搖勻過濾後倒入雞尾酒杯
美國人 （Americano）	1份　Campari 1/2份　甜味苦艾酒 蘇打水	將Campari和甜味苦艾酒倒入 老式杯中，再用蘇打水補滿。 攪拌均勻後，加入足夠的冰 塊，最後用柳橙切片作裝飾
黑鬼 （Negroni）	1份　琴酒 1份　甜味苦艾酒 1份　Campari Dash　蘇打水	使用攪拌杯，以裝有冰塊的柯 林斯杯使用，加入一點蘇打 水，最後用檸檬切片作裝飾
無甜味馬丁尼 （Dry Martini） （琴酒，法式）	2份　琴酒 1/2份　無甜味苦艾酒	將琴酒及無甜味苦艾酒倒進雪 克杯，攪拌直到冰冷，用籤子 插一顆去核橄欖或塞餡橄欖作 裝飾，檸檬裝飾亦可。以雞尾 酒杯使用

甜味馬丁尼 （Sweet Martini） （琴酒，義大利式）	將無甜味馬丁尼中的苦艾酒換成甜味苦艾酒即可	用歐洲櫻桃樹的紅櫻桃作裝飾
伏特加馬丁尼 （Vodka Martini）	將馬丁尼中的琴酒換成伏特加即可	用橄欖或檸檬作裝飾
基爾酒（Kir）	1杯　白葡萄酒 1份　黑醋栗酒	攪拌後用葡萄酒杯使用

注意：皇家基爾酒（Kir　Royale，加了無核小葡萄乾調味的白酒）可以採氣泡酒代替白葡萄酒

費斯（Fizzes）	1份　美國裸麥威士忌 2茶匙　砂糖 1份　檸檬汁	費斯即是不加冰塊，改以蘇打水補滿的柯林斯，只以櫻桃作裝飾，用老式杯使用
琴酒費斯 （Gin Fizz）	將美國裸麥威士忌換成琴酒	
銀色費斯 （Silver Fizz）	同琴酒費斯	在搖晃前加入蛋白
金色費斯 （Golden Fizz）	同琴酒費斯	在搖晃前加入蛋黃
皇家費斯 （Royal Fizz）	同琴酒費斯	在搖晃前加入全蛋

注意：皇家費斯加上至少半瓶蘇打水是很好的解酒劑

香檳／氣泡酒雜尾酒（Champagne / Sparkling Wine Cocktail）	1/2個 方糖 苦精 冰凍的香檳／氣泡酒 1茶匙 白蘭地	將方糖浸泡在裝於香檳杯的苦精中，倒進冰凍過的香檳，再倒入白蘭地使其浮在上面，用柳橙切片或櫻桃作裝飾
公羊費斯（Bucks Fizz）	1/3份 新鮮柳橙汁 2/3份 冰凍香檳	在香檳杯中先倒入柳橙汁，再倒入香檳使其浮在柳橙汁上
貝理尼（Bellini）	1/3份 新鮮水蜜桃汁 2/3份 冰凍香檳	在巴黎高腳杯中先倒入水蜜桃汁，再倒入香檳使其浮在水蜜桃汁上

無酒精調酒

名稱	成 份	作 法
雪莉的殿堂／羅伊羅傑（Shirley Temple / Roy Rogers）	薑汁汽水 Dash 石榴糖漿	裝滿冰塊使用，並以多量水果作裝飾，插上吸管
變奏曲（Variations）	薑汁汽水及萊姆汁 薑汁汽水 萊姆甘露酒（嗜味）	
熱帶風情（Tropicana）	以鳳梨汁及柳橙汁製成	在香檳杯中先倒入柳橙汁，再倒入香檳使其浮在柳橙汁上
檳橙兩可（Pussyfoot）	2份 柳橙汁 1份 檸檬汁 1份 萊姆甘露酒 1/2份 石榴糖漿	將所有材料一起搖晃，過濾後加冰塊，以蘇打水補滿，用柯林斯杯使用

	1個　蛋黃 蘇打水	將所有材料一起搖晃，過濾後加冰塊，以蘇打水補滿，用柯林斯杯使用
水果杯 （Fruit Cup）	1/2小瓶　柳橙汁 1/2小瓶　葡萄柚汁 1/2小瓶　蘋果汁 檸檬水／蘇打水	將所有材料倒入裝有冰塊的玻璃壺中，並攪拌均勻。加入切片水果，以檸檬水或蘇打水補滿。冰凍後倒入高球杯使用

餐飲服務

原　　　著／Dennis Lillicrap, John Cousins & Robert Smith

譯　　　者／陳劍鋒・林宜君

校　　　閱／沈玉振

出 版 者／弘智文化事業有限公司

登 記 證／局版台業字第6263號

地　　　址／台北市中正區丹陽街39號1樓

E - M a i l ／hurngchi@ms39.hinet.net

電　　　話／（02）23959178・0936-252-817

郵政劃撥／19467647　戶名：馮玉蘭

傳　　　眞／（02）23959913

發 行 人／邱一文

總 經 銷／旭昇圖書有限公司

地　　　址／台北縣中和市中山路2段352號2樓

電　　　話／（02）22451480

傳　　　眞／（02）22451479

製　　　版／信利印製有限公司

版　　　次／2002年4月初版一刷

定　　　價／590元

ISBN 957-0453-46-X

國家圖書館出版品預行編目資料

　　餐飲服務 / Dennis Lillicrap, John Cousins,
　　　Robert Smith作；陳劍峰, 林宜君譯. -- 初
　　版. -- 臺北市：弘智文化, 2001〔民90〕
　　　面：　　公分
　　含參考書目及索引
　　譯自：Food and beverage service
　　ISBN 957-0453-46-X（平裝）

　　1.飲食業 － 管理

483.8　　　　　　　　　　　　　90018227